Aufgaben zur Statistischen Physik und Theorie der Wärme

Aufgaben zur Statistischen Physik und Theorie der Wärme

mit Rechenweg und Lösungen

bearbeitet von
K.-P. Charlé und H. U. Zimmer

herausgegeben von
W. Muschik

Ausgewählte Aufgaben aus

F. Reif
Grundlagen der
Physikalischen Statistik und der
Physik der Wärme

Walter de Gruyter · Berlin · New York · 1979

Bearbeiter:

Dr. rer. nat. Klaus-Peter Charlé
Fritz-Haber-Institut der Max-Planck-Gesellschaft
Faradayweg 4–6
1000 Berlin 33

Dipl.-Phys. Horst-Ulrich Zimmer
Meßkircherstraße 213
7794 Wald

Herausgeber:

Professor Dr. Wolfgang Muschik
Institut für Theoretische Physik
Technische Universität Berlin
1000 Berlin 12

CIP-Kurztitelaufnahme der Deutschen Bibliothek

Aufgaben zur statistischen Physik und Theorie der Wärme mit Rechenweg und Lösungen: ausgew. Aufgaben aus F. Reif Grundlagen der physikalischen Statistik und der Physik der Wärme/bearb. von K.-P. Charlé u. H.-U. Zimmer. Hrsg. von W. Muschik. – Berlin, New York: de Gruyter, 1979.
ISBN 3-11-006562-2
NE: Charlé, Klaus-Peter [Bearb.]; Muschik, Wolfgang [Hrsg.]; Reif, Frederick: Grundlagen der physikalischen Statistik und der Physik der Wärme

Printed in Germany.
Einbandentwurf: Thomas Bonnie, Hamburg. Satz: Composersatz Verena Boldin, Aachen.
Druck: Color-Druck, Berlin. Bindearbeiten: Dieter Mikolai, Berlin.

Vorwort

Diese Aufgabensammlung enthält detailliert ausgearbeitete Lösungen von Aufgaben aus dem Bereich der statistischen Physik und der Thermodynamik. Die Aufgaben sind dem Buch von

F. Reif, Grundlagen der Physikalischen Statistik und der Physik der Wärme, Verlag Walter de Gruyter Berlin, 1976,

entnommen, das keine Lösungswege enthält. Im Zusammenhang mit der deutschsprachigen Ausgabe des genannten Lehrbuches haben die Herren Dr. rer. nat. K.-P. Charlé und Dipl.-Phys. H. U. Zimmer unter Verwendung der zugehörigen amerikanischen Lösungssammlung* eine Auswahl unter den Aufgaben vorgenommen, sie teilweise umformuliert und die Wege zu ihrer Lösung vollständig neu bearbeitet. Die Auswahl der Aufgaben erfolgte so, daß die Sammlung das Gesamtgebiet des Reifschen Buches möglichst dicht überdeckt. Dabei wurde darauf geachtet, daß die ausgewählten Aufgaben den Stoff vertiefen und ergänzen und daß insbesondere Anwendungsbeispiele auch höheren Schwierigkeitsgrades enthalten sind. Die Bearbeitung der Aufgaben wurde so ausführlich gehalten, daß Rückverweise auf das Reifsche Lehrbuch vermieden werden konnten, d. h., die Aufgabensammlung ist autonom und kann auch unabhängig vom Lehrbuch benutzt werden. So finden sich in ihr auch Lösungen von Aufgaben aus dem

Berkeley Physik Kurs 5, Statistische Physik.

Wie auch das Reifsche Buch ist die vorliegende Sammlung zur

Einführung in die statistische Physik und in die Theorie der Wärme für Studenten aller Semester der Physik, der Chemie und der Physikalischen Ingenieurwissenschaft bestimmt. Welchen Stellenwert Reif seiner Aufgabensammlung beimißt, geht aus der folgenden Bemerkung hervor:

Es ist unerläßlich, daß der Student einen beträchtlichen Anteil dieser Aufgaben löst, wenn er ein tieferes Verständnis des Stoffes erlangen will und nicht nur eine beiläufige Kenntnis.

Da jedoch Regelstudienzeit und Studienverkürzung dem Studenten eine Selbstbeschäftigung mit insbesondere anspruchsvolleren Übungsaufgaben erschweren und teilweise unmöglich machen, ist die detaillierte Ausarbeitung dieser Aufgabensammlung

---

*R. F. Knacke, Solutions to Problems to accompany F. Reif's Fundamentals of Statistical and Thermal Physics McGraw Hill Book Company, New York, 1965.

geeignet, ihm eine Hilfe beim Kennenlernen von Lösungswegen und häufig verwendeten Modellvorstellungen zu sein, die er sich sonst aus Zeitmangel nicht erarbeiten kann. In diesem Sinne möge diese Aufgabensammlung den Studenten – und nicht nur ihnen – nützlich sein.

Berlin, im Januar 1979 W. Muschik
Institut für Theoretische Physik
Technische Universität Berlin

Inhaltsverzeichnis

1. Elementare Wahrscheinlichkeitsrechnung (Einführung in die statistische Methode)

1.1 Wie groß ist die Wahrscheinlichkeit, mit drei Würfeln insgesamt höchstens 6 Augen zu werfen?

1.1 Es gibt insgesamt $6 \cdot 6 \cdot 6 = 216$ verschiedene Möglichkeiten, drei Würfel zu werfen, wobei jede dieser Möglichkeiten die gleiche Wahrscheinlichkeit besitzt. Die Würfe, die eine Summe von höchstens 6 ergeben, sind

Wurf	1,1,1	1,1,2	1,1,3	1,1,4	1,2,2	1,2,3	2,2,2
Anzahl der Permutationen	1	3	3	3	3	6	1

Die Wahrscheinlichkeit für ein bestimmtes Ereignis ist allgemein gegeben durch das Verhältnis der Zahl der für das betreffende Ereignis günstigen Möglichkeiten zur Zahl der insgesamt vorhandenen (gleichwahrscheinlichen) Möglichkeiten. Da es hier insgesamt 20 Permutationen und damit 20 für das betreffende Ereignis (nämlich einen Wurf mit höchstens 6 Augen) günstige Möglichkeiten gibt, ist die gesuchte Wahrscheinlichkeit

$$W = \frac{20}{216} = \frac{5}{54}.$$

1.2 Bei einem Spiel werden sechs ideale Würfel geworfen. Man bestimme die Wahrscheinlichkeit dafür, daß man dabei

a) genau eine Eins,
b) mindestens eine Eins,
c) genau zwei Einsen

wirft.

1.2 a) Durch das Würfeln werden *unabhängige* Ereignisse produziert, so daß nach dem Multiplikationstheorem der Wahrscheinlichkeitsrechnung gilt:

(Die Wahrscheinlichkeit, beim Werfen von 6 Würfeln mit einem *bestimmten* Würfel eine Eins zu werfen und mit den 5 anderen keine Eins) = (Wahrscheinlichkeit, mit dem betreffenden Würfel eine Eins zu werfen) · (Wahrscheinlichkeit, mit jedem der 5 übrigen Würfel keine Eins zu werfen) = $(1/6)\,(1 - 1/6)^5$.

Da es insgesamt 6 (gleichwahrscheinliche und einander ausschließende) Möglichkeiten gibt, mit *einem* von 6 Würfeln eine Eins zu werfen und mit den 5 übrigen Würfeln irgendeine andere Ziffer, ergibt sich nach dem Additionstheorem der Wahrscheinlichkeitsrechnung für die gesuchte Wahrscheinlichkeit, mit *irgendeinem* von 6 Würfeln als einzigem eine Eins zu werfen,

$$W_a = 6 \cdot \frac{1}{6} \cdot \left(1 - \frac{1}{6}\right)^5 = \left(\frac{5}{6}\right)^5 = 0{,}402.$$

b) Die Wahrscheinlichkeit, mit 6 Würfeln mindestens *eine* Eins zu werfen, ist 1 minus die Wahrscheinlichkeit für das Gegenteil, nämlich mit *keinem* der 6 Würfel eine Eins zu werfen; also

$$W_b = 1 - \left(\frac{5}{6}\right)^6 = 0{,}667.$$

c) Aus ähnlichen Überlegungen wie in a) folgt: Da es beim Werfen von 6 Würfeln 6!/4!2! einander ausschließende und jeweils mit der Wahrscheinlichkeit $(1/6)^2 \cdot (1 - 1/6)^4$ behaftete Möglichkeiten gibt, mit 2 Würfeln eine Eins zu werfen und mit den restlichen 4 Würfeln irgendeine andere Ziffer, ist nach dem Additionstheorem die gesuchte Wahrscheinlichkeit dafür, daß dies auf *irgendeine* Weise geschieht,

$$W_c = \left(\frac{1}{6}\right)^2 \cdot \left(1 - \frac{1}{6}\right)^4 \cdot \frac{6!}{4!2!} = \frac{1}{2}\left(\frac{5}{6}\right)^5 = 0{,}201.$$

1.6 Man betrachte das Problem der Zufallsbewegung mit $p = q$ und bezeichne mit $m = n_1 - n_2$ die Gesamtverschiebung nach rechts. Wie groß sind bei insgesamt N Einzelverschiebungen die Mittelwerte $\overline{m}$, $\overline{m^2}$, $\overline{m^3}$ und $\overline{m^4}$?

1.6 Die Berechnung des Mittelwertes $\overline{m^n}$ (mit $n \epsilon N$) läßt sich wegen

$$m = 2n_1 - N \tag{1}$$

auf die Berechnung der Mittelwerte $\overline{n_1^k}$ (k = 1, 2, ..., n) zurückführen. In der Aufgabe ist der maximale n-Wert n = 4, so daß die Mittelwerte $\overline{n_1}$, $\overline{n_1^2}$, $\overline{n_1^3}$ und $\overline{n_1^4}$ benötigt werden. Da die Wahrscheinlichkeitsverteilung für die möglichen n_1-Werte die Binomialverteilung ist, erhält man

a)
$$\overline{n_1} = \sum_{n_1=0}^{N} n_1 \frac{N!}{n_1!\,(N-n_1)!} p^{n_1} (1-p)^{N-n_1}$$

$$= \sum_{n_1=1}^{N} n_1 \cdot \frac{N!}{n_1!\,(N-n_1)!} p^{n_1} (1-p)^{N-n_1} \tag{2}$$

$$= Np \sum_{n_1=1}^{N} \frac{(N-1)!}{(n_1-1)!\,(N-n_1)!} p^{n_1-1}(1-p)^{N-n_1}.$$

Mit der Substitution

$$n_1 - 1 = m$$

wird daraus

$$\overline{n_1} = Np \sum_{m=0}^{N-1} \frac{(N-1)!}{m!\,(N-1-m)!}\, p^m\,(1-p)^{N-1-m}$$

$$= Np\,[p + (1-p)]^{N-1} = Np. \tag{3}$$

Ganz entsprechend lassen sich auch die Summenausdrücke für die höheren Mittelwerte von n_1 durch geeignetes Umformen immer wieder auf die einfache Binomialreihe zurückzuführen

$$\text{b) } \overline{n_1^2} = \sum_{n_1=0}^{N} n_1^2 \cdot \frac{N!}{n_1!\,(N-n_1)!}\, p^{n_1}\,(1-p)^{N-n_1}$$

$$= \sum_{n_1=1}^{N} n_1 \cdot \frac{N!}{(n_1-1)!\,(N-n_1)!}\, p^{n_1}\,(1-p)^{N-n_1}.$$

Mit der Substitution

$$n_1 - 1 = m$$

wird dann

$$\overline{n_1^2} = \sum_{m=0(=1)}^{N-1} m \cdot \frac{N!}{m!\,(N-1-m)!}\, p^{m+1}\,(1-p)^{N-1-m} +$$

$$+ \sum_{m=0}^{N-1} \frac{N!}{m!\,(N-1-m)!}\, p^{m+1}\,(1-p)^{N-1-m}$$

$$= N(N-1)\,p^2 \sum_{m=1}^{N-1} \frac{(N-2)!}{(m-1)!\,(N-1-m)!}\, p^{m-1}\,(1-p)^{N-1-m} +$$

$$+ Np \sum_{m=0}^{N-1} \frac{(N-1)!}{m!\,(N-1-m)!}\, p^m\,(1-p)^{N-1-m}$$

$$= N(N-1)p^2 \sum_{k=0}^{N-2} \frac{(N-2)!}{k!(N-2-k)!}\, p^k\,(1-p)^{N-2-k} +$$

$$+ Np \sum_{m=0}^{N-1} \frac{(N-1)!}{m!\,(N-1-m)!}\, p^m\,(1-p)^{N-1-m}$$

$$= N(N-1)p^2\,[p + (1-p)]^{N-2} + Np\,[p + (1-p)]^{N-1}$$

$$= N(N-1)\,p^2 + Np. \tag{4}$$

Die in a) und b) durchgeführte Methode zur Berechnung der Mittelwerte $\overline{n_1^k}$ ist zwar im Prinzip für jedes $k \epsilon N$ durchführbar, wird für höhere k-Werte jedoch sehr umständlich. Schneller und systematischer führt der folgende Weg zum Ziel. Betrachtet man die durch

$$F_k(p, q) = \sum_{n_1=0}^{N} n_1^k \binom{N}{n_1} p^{n_1} q^{N-1} \tag{5}$$

definierte Funktion der beiden *unabhängigen* Variablen p und q, so gilt offenbar

$$\overline{n_1^k}(p) = F_k(p, 1-p). \tag{6}$$

Der komplizierte Summenausdruck in der Definitionsgleichung (5) läßt sich nun wegen

$$\begin{aligned} n_1^k p^{n_1} &= n_1^{k-1} \cdot n_1 p^{n_1} = n_1^{k-1} \cdot \left(p \frac{\partial}{\partial p}\right) p^{n_1} \\ &= n_1^{k-2} \left(p \frac{\partial}{\partial p}\right) n_1 p^{n_1} = n_1^{k-2}\; p\left(\frac{\partial}{\partial p}\right)^2 p^{n_1} \\ &= \ldots \\ &= \left(p \frac{\partial}{\partial p}\right)^k p^{n_1} \end{aligned} \tag{7}$$

umformen, so daß man für $F_k(p, q)$ den handlicheren Ausdruck

$$\begin{aligned} F_k(p, q) &= \left(p \frac{\partial}{\partial p}\right)^k \sum_{n_1=0}^{N} \binom{N}{n_1} p^{n_1} q^{N-n_1} \\ &= \left(p \frac{\partial}{\partial p}\right)^k (p+q)^N \end{aligned} \tag{8}$$

erhält. Wegen (6) ist damit die Berechnung der Mittelwerte $\overline{n_1^k}$ auf die Berechnung relativ einfacher Differentialausdrücke zurückgeführt.

c) Für k = 3 erhält man aus (8)

$$\begin{aligned} F_3(p, q) &= \left(p \frac{\partial}{\partial p}\right)^3 (p+q)^N \\ &= \left(p \frac{\partial}{\partial p}\right)^2 [pN(p+q)^{N-1}] \\ &= \left(p \frac{\partial}{\partial p}\right) [pN(p+q)^{N-1} + p^2 N(N-1)(p+q)^{N-2}] \\ &= pN(p+q)^{N-1} + 3p^2 N(N-1)(p+q)^{N-2} + \\ &\quad + p^3 N(N-1)(N-2)(p+q)^{N-3} \end{aligned} \tag{9}$$

und damit aus (6)

$$\overline{n_1^3} = pN + 3p^2 N(N-1) + p^3 N(N-1)(N-2) \tag{10}$$

d) Aus der letzten Zeile von (9) ergibt sich für k = 4

$$F_4(p,q) = \left(p \frac{\partial}{\partial p}\right) F_3(p,q)$$

$$= pN(p+q)^{N-1} + 7p^2 N(N-1)(p+q)^{N-2} + \qquad (11)$$
$$+ 6p^3 N(N-1)(N-2)(p+q)^{N-3} +$$
$$+ p^4 N(N-1)(N-2)(N-3)(p+q)^{N-4}$$

und daraus mit (6)

$$\overline{n_1^4} = pN + 7p^2 N(N-1) + 6p^3 N(N-1)(N-2) +$$
$$+p^4 N(N-1)(N-2)(N-3). \qquad (12)$$

Wie man sich leicht klarmacht, sind die „ungeraden" Mittelwerte von m für $p = q = \frac{1}{2}$ aus Symmetriegründen Null. Für die verbleibenden „geraden" Mittelwerte folgt aus (1)

$$\overline{m^2} = \overline{(2n_1 - N)^2} = 4\,\overline{n_1^2} - 4\overline{n_1}N + N^2$$

$$\overline{m^4} = \overline{(2n_1 - N)^4} = 16\,\overline{n_1^4} - 32\,N\overline{n_1^3} + 24\,N^2\,\overline{n_1^2} - 8\,N^3\,\overline{n_1} + N^4. \qquad (13)$$

Mit den Ergebnissen (3), (4), (10) und (12) ergibt sich daraus schließlich für $p = \frac{1}{2}$

$$\overline{m^2} = N$$
$$\overline{m^4} = 3\,N^2 - 2N. \qquad (14)$$

1.7 Man leite die Binomialverteilung auf die folgende algebraische Art her, die keinerlei explizite kombinatorische Untersuchungen enthält. Gesucht ist wieder die Wahrscheinlichkeit W(n) für n positive Ausgänge aus einer Gesamtheit von N unabhängigen Versuchen. Es sei $w_1 \equiv p$ die Wahrscheinlichkeit für einen positiven Ausgang und $w_2 = 1 - p = q$ die entsprechende Wahrscheinlichkeit für einen negativen Ausgang. Dann ist W(n) offenbar durch diejenige Teilsumme von

$$W' = \sum_{i=1}^{2} \sum_{j=1}^{2} \sum_{k=1}^{2} \cdots \sum_{m=1}^{2} w_i w_j w_k \cdots w_m \qquad (1)$$

gegeben, in der bei jedem Summanden w_1 n-mal als Faktor auftritt (denn jeder einzelne Summand in (1) gibt die Wahrscheinlichkeit für eine bestimmte Kombination von positiven und negativen Ausgängen an). Man berechne diese Teilsumme, indem man unter Benutzung elementarer Eigenschaften von Mehrfachsummen (1) so umformt, daß sich das Binomialtheorem anwenden, d.h. eine Entwicklung nach Potenzen von w_1 durchführen läßt.

1.7 Die Wahrscheinlichkeit W(n) für n Erfolge bei N Versuchen ist nach dem Multiplikations- und Additionstheorem durch denjenigen Anteil der Summe

$$W' = \sum_{i_1=1}^{2} \sum_{i_2=1}^{2} \cdots \sum_{i_N=1}^{2} w_{i_1} w_{i_2} \cdots w_{i_N} \tag{1}$$

gegeben, der alle Summanden enthält, in denen w_1 n-mal als Faktor auftritt. Um diese Teilsumme zu berechnen, wird (1) so umgeformt, daß alle Summanden mit derselben Potenz von w_1 zusammengefaßt sind. Mit Hilfe des Binomialtheorems ergibt sich

$$\begin{aligned} W' &= \sum_{i_1=1}^{2} w_{i_1} \sum_{i_2=1}^{2} w_{i_2} \cdots \sum_{i_N=1}^{2} w_{i_N} \\ &= (w_1 + w_2)^N = \sum_{k=0}^{N} \frac{N!}{k!(N-k)!} w_1^k w_2^{N-k} \end{aligned} \tag{2}$$

Hieraus folgt dann nach dem Vorangehenden

$$W(n) = \frac{N!}{n!(N-n)!} w_1^n w_2^{N-n}. \tag{3}$$

1.8 Zwei Betrunkene starten gemeinsam vom Ursprung der x-Achse aus und bei beiden ist die Wahrscheinlichkeit für einen Schritt nach rechts genauso groß wie die für einen Schritt nach links. Man bestimme die Wahrscheinlichkeit dafür, daß sie sich nach N Schritten wieder treffen. Dabei wird natürlich vorausgesetzt, daß die Männer ihre Schritte gleichzeitig machen (Die Betrachtung der Relativbewegung kann hier hilfreich sein).

1.8 Betrachtet wird die Relativbewegung der beiden Betrunkenen. Bei jedem Schritt ist die Wahrscheinlichkeit dafür,

1: daß sie ihren Abstand vergrößern, $w_1 = 1/4$,

2: daß sie ihren Abstand verkleinern, $w_2 = 1/4$,

3: daß sie ihren Abstand beibehalten, $w_3 = 1/2$.

Wenn jeder der beiden Betrunkenen N voneinander unabhängige Schritte macht, so ist die Wahrscheinlichkeit dafür, daß dabei in einer *bestimmten* Reihenfolge

$$\left.\begin{array}{r} n_1\text{-mal der Fall 1} \\ \textit{und } n_2\text{-mal der Fall 2} \\ \textit{und } n_3\text{-mal der Fall 3} \end{array}\right\} \text{ mit } n_1 + n_2 + n_3 = N \tag{1}$$

eintritt, $w_1^{n_1} \cdot w_2^{n_2} \cdot w_3^{n_3}$. Da es nach der elementaren Kombinatorik insgesamt $N!/n_1!n_2!n_3!$ Möglichkeiten gibt, N Schritte (nach den Kriterien 1, 2, 3) in 3 Klassen zu n_1, n_2 und n_3 Schritten jeweils *einer* Sorte einzuteilen, und da diese Möglichkeiten alle die gleiche Wahrscheinlichkeit, nämlich $w_1^{n_1} w_2^{n_2} w_3^{n_3}$, besitzen, ist die Wahrscheinlichkeit dafür, daß (1) auf *irgendeine* Weise eintritt,

$$W = \frac{N!}{n_1!n_2!n_3!} w_1^{n_1} w_2^{n_2} w_3^{n_3}, \qquad n_1 + n_2 + n_3 = N. \tag{2}$$

Die beiden Betrunkenen treffen sich nach N Schritten, falls $n_1 = n_2 = n$. Somit ist die Wahrscheinlichkeit dafür, daß nach N Schritten auf *irgendeine* Weise, d.h. unabhängig von der Anzahl n_3 der den Abstand unverändert lassenden Schritte ein Zusammentreffen stattfindet, durch

$$P = \sum_{n_3}^{N} \frac{N!}{n!n!n_3!} w_1^{n} w_2^{n} w_3^{n_3}, \qquad 2n + n_3 = N$$

$$= \sum_{n_3}^{N} \frac{N!}{\left[\left(\frac{N-n_3}{2}\right)!\right]^2 n_3!} \cdot \left(\frac{1}{4}\right)^{N-n_3} \cdot \left(\frac{1}{2}\right)^{n_3} \tag{3}$$

gegeben, wobei je nachdem, ob N gerade oder ungerade ist, über die geraden oder ungeraden Werte von n_3 zu summieren ist.

Um den hier für P gefundenen Summenausdruck zu berechnen, wird ein Kunstgriff angewandt und in Anlehnung an die Aufg. 1.7 davon ausgegangen, daß dieser (hier durch kombinatorische Überlegungen gewonnene) Ausdruck diejenige Teilsumme von

$$P' = \sum_{i_1=1}^{3} \sum_{i_2=1}^{3} \cdots \sum_{i_N=1}^{3} w_{i_1} w_{i_2} \cdots w_{i_N} \tag{4}$$

darstellt, die alle Summanden enthält, in denen w_1 und w_2 gleich oft als Faktor auftreten (Man überzeuge sich davon durch explizites Nachrechnen!). Betrachtet man nun neben der Summe P′ die Summe

$$P'' = \sum_{i_1=1}^{3} \sum_{i_2=1}^{3} \cdots \sum_{i_N=1}^{3} w'_{i_1} w'_{i_2} \cdots w'_{i_N} \tag{5}$$

mit

$$w'_1 = xw_1, \; w'_2 = \frac{w_2}{x}, \; w'_3 = w_3 \tag{6}$$

so ist diejenige Teilsumme von P″, die alle Summanden enthält, in denen der Parameter x nicht auftritt, weil er sich herauskürzt, offenbar identisch mit *der* Teilsumme von P′, die alle Summanden enthält, in denen w_1 und w_2 gleich oft als Faktor auftreten.

Nach dem Vorangehenden läßt sich daher die Berechnung des in (3) für die Wahrscheinlichkeit P gefundenen Summenausdrucks auf die Berechnung desjenigen Anteils von P″ zurückführen, der x nicht enthält. Letzeres nun gelingt dadurch, daß man in der Summe P″ alle Summanden mit derselben Potenz von x zusammenfaßt und anschließend den Term mit der Potenz x^0 aufsucht. Mit Hilfe des Binomialtheorems erhält man aus (5)

$$
\begin{aligned}
P'' &= \sum_{i_1=1}^{3} w'_{i_1} \sum_{i_2=1}^{3} w'_{i_2} \cdots \sum_{i_N=1}^{3} w'_{i_N} \\
&= (w'_1 + w'_2 + w'_3)^N \\
&= \left(\frac{x}{4} + \frac{1}{4x} + \frac{1}{2}\right)^N \\
&= \left(\frac{1}{2}\right)^{2N} \cdot (x^{1/2} + x^{-1/2})^{2N} \\
&= \left(\frac{1}{2}\right)^{2N} \cdot \sum_{n=0}^{2N} \frac{(2N)!}{n!(2N-n)!} \cdot (x^{1/2})^n \cdot (x^{-1/2})^{2N-n}. \qquad (7)
\end{aligned}
$$

Wie man unmittelbar erkennt, kürzt sich in dem Term mit n = N der Parameter x heraus, so daß das Ergebnis lautet

$$P = \left(\frac{1}{2}\right)^{2N} \cdot \frac{(2N)!}{(N!)^2}. \qquad (8)$$

1.9 Die Wahrscheinlichkeit W(n) dafür, daß ein durch die Wahrscheinlichkeit p charakterisiertes Ereignis bei N Versuchen n-mal eintritt, ist, wie gezeigt wurde, durch die Binomialverteilung

$$W(n) = \frac{N!}{n!\,(N-n)!}\, p^n\,(1-p)^{N-n} \qquad (1)$$

gegeben. Man betrachte eine Situation, bei der die Wahrscheinlichkeit p sehr klein ist ($p \ll 1$) und bei der man an dem Fall $n \ll N$ interessiert ist. [Man beachte, daß falls N sehr groß ist, W(n) mit $n \to N$ sehr klein wird, da der Faktor p^n sehr klein für $p \ll 1$ ist.] Es lassen sich dann verschiedene Näherungen durchführen, um (1) in eine einfachere Form zu bringen.

a) Unter Benutzung von $\ln(1-p) \approx -p$ zeige man, daß $(1-p)^{N-n} \approx e^{-Np}$.

b) Man zeige, daß $N!/(N-n)! \approx N^n$.

c) Damit zeige man, daß (1) sich auf

$$W(n) = \frac{\lambda^n}{n!}\, e^{-\lambda} \qquad (2)$$

reduziert, wobei $\lambda \equiv Np$ die mittlere Anzahl der mit der Wahrscheinlichkeit p behafteten Ereignisse ist. Die Verteilung (2) heißt „Poisson-Verteilung".

1.9 Für den Fall $n \ll N$ und $p \ll 1$ gilt

a) $\ln(1-p)^{N-n} \approx -p(N-n) \approx -pN$

$$\text{also } (1-p)^{N-n} \approx e^{-Np}.$$

b) $\frac{N!}{(N-n)!} = N(N-1) \cdot\cdot\cdot (N-n+1) \approx N^n.$

c) Damit erhält man

$$W(n) = \frac{N!}{n!\,(N-n)!}\, p^n (1-p)^{N-n}$$

$$\approx \frac{N^n}{n!}\, p^n\, e^{-Np} = \frac{\lambda^n}{n!}\, e^{-\lambda},\ \lambda = Np.$$

1.10 Man betrachte die Poisson-Verteilung der vorangehenden Aufgabe:

a) Man zeige, daß die Normierung lautet: $\sum_{n=0}^{N} W_n = 1.$

(Dabei kann die Summation über n in guter Näherung auf „unendlich" ausgedehnt werden, da W_n vernachlässigbar klein ist, wenn $n \gtrsim N$).

b) Man benutze die Poisson-Verteilung, um $\bar{n}$ zu berechnen.

c) Man benutze die Poisson-Verteilung, um $\overline{(\Delta n)^2} \equiv \overline{(n-\bar{n})^2}$ zu berechnen.

1.10. a) $\sum_{n=0}^{\infty} W_n = \sum_{n=0}^{\infty} \frac{\lambda^n}{n!} e^{-\lambda} = e^{-\lambda} \sum_{n=0}^{\infty} \frac{\lambda^n}{n!} = e^{-\lambda} \cdot e^{\lambda} = 1.$

b) Durch ähnliche Überlegungen wie in Aufgabe 1.6 erhält man

$$\bar{n} = \sum_{n=0}^{\infty} \frac{n\lambda^n}{n!} e^{-\lambda} = \sum_{n=1}^{\infty} \frac{n\lambda^n}{n!} e^{-\lambda}$$

$$= \lambda e^{-\lambda} \sum_{n=1}^{\infty} \frac{\lambda^{n-1}}{(n-1)!}$$

$$= \lambda e^{-\lambda} e^{\lambda} = \lambda.$$

c) Wegen

$$\overline{(\Delta n)^2} = \overline{n^2} - \bar{n}^2$$

benötigt man die Größe $\overline{n^2}$. Aus der Definition folgt

$$\overline{n^2} = \sum_{n=0}^{\infty} \frac{n^2\lambda^n}{n!} e^{-\lambda} = \sum_{n=1}^{\infty} \frac{n^2\lambda^n}{n!} e^{-\lambda}$$

$$= \sum_{n=1}^{\infty} \frac{n\lambda\lambda^{n-1}}{(n-1)!} e^{-\lambda}$$

$$= \lambda e^{-\lambda} \left[\sum_{m=0}^{\infty} \frac{m\lambda^m}{m!} + \sum_{m=0}^{\infty} \frac{\lambda^m}{m!} \right]$$

$$= \lambda e^{-\lambda} \left[\lambda e^{\lambda} + e^{\lambda} \right]$$

$$= \lambda^2 + \lambda.$$

Also gilt mit dem Ergebnis von b)

$$\overline{(\Delta n)^2} = \overline{n^2} - \bar{n}^2 = \lambda.$$

1.13 Ein Metall verdampft im Vakuum von einem heißen Glühfaden aus. Die Metallatome fallen auf eine Quarzplatte, die sich in einiger Entfernung davon befindet, und bilden dort eine dünne metallische Schicht. Diese Quarzplatte wird auf einer niedrigen Temperatur gehalten, so daß jedes auffallende Metallatom an der Stelle seines Auftreffens verbleibt, ohne sich weiter fortzubewegen. Von den Metallatomen kann angenommen werden, daß sie auf jedes Flächenelement der Platte mit gleicher Wahrscheinlichkeit auftreffen. Man zeige, daß die Anzahl der Metallatome, die sich auf einem Flächenelement der Größe b^2 anhäufen (wobei b der Durchmesser der Metallatome ist), näherungsweise nach einer Poisson-Verteilung verteilt ist. Angenommen, man verdampft genügend Metall, damit sich ein Film mit einer mittleren Dicke von 6 Atomschichten bilden kann. Welcher Bruchteil der Untergrundfläche ist dann überhaupt nicht mit Metall bedeckt? Welcher Bruchteil ist mit Metall einer Dicke von 3 Atomschichten und welcher Bruchteil mit Metall einer Dicke von 6 Atomschichten bedeckt?

1.13 Die Quartzplatte wird in Flächenelemente der Größe b^2 unterteilt. Da b^2 viel kleiner als die Gesamtfläche F der Platte ist, ist die Wahrscheinlichkeit für das Auftreffen eines Atoms auf ein gegebenes Flächenelement viel kleiner als 1, nämlich b^2/F. Außerdem ist natürlich die Anzahl n der auf ein gegebenes Flächenelement fallenden Atome viel kleiner als die Anzahl N der insgesamt von dem Metall aus verdampfenden Atome, so daß die Bedingungen für die näherungsweise Ersetzung der Binomialverteilung durch die Poisson-Verteilung erfüllt sind.

Nach dem Satz von Bernoulli (Gesetz der großen Zahlen) ist die in Aufgabe 1.1 gegebene Definition der Wahrscheinlichkeit äquivalent mit der Definition der Wahrscheinlichkeit als „Grenzwert" der relativen Häufigkeit. Man ist deshalb in der Lage, durch *Berechnung* der Wahrscheinlichkeit quantitative Aussagen über den Ausgang von Versuchen mit einem Ensemble zu machen. Da im vorliegenden Beispiel die einzelnen Flächenelemente alle mit der gleichen Wahrscheinlichkeit von einem Metallatom getroffen werden, stellt die Gesamtheit der Flächenelemente selbst ein Ensemble dar. Nach dem Vorangehenden ist dann der Bruchteil B(n) der Flächenelemente, die von n Atomen getroffen werden, gleich der durch die Poisson-Verteilung gegebenen Wahrscheinlichkeit dafür, daß ein herausgegriffenes Flächenelement von n Atomen getroffen wird. Da im Mittel auf ein Flächenelement 6 Atome fallen, gilt somit

$$B(n) = \frac{6^n}{n!} \cdot e^{-6},$$

n	0	3	6
B(n)	0,003	0,086	0,162

1.18 Ein Molekül legt in einem Gas – in jede Richtung mit gleicher Wahrscheinlichkeit – gleiche Strecken l zwischen seinen Zusammenstößen mit anderen Molekülen zurück. Wie groß ist nach insgesamt N Einzelverschiebungen die mittlere quadratische Gesamtverschiebung $\overline{R^2}$ des Moleküls von seinem Ausgangspunkt?

1.18
$$\mathbf{R} = \sum_{i=1}^{N} \mathbf{r}_i = l \sum_{i=1}^{N} \mathbf{e}_i, \tag{1}$$

wobei $\mathbf{e}_i$ ein Einheitsvektor ist, der die Richtung der i-ten Verschiebung angibt. Aus (1) folgt

$$\begin{aligned}\overline{R^2} = \overline{\mathbf{R}\cdot\mathbf{R}} &= l^2 \sum_{i=1}^{N} \overline{\mathbf{e}_i^2} + l^2 \sum_{i\neq j=1}^{N} \overline{\mathbf{e}_i \cdot \mathbf{e}_j} \\ &= N l^2 + l^2 \sum_{i\neq j=1}^{N} \overline{\cos\Theta_{ij}} \\ &= N l^2, \end{aligned} \tag{2}$$

Hier verschwindet in der vorletzten Zeile der zweite Term, weil alle Richtungen gleichwahrscheinlich sind und deshalb $\overline{\cos\Theta_{ij}} = 0$ für alle $i \neq j$.

1.23 Man betrachte das Problem der eindimensionalen Zufallsbewegung für ein Teilchen. Angenommen, daß jede einzelne Verschiebung stets positiv ist und mit gleicher Wahrscheinlichkeit irgendwo im Bereich zwischen $l - b$ und $l + b$ liegt, wobei $b < l$. Wie groß ist nach N Einzelverschiebungen

a) die mittlere Gesamtverschiebung $\overline{x}$?

b) das Schwankungsquadrat $\overline{(x - \overline{x})^2}$?

1.23 Die Wahrscheinlichkeit dafür, daß sich das Teilchen nach einer Einzelverschiebung in einem Intervall der Länge ds befindet, ist ds/2b. Für die mittlere Verschiebungslänge ergibt sich damit

$$\overline{s} = \int_{l-b}^{l+b} s \cdot \frac{ds}{2b} = \frac{1}{4b} s^2 \Big|_{l-b}^{l+b} = l. \tag{1}$$

Entsprechend ergibt sich für das mittlere Schwankungsquadrat der Verschiebungslänge

$$\overline{(\Delta s)^2} = \int_{l-b}^{l+b} (s - \overline{s})^2 \frac{ds}{2b} = \frac{1}{6b} (s - \overline{s})^3 \Big|_{l-b}^{l+b} = \frac{b^2}{3}. \tag{2}$$

Damit folgt für den Mittelwert bzw. das mittlere Schwankungsquadrat der Gesamtverschiebung

a) $\overline{x} = N\overline{s} = Nl.$ (3)

b) $\overline{(\Delta x)^2} = N\overline{(\Delta s)^2} = \dfrac{Nb^2}{3}.$ (4)

1.24 a) Ein Teilchen befindet sich an jeder Stelle auf dem Umfang eines Kreises mit gleicher Wahrscheinlichkeit. Die z-Achse sei irgendeine Gerade in der Ebene des Kreises, die durch seinen Mittelpunkt hindurchgeht, und θ sei der Winkel zwischen der z-Achse und der Geraden, die den Mittelpunkt des Kreises und das Teilchen auf seinem Umfang verbindet. Wie groß ist die Wahrscheinlichkeit dafür, daß dieser Winkel zwischen θ und $\theta + d\theta$ liegt?

b) Ein Teilchen befindet sich an jeder Stelle auf der Oberfläche einer Kugel mit gleicher Wahrscheinlichkeit. Die z-Achse sei irgendeine Gerade durch den Kugelmittelpunkt und θ der Winkel zwischen der z-Achse und der den Kugelmittelpunkt und das Teilchen verbindenden Geraden. Wie groß ist die Wahrscheinlichkeit dafür, daß dieser Winkel zwischen θ und $\theta + d\theta$ liegt?

1.24 a) Man denke sich den Kreisbogen in lauter gleiche Bogenstückelemente der Länge δs unterteilt. Die Bogenstückelemente mögen dabei so klein sein, daß gerade ein Teilchen daraufpaßt. In einem Bogenstück der Länge ds befinden sich dann $ds/\delta s$ Bogenstückelemente und die Anzahl der insgesamt vorhandenen Bogenstückelemente ist $2\pi r/\delta s$. Nach der in Aufgabe 1.1 gegebenen Definition lautet daher die Wahrscheinlichkeit dafür, daß sich das Teilchen in einem beliebig herausgegriffenen Bogenstück der Länge $ds = r d\theta$ befindet

$$W(\theta)\, d\theta = \frac{ds/\delta s}{2\pi r/\delta s} = \frac{ds}{2\pi r} = \frac{d\theta}{2\pi}. \tag{1}$$

b) Durch ähnliche Überlegungen wie in Teil a) findet man: Befindet sich ein Teilchen überall auf einer Fläche der Größe F mit gleicher Wahrscheinlichkeit, das heißt genau: befindet sich ein Teilchen mit Sicherheit irgendwo auf einer Fläche der Größe F und ist bei einer Unterteilung dieser Fläche in gleichgroße Teilflächen jede der Teilflächen mit gleicher Wahrscheinlichkeit vom Teilchen besetzt, so ist die Wahrscheinlichkeit dafür, daß sich das Teilchen auf einem Flächenstück der Größe ΔF befindet, durch das Verhältnis $\frac{\Delta F}{F}$ gegeben (siehe Aufgabe 1.13).

In der Aufgabe ist das Flächenstück, auf dem sich das Teilchen befinden muß, damit der Winkel zwischen θ und $\theta + d\theta$ liegt, die von diesen Winkelwerten begrenzte Kugelschicht. Ihr Flächeninhalt ist

$$\Delta F = 2\pi r^2 \sin\theta \cdot d\theta. \tag{2}$$

Damit erhält man

$$W(\theta)\, d\theta = \frac{2\pi r^2 \sin\theta \cdot d\theta}{4\pi r^2} = \frac{\sin\theta \cdot d\theta}{2}. \tag{3}$$

1.25 Man betrachte eine polykristalline Probe von $CaSO_4 \cdot 2H_2O$ in einem äußeren Magnetfeld **B** in z-Richtung. Das innere Magnetfeld (in z-Richtung), hervorgerufen am Ort eines gegebenen Protons im H_2O-Molekül durch das Nachbarproton, ist gegeben durch $(\mu/a^3)\,(3\cos^2\theta - 1)$, falls der Spin dieses Nachbarprotons in

Richtung des angelegten Feldes zeigt und durch $-(\mu/a^3)(3\cos^2\theta - 1)$, falls der Spin des benachbarten Protons in die entgegengesetzte Richtung zeigt. Hier ist μ das magnetische Moment des Protons und a die Entfernung zwischen den beiden Protonen, während θ den Winkel zwischen der Verbindungslinie der beiden Protonen und der z-Achse bezeichnet. In dieser Probe von zufällig orientierten Kristallen befindet sich das Nachbarproton mit gleicher Wahrscheinlichkeit an jeder Stelle auf der Kugel mit dem Radius a, die das gegebene Proton umgibt.

a) Wie groß ist die Wahrscheinlichkeit W(b) db dafür, daß das innere Feld b zwischen b und b + db liegt, wenn der Spin des Nachbarprotons parallel zu **B** ist?

b) Wie groß ist die Wahrscheinlichkeit W(b) db, wenn der Spin des Nachbarprotons mit gleicher Wahrscheinlichkeit entweder parallel oder antiparallel zu **B** ist? Man skizziere W(b) als Funktion von b.
(Bei einem kernmagnetischen Resonanzexperiment ist die Frequenz, bei der Energie aus einem radiofrequenten Magnetfeld absorbiert wird, proportional zur lokalen magnetischen Feldstarke, die am Ort eines Protons herrscht. Die Antwort von Teil b) gibt deshalb die Gestalt der Absorptionslinie, die man bei diesem Experiment beobachtet.)

1.25 a) Die Wahrscheinlichkeit $W^+(b)\,db$ dafür, daß das innere Magnetfeld einen Wert im Intervall zwischen b und b + db hat, ist gleich der Wahrscheinlichkeit dafür, daß der gemäß

$$b = \frac{\mu}{a^3}(3\cos^2\theta - 1) \tag{1}$$

mit b verknüpfte Winkel θ in einem der beiden zugehörigen θ-Intervalle, d.h. zwischen $\theta(b)$ und $\theta(b) + d\theta(b)$ oder zwischen $\pi - \theta(b)$ und $\pi - \theta(b) + d\theta(b)$ liegt. Nach Aufgabe 1.24 gilt

$$W(\theta)\,d\theta = \frac{\sin\theta \cdot d\theta}{2} = W(\pi - \theta)\,d\theta. \tag{2}$$

Damit ergibt sich

$$W^+(b)\,db = 2\,W(\theta)\,d\theta = 2W(\theta[b])\left|\frac{d\theta}{db}\right|db. \tag{3}$$

Aus (1) folgt

$$\left|\frac{db}{d\theta}\right| = \frac{6\mu\cos\theta\,\sin\theta}{a^3}, \tag{4}$$

so daß man schließlich aus (3) erhält

$$W^+(b)\,db = 2W(\theta)\,d\theta = \frac{a^3\sqrt{3}\,db}{6\sqrt{\mu^2 + \mu a^3 b}}. \tag{5}$$

b) Für den Fall, daß der Spin antiparallel zum äußeren Feld gerichtet ist, erhält man entsprechend

$$W^{-}(b)\,db = \frac{a^3\sqrt{3}\;db}{6\sqrt{\mu^2 - \mu\, a^3 b}} \tag{6}$$

Ist nun der Spin mit gleicher Wahrscheinlichkeit entweder parallel oder antiparallel zum äußeren Feld gerichtet, so hat man für b insgesamt den Variabilitätsbereich

$$-\frac{2\mu}{a^3} < b < \frac{2\mu}{a^3}, \tag{7}$$

wobei das Teilintervall

$$-\frac{2\mu}{a^3} < b < \frac{-\mu}{a^3} \tag{8}$$

nur dann in Frage kommt, wenn der Spin *antiparallel* zum äußeren Feld gerichtet ist, und das Teilintervall

$$\frac{\mu}{a^3} < b < \frac{2\mu}{a^3} \tag{9}$$

nur dann, wenn der Spin *parallel* zum äußeren Feld gerichtet ist, während der mittlere Bereich

$$-\frac{\mu}{a^3} < b < \frac{+\mu}{a^3} \tag{10}$$

in beiden Fällen möglich ist. Für alle drei Teilbereiche gilt dann: (Wahrscheinlichkeit dafür, daß die innere Feldstärke einen Wert zwischen b und b + db hat) = = [(Wahrscheinlichkeit dafür, daß die innere Feldstärke einen Wert zwischen b und b + db hat *und* daß dabei der Spin parallel zum äußeren Feld gerichtet ist) + + (Wahrscheinlichkeit dafür, daß die innere Feldstärke einen Wert zwischen b und b + db hat *und* daß dabei der Spin antiparallel zum äußeren Feld gerichtet ist)]. Damit erhält man

$$W(b)db = \begin{cases} \dfrac{a^3\sqrt{3}\;db}{12\sqrt{\mu^2 - \mu\, a^3 b}} & -\dfrac{2\mu}{a^3} < b < -\dfrac{\mu}{a^3} \\[2ex] \left(\dfrac{a^3\sqrt{3}}{12\sqrt{\mu^2 - \mu\, a^3 b}} + \dfrac{a^3\sqrt{3}}{12\sqrt{\mu^2 + \mu a^3 b}}\right) db & -\dfrac{\mu}{a^3} < b < \dfrac{\mu}{a^3} \\[2ex] \dfrac{a^3\sqrt{3}\;db}{12\sqrt{\mu^2 + \mu a^3 b}} & \dfrac{\mu}{a^3} < b < \dfrac{2\mu}{a^3} \end{cases} \tag{11}$$

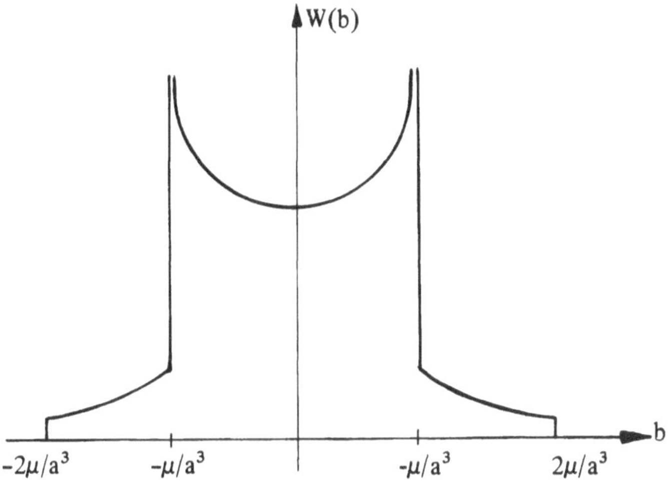

Abb. 1.25.1

1.26 Man betrachte das Problem der eindimensionalen Zufallsbewegung und nehme an, daß die Wahrscheinlichkeit für eine Einzelverschiebung zwischen s und s + ds gegeben ist durch

$$w(s)\,ds = \frac{1}{\pi}\,\frac{b}{s^2 + b^2}\,ds.$$

Man berechne die Wahrscheinlichkeit $\mathcal{P}(x)\,dx$ dafür, daß die Gesamtverschiebung nach N Schritten zwischen x und x + dx liegt.

1.26 Für die Wahrscheinlichkeitsdichte $\mathcal{P}(x)$ gilt (siehe Aufgabe 1.28)

$$\mathcal{P}(x) = \frac{1}{2\pi}\int_{-\infty}^{+\infty} Q^N(k)\, e^{-ikx}\, dk \qquad (1)$$

mit

$$Q(k) = \int_{-\infty}^{+\infty} w(s)\, e^{iks}\, ds = \frac{b}{\pi}\int_{-\infty}^{+\infty} \frac{e^{iks}}{s^2 + b^2}\, ds. \qquad (2)$$

Das hier auftretende uneigentliche Integral (2) läßt sich mit Hilfe funktionentheorektischer Mittel berechnen. Dazu wird in der komplexen z-Ebene ($z = s + is'$) für $k > 0$ das über die geschlossene Kurve γ

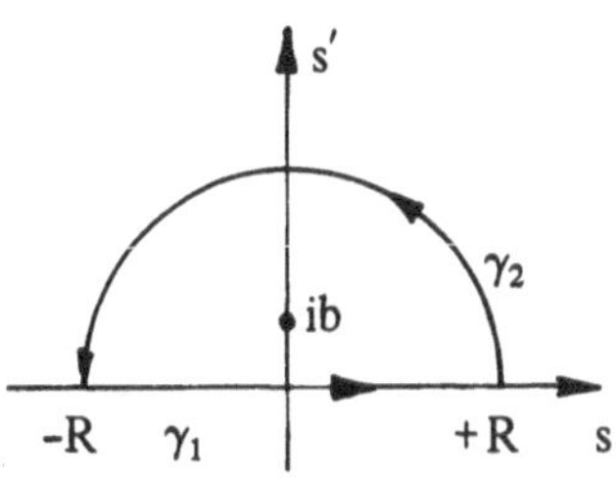

$\gamma = \gamma_1 + \gamma_2$

$k > 0$

Abb. 1.26.1

erstreckte Kurvenintegral

$$\oint_\gamma \frac{e^{ikz}}{z^2+b^2}\,dz = \int_{\gamma_1} \frac{e^{ikz}}{z^2+b^2}\,dz + \int_{\gamma_2} \frac{e^{ikz}}{z^2+b^2}\,dz$$
$$= \int_{-R}^{+R} \frac{e^{iks}}{s^2+b^2}\,ds + \int_{\gamma_2} \frac{e^{ikz}}{z^2+b^2}\,dz \tag{3}$$

für den Grenzfall $R \to \infty$ betrachtet. Wegen

$$\left|e^{ikz}\right| = \left|e^{ik(s+is')}\right| = \left|e^{iks} \cdot e^{-ks'}\right| = e^{-ks'} \tag{4}$$

folgt für den Betrag des Integrals über den Halbkreis γ_2

$$\left|\int_{\gamma_2} \frac{e^{ikz}}{z^2+b^2}\,dz\right| \leqslant \int_{\gamma_2} \left|\frac{e^{ikz}}{z^2+b^2}\right| \cdot |dz| \leqslant \frac{\pi R}{R^2-b^2}, \tag{5}$$

so daß

$$\lim_{R\to\infty} \left|\int_{\gamma_2} \frac{e^{ikz}}{z^2+b^2}\,dz\right| = 0. \tag{6}$$

Das Integral über den Halbkreis verschwindet also für $R \to \infty$ und man erhält deshalb durch Anwendung des Residuensatzes

$$\lim_{R\to\infty} \oint_\gamma \frac{e^{ikz}}{z^2+b^2}\,dz = \int_{-\infty}^{+\infty} \frac{e^{iks}}{s^2+b^2}\,ds = 2\pi i \sum_j \operatorname{Res}_{z_j}\left(\frac{e^{ikz}}{z^2+b^2}\right) \cdot n(\gamma, z_j) \tag{7}$$

wobei die Summe über alle Polstellen z_j von $\frac{e^{ikz}}{z^2+b^2}$ zu erstrecken ist, die im Inneren der Kontur γ, d.h. in der oberen Halbebene liegen, und $n(\gamma, z_j)$ die Windungszahl von γ bezüglich z_j ist. Die Funktion $\frac{e^{ikz}}{z^2+b^2}$ hat in der oberen Halbebene nur die einzige Polstelle $z_1 = ib$. Wegen

$$\operatorname{Res}_{z=ib}\left(\frac{e^{ikz}}{z^2+b^2}\right) = \lim_{z\to ib}\left[(z-ib)\,\frac{e^{ikz}}{z^2+b^2}\right]$$
$$= \frac{e^{-kb}}{2ib} \tag{8}$$

und

$$n(\gamma, ib) = 1 \tag{9}$$

erhält man schließlich mit (2), (7), (8) und (9) das Ergebnis

$$Q(k) = e^{-kb}, \; k > 0. \tag{10}$$

Aus der Herleitung läßt sich leicht erkennen, daß man im Fall $k < 0$ anstelle des oben gewählten Integrationsweges als geschlossene Kurve die Kontur $\bar{\gamma}$

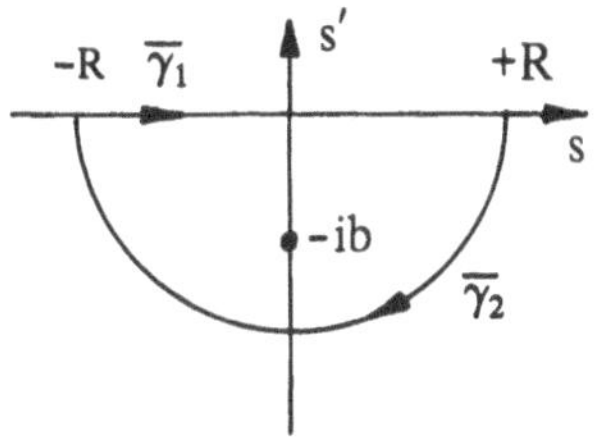

$$\bar{\gamma} = \bar{\gamma}_1 + \bar{\gamma}_2$$

$$k < 0$$

Abb. 1.26.2

zu wählen hat, um im Grenzfall $R \to \infty$ den nicht über die reelle Achse erstreckten Anteil des Integrals zum Verschwinden zu bringen. Durch sonst anloges Vorgehen erhält man

$$Q(k) = e^{kb}, \quad k < 0. \tag{11}$$

Damit ergibt sich für die Wahrscheinlichkeitsdichte (1)

$$\mathcal{P}(x) = \frac{1}{2\pi} \int_{-\infty}^{\infty} dk\, e^{-ikx}\, Q^N(k) = \frac{1}{2\pi} \int_{-\infty}^{0} dk\, e^{-ikx}\, e^{Nkb} + \frac{1}{2\pi} \int_{0}^{\infty} dk\, e^{-ikx}\, e^{-Nkb}$$

$$= \frac{1}{\pi} \int_0^\infty dk\, e^{-Nkb} \cos k\, x. \tag{12}$$

Für das letzte Integral findet man schließlich mit Hilfe einer Integraltafel

$$\mathcal{P}(x) = \frac{1}{\pi} \frac{Nb}{x^2 + N^2 b^2}. \tag{13}$$

Die gefundene Verteilung $\mathcal{P}(x)$ geht für große N nicht in eine Gauß-Verteilung über, weil die Momente $\overline{s^n}$ divergieren.

1.28 Man betrachte die dreidimensionale Zufallsbewegung eines Teilchens und bezeichne mit $w(\mathbf{s})\, d^3 s$ die Wahrscheinlichkeit dafür, daß seine Verschiebung $\mathbf{s}$ im Gebiet zwischen $\mathbf{s}$ und $\mathbf{s} + d\mathbf{s}$ liegt (d.h. daß s_x zwischen s_x und $s_x + ds_x$ liegt, daß s_y zwischen s_y und $s_y + ds_y$ liegt, und daß s_z zwischen s_z und $s_z + ds_z$ liegt). $P(\mathbf{r})d^3 r$ bezeichne die Wahrscheinlichkeit dafür, daß die Gesamtverschiebung $\mathbf{r}$ des Teilchens nach N Einzelverschiebungen im Gebiet zwischen $\mathbf{r}$ und $\mathbf{r} + d\mathbf{r}$ liegt. Man zeige, daß

$$P(\mathbf{r}) = \frac{1}{(2\pi)^3} \int_{-\infty}^{\infty} d^3 k\, e^{-i\mathbf{k}\cdot\mathbf{r}}\, Q^N(\mathbf{k})$$

wobei

$$Q(\mathbf{k}) = \int_{-\infty}^{\infty} d^3 s\, e^{i\mathbf{k}\cdot\mathbf{s}}\, w(s).$$

1.28 Die Wahrscheinlichkeit dafür, daß die Gesamtverschiebung im Bereich zwischen $\mathbf{r}$ und $\mathbf{r} + d\mathbf{r}$ liegt, ist

$$\mathcal{P}(\mathbf{r})\, d^3\mathbf{r} = \underset{(d^3\mathbf{r})}{\int \cdot \overset{\infty}{\underset{-\infty}{\cdot}} \cdot \int} W(\mathbf{s}_1)\, W(\mathbf{s}_2) \cdot\cdot\cdot W(\mathbf{s}_N)\, d^3\mathbf{s}_1 \cdot\cdot\cdot d^3\mathbf{s}_N, \tag{1}$$

wobei die Integration unter der einschränkenden Bedingung

$$\mathbf{r} < \sum_{i=1}^{N} \mathbf{s}_i < \mathbf{r} + d\mathbf{r} \tag{2}$$

auszuführen ist. Die Bedingung (2) läßt sich mit Hilfe der δ-Funktion eliminieren, indem man schreibt

$$\mathcal{P}(\mathbf{r})\, d^3\mathbf{r} = \int \cdot \overset{\infty}{\underset{-\infty}{\cdot}} \cdot \int W(\mathbf{s}_1) \cdot\cdot\cdot W(\mathbf{s}_N)\, [\delta(\mathbf{r} - \sum_i \mathbf{s}_i) d^3\mathbf{r}]\, d^3\mathbf{s}_1 \cdot\cdot\cdot d^3\mathbf{s}_N. \tag{3}$$

Mit Hilfe der Fourier-Darstellung der δ-Funktion

$$\delta(\mathbf{r} - \sum_i \mathbf{s}_i) = \frac{1}{(2\pi)^3} \int_{-\infty}^{\infty} d^3\mathbf{k}\, e^{i\mathbf{k}\cdot[\sum_i \mathbf{s}_i - \mathbf{r}]} \tag{4}$$

erhält man dann aus (3)

$$\begin{aligned}
\mathcal{P}(\mathbf{r}) &= \int \cdot \overset{\infty}{\underset{-\infty}{\cdot}} \cdot \int W(\mathbf{s}_1) \cdot\cdot\cdot W(\mathbf{s}_N) \frac{1}{(2\pi)^3} \int_{-\infty}^{\infty} d^3\mathbf{k}\, e^{i\mathbf{k}\cdot[\sum_i \mathbf{s}_i - \mathbf{r}]} \cdot \\
&\qquad \cdot d^3\mathbf{s}_1 \cdot\cdot\cdot d^3\mathbf{s}_N \\
&= \frac{1}{(2\pi)^3} \int_{-\infty}^{\infty} d^3\mathbf{k}\, e^{-i\mathbf{k}\cdot\mathbf{r}} \int_{-\infty}^{\infty} d^3\mathbf{s}_1\, W(\mathbf{s}_1)\, e^{i\mathbf{k}\cdot\mathbf{s}_1} \cdot\cdot\cdot\cdot \\
&\qquad \cdot \int_{-\infty}^{\infty} d^3\mathbf{s}_N\, W(\mathbf{s}_N)\, e^{i\mathbf{k}\cdot\mathbf{s}_N} \\
&= \frac{1}{(2\pi)^3} \int_{-\infty}^{\infty} d^3\mathbf{k}\, e^{-i\mathbf{k}\cdot\mathbf{r}}\, Q^N(\mathbf{k}),
\end{aligned} \tag{5}$$

wobei

$$Q(\mathbf{k}) = \int_{-\infty}^{\infty} d^3\mathbf{s}\, e^{i\mathbf{k}\cdot\mathbf{s}}\, W(\mathbf{s}). \tag{6}$$

1.29 **a)** Unter Benutzung einer geeigneten Diracschen Deltafunktion bestimme man die Wahrscheinlichkeitsdichte w(s) für Verschiebungen mit einheitlicher Länge aber zufälliger Richtung im Raum (d.h. jede Richtung ist gleichwahrscheinlich). [Hinweis: Man denke daran, daß w(s) so beschaffen sein muß, daß $\iiint w(\mathbf{s})\, d\mathbf{s} = 1$, wenn über den ganzen Raum integriert wird.]

b) Man benutze das Resultat von Teil a), um Q(**k**) zu berechnen. (Man führe die Integration in Kugelkoordinaten aus.)

c) Man benutze diesen Wert von Q(**k**) und berechne damit für N = 3 die Größe $\mathcal{F}(\mathbf{r})$.

1.29 **a)** Die gesuchte Funktion w(s) darf nur vom Abstand s = |s| vom Ursprung abhängen und muß außerdem so beschaffen sein, daß das Integral

$$\int_G w(\mathbf{s})\, d^3 s \tag{1}$$

für jedes Raumgebiet Null ist, das mit der Kugeloberfläche vom Radius 1 keinen Punkt gemeinsam hat, und für jedes Raumgebiet eins ist, das diese Kugeloberfläche ganz enthält. Dies alles leistet die Funktion

$$w(\mathbf{s}) = w(s) = \frac{\delta(s-1)}{4\pi s^2}, \tag{2}$$

wie man durch Einführen von Kugelkoordinaten leicht bestätigt. Insbesondere ist mit (2) wegen

$$\int_0^{2\pi}\int_0^{\pi}\int_0^{\infty} s^2 \sin\theta \, ds\, d\theta\, d\varphi \, \frac{\delta(s-1)}{4\pi s^2} = 4\pi \int_0^{\infty} \frac{\delta(s-1)}{4\pi}\, ds = 1 \tag{3}$$

natürlich die Normierungsbedingung erfüllt.

b) Für die Fouriertransformierte Q(**k**) ergibt sich damit, wenn man o.B.d.A. die z-Achse in Richtung von **k** legt

$$Q(\mathbf{k}) = \iiint d^3 s\, e^{i\mathbf{k}\cdot\mathbf{s}}\, w(\mathbf{s}) = \int_0^{2\pi}\int_0^{\pi}\int_0^{\infty} s^2 \sin\theta\, ds\, d\theta\, d\varphi\, \frac{\delta(s-1)}{4\pi s^2}\, e^{iks\cos\theta}$$

$$= 2\pi \int_0^{\pi} \frac{\sin\theta\, d\theta}{4\pi}\, e^{ikl\cos\theta}. \tag{4}$$

Mit der Substitution

$$u = \cos\theta$$

wird daraus

$$Q(\mathbf{k}) = \frac{1}{2}\int_{-1}^{+1} e^{iklu}\, du = \frac{1}{2ikl}\left(e^{ikl} - e^{-ikl}\right)$$

$$= \frac{\sin kl}{kl}. \tag{5}$$

c) Aus der Beziehung (siehe Aufgabe 1.28)

$$P(r) = \frac{1}{(2\pi)^3} \int\!\!\int\!\!\int d^3k\, e^{-ik\cdot r} Q^N(k) \tag{6}$$

folgt mit (5) für N = 3

$$P(r) = \frac{1}{(2\pi)^3} \int_0^{2\pi} \int_0^{\pi} \int_0^{\infty} k^2 \sin\theta\, dk\, d\theta\, d\varphi\, e^{-ikr\cos\theta} \frac{\sin^3 kl}{(kl)^3}. \tag{7}$$

Die Integration über die Winkel verläuft wie oben und ergibt

$$P(r) = \frac{1}{2\pi^2 l^3 r} \int_0^{\infty} dk \frac{\sin^3 kl \sin kr}{k^2}. \tag{8}$$

Um das verbleibende Integral zu berechnen, läßt sich die Identität benutzen

$$\begin{aligned}\frac{\sin^3 kl \sin kr}{k^2} &= \frac{1}{k^2} \sin kr \sin kl \left(\frac{1-\cos 2kl}{2}\right)\\ &= \frac{1}{4k^2} [\cos k(r-l) - \cos k(r+l)]\,[1-\cos 2kl]\\ &= \frac{1}{8k^2} [3\cos k(r-l) - 3\cos k(r+l) + \cos k(r+3l) -\\ &\qquad - \cos k(r-3l)].\end{aligned} \tag{9}$$

Das Integral der ersten beiden Terme in der letzten Zeile von (9) ist

$$\frac{3}{8} \int_0^{\infty} \frac{\cos k(r-l) - \cos k(r+l)}{k^2} dk = \frac{3}{4} \int_0^{\infty} \frac{\sin^2 \frac{k}{2}(r+l) - \sin^2 \frac{k}{2}(r-l)}{k^2} dk. \tag{10}$$

Mit den Substitutionen

$$x = \frac{k}{2}(r+l) \quad \text{und} \quad y = \frac{k}{2}(r-l)$$

wird daraus

$$\frac{3}{4} \int_0^{\infty} \frac{|r+l|}{2} \frac{\sin^2 x}{x^2} dx - \frac{3}{4} \int_0^{\infty} \frac{|r-l|}{2} \frac{\sin^2 y\, dy}{y^2} = \frac{3\pi}{16} (|r+l| - |r-l|). \tag{11}$$

Das Integral der beiden letzten Terme läßt sich genauso behandeln und man findet

$$\frac{1}{8} \int_0^{\infty} \frac{\cos k(r+3l) - \cos k(r-3l)}{k^2} dk = \frac{\pi}{16} (|r-3l| - |r+3l|). \tag{12}$$

Insgesamt erhält man damit aus (8) das Ergebnis

$$P(r) = \begin{cases} \dfrac{1}{8\pi l^3} & 0 < r < l \\ \dfrac{1}{16\pi l^3 r}(3l - r) & l < r < 3l \\ 0 & r > 3l. \end{cases} \tag{13}$$

2. Statistische Beschreibung von Vielteilchensystemen

2.3 Betrachtet wird ein Ensemble von klassischen eindimensionalen harmonischen Oszillatoren, die alle praktisch dieselbe Energie in einem schmalen Bereich zwischen E und E + δE besitzen.

a) Die Phasenwinkel der Oszillatoren seien gleichmäßig über das Intervall $0 \leqslant \varphi < 2\pi$ verteilt. Für einen aufs Geratewohl aus dem Ensemble herausgegriffenen Oszillator ist dann die Wahrscheinlichkeit $w(\varphi)d\varphi$ dafür, daß sein Phasenwinkel im Bereich zwischen φ und $\varphi + d\varphi$ liegt, $(2\pi)^{-1} d\varphi$. Unter Benutzung des zwischen der Auslenkung x und dem Phasenwinkel φ auf Grund der Bewegungsgleichung bestehenden Zusammenhanges $x = A\cos(\omega t + \varphi)$ berechne man die Wahrscheinlichkeit P(x)dx dafür, daß bei einem solchen aufs Geratewohl herausgegriffenen Oszillator zu irgendeinem festen Zeitpunkt t die Auslenkung aus der Ruhelage im Intervall zwischen x und x + dx liegt. P(x) ist als Funktion der Amplitude A und der Auslenkung x darzustellen.

b) Die Wahrscheinlichkeit P(x)dx ist mit Hilfe des *Postulates gleicher a priori Wahrscheinlichkeit* zu berechnen, indem man das Volumen desjenigen Gebietes im zugänglichen Teil des Phasenraumes, das zwischen x und x + dx liegt, zum Gesamtvolumen des zugänglichen Teils des Phasenraumes ins Verhältnis setzt (siehe Abb.).

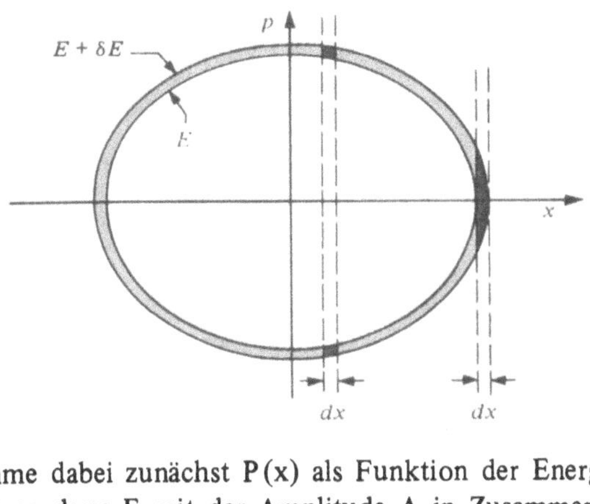

Abb. 2.3.1

Man bestimme dabei zunächst P(x) als Funktion der Energie E und der Auslenkung x, bringe dann E mit der Amplitude A in Zusammenhang und zeige, daß man das gleiche Ergebnis wie in Teil a) erhält.

2.3 a) Da zu einem bestimmten Wert der Verschiebung x zwei Werte des Phasenwinkels φ gehören, gilt wegen

$$w(\varphi)d\varphi = \frac{d\varphi}{2\pi} \tag{1}$$

zunächst

$$P(x)dx = w(\varphi_1)d\varphi + w(\varphi_2)d\varphi = \frac{d\varphi}{\pi}. \tag{2}$$

Der Zusammenhang zwischen dem Differential $d\varphi$ und dem zugehörigen Differential dx ergibt sich aus der für einen festen Zeitpunkt t zu betrachtenden Beziehung

$$x = A \cdot \cos(\omega t + \varphi) \tag{3}$$

durch Differentiation:

$$\begin{aligned} \frac{dx}{d\varphi} &= -A \sin(\omega t + \varphi) \\ &= -\sqrt{A^2 - A^2\cos^2(\omega t + \varphi)} \\ &= -\sqrt{A^2 - x^2}. \end{aligned} \tag{4}$$

Da hier natürlich nur die Beträge interessieren, erhält man durch Einsetzen in (2)

$$P(x)dx = \frac{dx}{\pi\sqrt{A^2 - x^2}}. \tag{5}$$

b) Für die Energie E eines harmonischen Oszillators mit der Masse m und der Kreisfrequenz ω gilt

$$E = \frac{p^2}{2m} + \frac{m\omega^2 x^2}{2}. \tag{6}$$

Für festes E stellt (6) eine Ellipse im Phasenraum dar, deren Halbachsen durch

$$a = \sqrt{\frac{2 \cdot E}{m\omega^2}}$$

und (7)

$$b = \sqrt{2mE}$$

gegeben sind. Die dem Energieintervall zwischen E und $E + \delta E$ entsprechenden möglichen Zustände des Oszillators liegen daher in dem ringförmigen Gebiet des Phasenraumes, das durch die zu E und $E + \delta E$ gehörenden Ellipsen eingeschlossen wird (siehe Abb. 2.3.2).

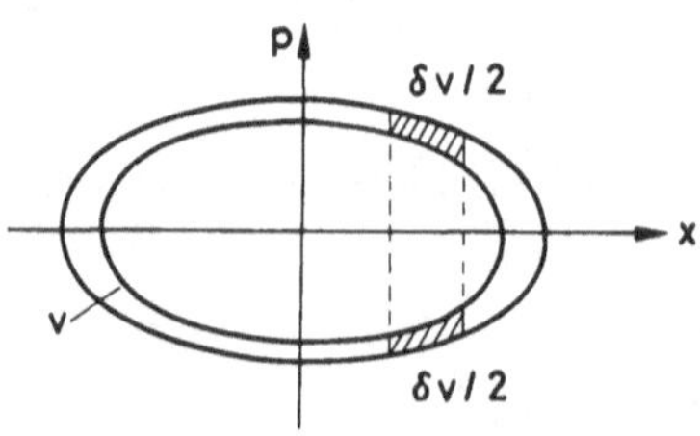

Abb. 2.3.2

Der Flächeninhalt dieses Gebietes ergibt sich als Differenz der beiden Ellipsenflächen zu

$$v = V_1 - V_2 = \pi(a_1 b_1 - a_2 b_2) \\ = \pi \frac{2(E + \delta E)}{\omega} - \frac{2E}{\omega} \\ = \frac{2\pi\delta E}{\omega}. \tag{8}$$

Hat nun der durch einen Energiewert im Intervall zwischen E und E + δE charakterisierte Oszillator eine Auslenkung im Intervall zwischen x und x + dx, so sind die ihm zugänglichen Zustände auf das in der Abbildung schraffiert eingezeichnete Gebiet beschränkt. Der Flächeninhalt dieses Gebietes ist (in 1. Näherung)

$$\delta v = 2\,dp dx. \tag{9}$$

Für einen festen x-Wert besteht zwischen der Impulsbreite dp und der Energiebreite δE nach (6) der Zusammenhang (in 1. Näherung)

$$\delta E = \frac{p}{m}\,dp = \frac{1}{m}\sqrt{2mE - m^2\omega^2 x^2}\,dp. \tag{10}$$

Damit folgt aus dem Postulat gleichen a-priori Wahrscheinlichkeit

$$P(x)dx = \frac{\delta v}{v} = \frac{m\omega}{\pi} \cdot \frac{dx}{\sqrt{2mE - m^2\omega^2 x^2}}. \tag{11}$$

Der Zusammenhang zwischen der Energie E und der Amplitude A ergibt sich aus der bekannten Zeitabhängigkeit der Verschiebung

$$x = A\cos(\omega t + \varphi) \tag{12}$$

und wegen

$$p = m\dot{x} = -A\sin(\omega t + \varphi) \tag{13}$$

mit Hilfe von (6) zu

$$E = \frac{m}{2} A^2 \omega^2 \sin^2(\omega t + \varphi) + \frac{m}{2} A^2 \omega^2 \cos^2(\omega t + \varphi) \\ = \frac{m}{2} A^2 \omega^2. \tag{14}$$

Einsetzen von (14) in (11) liefert in Übereinstimmung mit (5)

$$P(x)\,dx = \frac{1}{\pi}\frac{dx}{\sqrt{A^2 - x^2}}. \tag{15}$$

Anmerkung zum Gebrauch der Symbole „δ" und „d": Das Differential – d.i. der lineare Anteil der Änderung – einer Größe y, die eine Funktion von mehreren unabhängigen Variablen ist, wird mit δy (dy) bezeichnet, wenn nur ein Teil der (alle) unabhängigen Variablen einer Veränderung unterworfen wird (werden).

2.4 Man betrachte ein isoliertes System von $N(N \gg 1)$ schwach miteinander wechselwirkenden lokalisierten Teilchen vom Spin ½. Jedes Teilchen besitzt ein magnetisches Moment μ, das in Richtung oder in Gegenrichtung des angelegten Feldes H zeigen kann. Die Energie E des Systems ist dann $E = -(n_1 - n_2)\mu H$, wobei n_1 die Anzahl der zum Feld H parallelen, n_2 die der antiparallelen Spins ist.

a) Man betrachte den Energiebereich zwischen E und $E + \delta E$, wobei δE sehr klein gegen E, aber mikroskopisch groß ist: $\delta E \gg \mu H$. Wie groß ist die Gesamtanzahl der Zustände $\Omega(E)$, die in diesem Energiebereich liegen?

b) Durch Anwendung der *Stirlingschen* Formel in ihrer einfachsten Form gebe man einen Näherungsausdruck für $\ln \Omega(E)$ an.

c) Angenommen, daß die Energie in einem Bereich liegt, in dem $\Omega(E)$ merkliche Werte annimmt, d.h. die Energie möge nicht in der Nähe ihrer möglichen Extremwerte $\pm N\mu H$ liegen. Durch Anwendung des in diesem Fall erlaubten Gauss'schen Näherungsverfahrens auf Teil a) leite man einen einfachen Ausdruck für $\Omega(E)$ als Funktion von E her.

2.4 a) Die Anzahl der verschiedenen Möglichkeiten, auf N lokalisierte Teilchen n_1 zum äußeren Feld parallele und $n_2 = N - n_1$ zum äußeren Feld antiparallele Spins zu verteilen, ist

$$f(n_1) = \frac{N!}{n_1!\, n_2!}\,. \tag{1}$$

Da die Energieniveaus den Abstand

$$-[(n_1 - 1) - (n_2 + 1) - (n_1 - n_2)]\mu H = 2\mu H \tag{2}$$

haben, gilt (bis auf Glieder höherer Ordnung)

$$\Omega(E) = f(n_1)\,\frac{\delta E}{2\mu H}\,. \tag{3}$$

Wegen

$$E = -(n_1 - n_2)\mu H \tag{4}$$

und

$$N = n_1 + n_2 \tag{5}$$

gilt außerdem

$$n_1 = \frac{1}{2}\left(N - \frac{E}{\mu H}\right), \tag{6}$$

und

$$n_2 = \frac{1}{2}\left(N + \frac{E}{\mu H}\right). \tag{7}$$

Damit wird aus (3)

$$\Omega(E) = \frac{N!}{(\frac{N}{2} - \frac{E}{2\mu H})!\,(\frac{N}{2} + \frac{E}{2\mu H})!}\,\frac{\delta E}{2\mu H}. \tag{8}$$

b) Die Anwendung der Stirlingschen Formel

$$\ln n! = n \cdot \ln n - n \tag{9}$$

auf die rechte Seite von (8) ergibt

$$\ln \Omega(E) = -\frac{1}{2}(N - \frac{E}{\mu H}) \ln \frac{1}{2}(1 - \frac{E}{N\mu H}) - \frac{1}{2}(N + \frac{E}{\mu H}) \ln \frac{1}{2}(1 + \frac{E}{N\mu H}) + \\ + \ln \frac{\delta E}{2\mu H}. \tag{10}$$

c) Entwickelt man die für kontinuierliches n_1 betrachtete Funktion

$$\ln f(n_1) = \ln \frac{N!}{n_1!(N - n_1)!} \tag{11}$$

um die Stelle $\tilde{n}_1$ ihres Maximums bis zum Glied 2. Ordnung, so erhält man

$$\ln f(n_1) = \ln f(\tilde{n}_1) + \frac{1}{2} B_2\, \eta^2, \tag{12}$$

wobei die Abkürzungen

$$\eta = n_1 - \tilde{n}_1 \quad \text{und} \quad B_2 = \left(\frac{d^2 \ln f(n_1)}{dn_1^2}\right)_{\tilde{n}_1} \tag{13}$$

eingeführt wurden. Da an der Stelle $\tilde{n}_1$ ein Maximum vorliegt, ist B_2 negativ, d.h. es gilt

$$B_2 = -|B_2|. \tag{14}$$

Entlogarithmieren von (12) liefert dann

$$f(n_1) = f(\tilde{n}_1)\, e^{-\frac{1}{2}|B_2|\eta^2}. \tag{15}$$

Der Faktor $f(\tilde{n}_1)$ läßt sich aus der Normierungsbedingung berechnen, nach der gelten muß

$$\int_{-\infty}^{+\infty} f(\tilde{n}_1)\, e^{-\frac{1}{2}|B_2|\eta^2} d\eta = \sum_{n_1=0}^{N} f(n_1). \tag{16}$$

Für die rechte Seite von (16) folgt mit Hilfe des Binomialtheorems

$$\sum_{n_1=0}^{N} f(n_1) = \sum_{n_1=0}^{N} \frac{N!}{n_1!\,(N - n_1)!} = (1 + 1)^N = 2^N \tag{17}$$

Wegen

$$\int_{-\infty}^{\infty} e^{-x^2}\, dx = \sqrt{\pi}. \tag{18}$$

ergibt sich damit aus (16)

$$f(\tilde{n}_1) = 2^N \sqrt{\frac{|B_2|}{2\pi}}. \tag{19}$$

Der Wert $\tilde{n}_1$ berechnet sich aus der Bedingung für das Maximum

$$\left|\frac{d \ln f(n_1)}{dn_1}\right|_{\tilde{n}_1} = 0. \tag{20}$$

Mit Hilfe der Stirlingschen Formel (9) und (11) liefert das

$$-\ln \tilde{n}_1 + \ln(N - \tilde{n}_1) = 0 \tag{21}$$

bzw.

$$\tilde{n}_1 = \frac{N}{2}. \tag{22}$$

Die Konstante $|B_2|$ ergibt sich damit aus der Definitionsgleichung (13) zu

$$|B_2| = \left|\frac{d^2 \ln f(n_1)}{dn_1^2}\right|_{\tilde{n}_1} = \left| -\frac{1}{\tilde{n}_1} - \frac{1}{N - \tilde{n}_1}\right|_{\tilde{n}_1 = N/2} = \frac{4}{N}. \tag{23}$$

Einsetzen von (19), (22) und (23) in (15) ergibt

$$f(n_1) = \frac{2^N}{\sqrt{\pi\frac{N}{2}}}\, e^{-\frac{2}{N}(n_1 - \frac{N}{2})^2}. \tag{23}$$

Wegen

$$\Omega(E) = f(n_1)\frac{\delta E}{2\mu H}$$

und

$$n_1 = \frac{1}{2}(N - \frac{E}{\mu H}),$$

folgt für die Anzahl der möglichen Zustände im Energieintervall zwischen E und E + δE die Gauss-Verteilung

$$\Omega(E) = \frac{2^N}{\sqrt{\pi\frac{N}{2}}} \exp\left[-\frac{2}{N}\left(\frac{E}{2\mu H}\right)^2\right] \frac{\delta E}{2\mu H}. \tag{24}$$

2.7 Man betrachte ein Teilchen in einem Würfel der Kantenlänge $L_x = L_y = L_z$. Die möglichen Energieniveaus dieses Teilchens sind dann gegeben durch

$$E = \frac{\hbar^2}{2m}\pi^2\left[\frac{n_x^2}{L_x^2}+\frac{n_y^2}{L_y^2}+\frac{n_z^2}{L_z^2}\right]$$

a) Man zeige, daß die Kraft F_x, die das Teilchen im Zustand (n_x, n_y, n_z) auf die Wand senkrecht zur x-Achse ausübt, durch $F_x = -\partial E/\partial L_x$ gegeben ist. Dazu gehe man davon aus, daß das Teilchen bei einer quasistatistischen Änderung der Kastenlänge um dL_x im Zustand (n_x, n_y, n_z) verbleibt und stelle für eine solche Änderung die Energiebilanz auf.

b) Man berechne explizit den Druck auf diese Wand. Durch Mittelung über alle möglichen Zustände gebe man einen Ausdruck für den mittleren Druck auf diese Wand an. (Man nutze dabei die Eigenschaft aus, daß die Mittelwerte $\overline{n_x^2} = \overline{n_y^2} = \overline{n_z^2}$ aus Symmetriegründen gleich sein müssen.) Man zeige, daß sich dieser mittlere Druck sehr einfach durch die mittlere Energie des Teilchens $\overline{E}$ und das Volumen des Kastens $V - L_xL_yL_z$ ausdrücken läßt.

2.7 a) Wenn sich das Teilchen in einem Zustand mit der Energie E befindet, leistet es bei einer Änderung der Kastenlänge um dL_x auf Kosten seiner Energie Arbeit gemäß

$$đW = -dE \tag{1}$$

Wegen

$$đW = F_x dL_x \tag{2}$$

gilt dann

$$F_x = -\frac{\partial E}{\partial L_x}. \tag{3}$$

b) Die Energieniveaus sind durch

$$E = \frac{\hbar^2}{2m}\pi^2\left(\frac{n_x^2}{L_x^2}+\frac{n_y^2}{L_y^2}+\frac{n_z^2}{L_z^2}\right) \tag{4}$$

gegeben. Für den Druck folgt dann mit (3)

$$p = \frac{F_x}{L_yL_z} = -\frac{1}{L_yL_z}\frac{\partial E}{\partial L_x} = \frac{\pi^2\hbar^2}{mL_xL_yL_z}\frac{n_x^2}{L_x^2}, \tag{5}$$

bzw. für den mittleren Druck

$$\overline{p} = \frac{\pi^2\hbar^2}{mV}\frac{\overline{n_x^2}}{L_x^2} \quad \text{mit } V = L_xL_yL_z. \tag{6}$$

Falls

$$L_x = L_y = L_z, \tag{7}$$

gilt aus Symmetriegründen

$$\overline{n_x^2} = \overline{n_y^2} = \overline{n_z^2}. \tag{8}$$

Damit folgt aus (4) und (6)

$$\bar{p} = \frac{2}{3}\frac{\bar{E}}{V}. \tag{9}$$

2.8 Ein System durchläuft einen quasistatischen Prozeß, der in einem Diagramm, in dem der mittlere Druck $\bar{p}$ über dem Volumen V aufgetragen ist, sich als geschlossene Kurve darstellt. (Siehe Abb. Ein solcher Prozeß heißt „zyklisch", da der Endzustand des Systems mit seinem Anfangszustand übereinstimmt.) Man zeige, daß die vom System geleistete Arbeit durch die Fläche innerhalb der geschlossenen Kurve dargestellt wird.

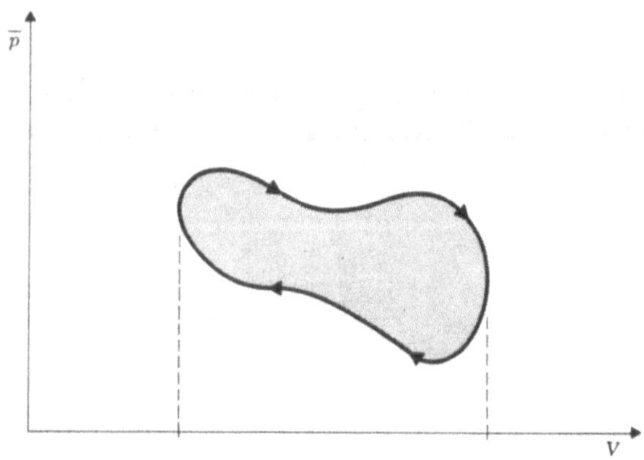

Abb. 2.8.1

2.8

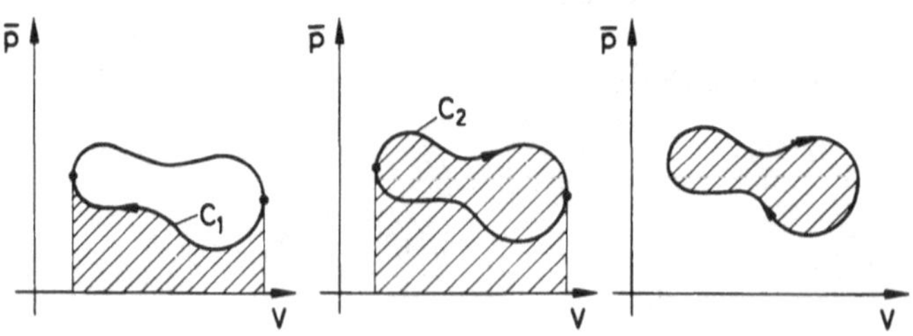

Abb. 2.8.2

$$\int_{C_1} \bar{p}\,dV + \int_{C_2} \bar{p}\,dV = \int_{C_1+C_2} \bar{p}\,dV$$

$$\| \qquad\qquad \| \qquad\qquad \|$$

$$-\left|\int_{C_1} \bar{p}\,dV\right| + \left|\int_{C_2} \bar{p}\,dV\right| = \int_{C_1+C_2} \bar{p}\,dV$$

2.11 In einem quasistatischen Prozeß A → B (siehe Diagramm), in dem keine Wärme mit der Umgebung ausgetauscht wird, hängt der mittlere Druck $\bar{p}$ eines Gases von dessen Volumen ab gemäß:

$$\bar{p} = \alpha V^{-\frac{5}{3}}$$

Dabei ist α eine Konstante. Man gebe die vom System geleistete Arbeit und die vom System aufgenommene Wärmemenge für die folgenden drei Prozesse an, die alle zwischen den beiden Makrozustände A und B verlaufen

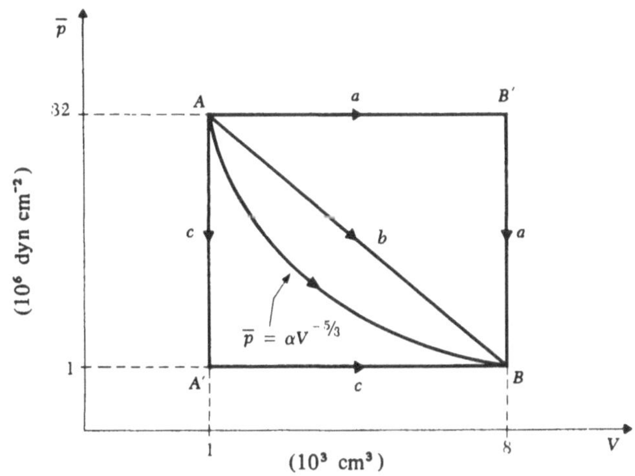

Abb. 2.11.1

a) Das System wird bei konstantem Druck vom Anfangs- auf das Endvolumen expandiert. Bei konstantem Volumen wird dann Wärme entzogen bis sich der Druck von 1 bar einstellt.

b) Das Volumen wird vergrößert und der Wärmeübergang wird so geregelt, daß der Druck linear mit dem Volumen abnimmt.

c) Die beiden Schritte des Prozesses a) werden in vertauschter Reihenfolge durchgeführt.

2.11 Zunächst kann in

$$\bar{p} = \alpha \cdot V^{-\frac{5}{3}} \tag{1}$$

die Konstante α durch Einsetzen der im Diagramm angegebenen Zahlenwerte ermittelt werden:

$$\begin{aligned} \alpha &= 32 \cdot 10^6 \text{ dyn cm}^{-2} \cdot 10^5 \text{ cm}^5 \\ &= 32 \cdot 10^{11} \text{ dyn cm}^3 \end{aligned} \tag{2}$$

Für den adiabatischen Prozeß ($đQ = 0$) gilt

$$\Delta E = -\int_{V_1}^{V_2} \bar{p}\, dV = -\int_{V_1}^{8V_1} \alpha V^{-\frac{5}{3}}\, dV$$

$$= -\frac{9}{8}\alpha V_1^{-\frac{2}{3}} \tag{3}$$

$$= -3600 \text{ Joule.}$$

Da die Energie eine Zustandsfunktion ist, gilt (3) für alle Prozesse A → B.

a) Für die vom System geleistete Arbeit gilt

$$W = \int_{V_1}^{V_2} \bar{p}\, dV = \int_{V_1}^{8V_1} 32\bar{p}_1\, dV$$

$$= 7 \cdot 32\bar{p}_1 V_1 \tag{4}$$

$$= 22400 \text{ Joule.}$$

Für die vom System insgesamt aufgenommenen Wärmemenge folgt dann aus der Definition

$$Q = \Delta E + W = (-3600 + 22400) \text{ Joule}$$

$$= 18800 \text{ Joule.} \tag{5}$$

b) Bei diesem Prozeß gilt (s. Diagramm)

$$\frac{32\bar{p}_1 - \bar{p}}{V - V_1} = \frac{31\bar{p}_1}{7V_1}$$

oder

$$\bar{p} = 32\bar{p}_1 - \frac{31\bar{p}_1}{7V_1}(V - V_1). \tag{6}$$

Demnach ist

$$W = \int_{V_1}^{8V_1} [32\bar{p}_1 - \frac{31\bar{p}_1}{V_1}(V - V_1)]dV$$

$$= 115{,}5\,\bar{p}_1 V_1 \tag{7}$$

$$= 11550 \text{ Joule}$$

und damit

$$Q = \Delta E + W = (-3600 + 11550) \text{ Joule}$$

$$= 7950 \text{ Joule.} \tag{8}$$

c)

$$W = \int_{V_1}^{8V_1} \bar{p}_1\, dV = 7\bar{p}_1 V_1$$

$$= 700 \text{ Joule.} \tag{9}$$

$$Q = \Delta E + W = (-3600 + 700) \text{ Joule}$$

$$= -2900 \text{ Joule.} \tag{10}$$

3. Statistische Thermodynamik

3.1 Das Volumen eines Kastens wird durch eine Wand im Verhältnis 3 : 1 geteilt. Im größeren Teilvolumen befinden sich 1000 Moleküle Ne-Gas, im kleineren 100 Moleküle He-Gas. Eine kleine Öffnung wird in der Zwischenwand geöffnet. Man wartet bis Gleichgewicht eintritt.

a) Man gebe die mittlere Anzahl der Moleküle einer jeden Sorte auf jeder Seite der Zwischenwand an.

b) Wie groß ist die Wahrscheinlichkeit dafür, daß im größeren Teilvolumen 1000 Ne-Moleküle und im kleineren 100 He-Moleküle gefunden werden (d.h. die Anfangsverteilung)?

3.1 a) Im Gleichgewicht sind die mittleren Moleküldichten auf beiden Seiten der Wand gleich groß (Zustand maximaler Wahrscheinlichkeit). Folglich ist die mittlere Anzahl der im größeren Volumen befindlichen Ne-Moleküle 750 und die mittlere Anzahl der dort befindlichen He-Moleküle 75.

b) Aus der allgemeinen Wahrscheinlichkeitsdefinition sowie dem Additions- und Multiplikationstheorem (siehe auch Aufgabe 1.1 und 1.2) folgt:

$$P = \left(\frac{3}{4}\right)^{1000} \cdot \left(\frac{1}{4}\right)^{100} = 10^{-185}.$$

3.2 Man betrachte ein aus N lokalisierten Teilchen bestehendes System. Die Teilchen, die schwach miteinander wechselwirken, besitzen den Spin ½ und das magnetische Moment μ. Sie befinden sich in einem äußeren Magnetfeld H. Dieses System wurde schon in der Aufgabe 2.4 behandelt.

a) Unter Benutzung des in Aufgabe 2.4 b) berechneten Ausdrucks für $\ln\Omega(E)$ und der Definition $\beta = \partial \ln \Omega / \partial E$ gebe man die Beziehung zwischen der absoluten Temperatur T und der Gesamtenergie E des Systems an.

b) Wann ist T negativ?

c) Das gesamte magnetische Moment M des Systems hängt mit seiner Energie E zusammen. Mit dem Ergebnis aus dem Teil a) soll M als Funktion von H und T angegeben werden.

3.2 a) In Aufgabe 2.4 b) ergab sich

$$\ln\Omega(E) = -\frac{1}{2}\left(N - \frac{E}{\mu H}\right) \ln\frac{1}{2}\left(1 - \frac{E}{N\mu H}\right) - \frac{1}{2}\left(N + \frac{E}{\mu H}\right) \ln\frac{1}{2}\left(1 + \frac{E}{N\mu H}\right), \quad (1)$$

wobei hier der irrelevante Term $\ln {}^{\delta E}/_{2\mu H}$ vernachlässigt wurde. Somit folgt aus der Definition

$$\beta = \frac{\partial}{\partial E} \ln \Omega(E) = \frac{1}{2\mu H} \ln \frac{\frac{1}{2}(1 - \frac{E}{N\mu H})}{1 - \frac{1}{2}(1 - \frac{E}{N\mu H})} \tag{2}$$

bzw. mit $\beta = (kT)^{-1}$

$$E = -N\mu H \tanh \frac{\mu H}{kT}. \tag{3}$$

b) An dem Ergebnis (3) liest man ab, daß

$$T < 0 \quad \text{falls } E > 0. \tag{4}$$

c) Sind n_1 Spins parallel zum Magnetfeld H ausgerichtet, so gilt für das Gesamtmoment in dieser Richtung

$$M = \mu(n_1 - n_2) = \mu(2n_1 - N). \tag{5}$$

Nach Aufgabe 2.4 a) ist

$$n_1 = \frac{1}{2}(N - \frac{E}{\mu H}). \tag{6}$$

Einsetzen von (6) in (5) liefert

$$M = \mu(N - \frac{E}{\mu H} - N) = -\frac{E}{H}$$

bzw. mit Hilfe des Ergebnisses (3)

$$M = N\mu \tanh \frac{\mu H}{kT}. \tag{8}$$

3.3 Zwei Spinsysteme A und A' befinden sich in einem äußeren Magnetfeld H. Das System A besteht aus N lokalisierten, schwach wechselwirkenden Teilchen mit dem Spin ½ und dem magnetischen Moment μ. Analoges gelte für $A'(N', ½, \mu')$. Anfänglich sind beide Systeme abgeschlossen. Gesamtenergien: $bN\mu H$ und $b'N'\mu'H$. Dann werden sie miteinander in thermischen Kontakt gebracht. Man nehme an, daß $|b| \ll 1$ und $|b'| \ll 1$ gilt, so daß der einfache Ausdruck aus der Aufgabe 2.4 c) für die Zustandsdichten der beiden Systeme verwendet werden kann.

a) Wie hängen im thermischen Gleichgewicht, das der wahrscheinlichsten Verteilung entspricht, die Energien $\tilde{E}$ und $\tilde{E}'$ von A und A' miteinander zusammen?

b) Wie groß ist die Energie $\tilde{E}$ von A?

c) Wie groß ist die vom System A aufgenommene Wärmemenge Q beim Übergang aus dem Anfangszustand in den Endzustand, der durch das gemeinsame thermische Gleichgewicht mit A′ gekennzeichnet ist?

d) Wie groß ist die Wahrscheinlichkeit P(E) dE dafür, daß A eine Endenergie im Bereich zwischen E und E + dE besitzt?

e) Wie groß ist das Schwankungsquadrat $(\Delta^*E)^2 \equiv \overline{(E - \tilde{E})^2}$ der Energie des Systems A im Endzustand?

f) Wie groß ist die relative mittlere quadratische Schwankung $|\Delta^*E/\tilde{E}|$ für den Fall $N' >> N$?

3.3 a) Nach Aufgabe 2.4 c) gilt unter Vernachlässigung des unwesentlichen additiven Terms $\ln \partial E/2\mu H$

$$\ln \Omega(E) = -\frac{E^2}{2\mu^2 H^2 N} + \ln\left(\frac{2^N}{\sqrt{\frac{\pi N}{2}}}\right). \tag{1}$$

Damit ergibt sich für den Temperaturparameter β

$$\beta = \frac{\partial}{\partial E} \ln \Omega(E) = -\frac{E}{\mu^2 H^2 N} \tag{2}$$

bzw.

$$\beta' = -\frac{E'}{\mu'^2 H^2 N'}. \tag{3}$$

Im Gleichgewicht muß gelten

$$\beta = \beta', \tag{4}$$

so daß die Energiewerte miteinander verknüpft sind gemäß

$$\frac{\tilde{E}}{\mu^2 N} = \frac{\tilde{E}'}{\mu'^2 N'}. \tag{5}$$

b) Auf Grund der Energieerhaltung gilt

$$\tilde{E} + \tilde{E}' = bN\mu H + b'N'\mu'H. \tag{6}$$

Aus (5) und (6) läßt sich $\tilde{E}'$ eliminieren, so daß man erhält

$$\tilde{E} = \frac{\mu^2 N(bN\mu H + b'N'\mu'H)}{\mu^2 N + \mu'^2 N'}. \tag{7}$$

c) Die von A aufgenommene Wärme ist gegeben durch die (mittlere) Energieänderung beim thermischen Kontakt, also, mit Hilfe von (7), durch

$$Q = \tilde{E} - bN\mu H = \frac{NN'H(b'\mu'\mu^2 - b\mu'^2\mu)}{\mu^2 N + \mu'^2 N'}. \tag{8}$$

d) Die gesuchte Gleichgewichtswahrscheinlichkeit P(E) dE ist proportional zur Anzahl $\Omega_0(E)$ der Zustände des Gesamtsystems $A_0 = A + A'$, in denen das Teilsystem A eine Energie im Intervall zwischen E und E + dE hat, also

$$P(E)\,dE \sim \Omega_0(E) = \Omega(E)\,\Omega'(E_0 - E) \tag{9}$$

wobei

$$E_0 = bN\mu H + b'N'\mu' H \tag{10}$$

die Gesamtenergie ist. Aus dem Ergebnis der Aufgabe 2.4 c) folgt dann

$$P(E)\,dE = C \cdot \exp\left[-\frac{E^2}{2\mu^2 H^2 N}\right] \cdot \exp\left[-\frac{(E_0 - E)^2}{2\mu'^2 H^2 N'}\right] \cdot dE, \tag{11}$$

wobei C eine noch zu bestimmende Normierungskonstante ist. Durch Kombination von (7) und (10) läßt sich in (11) die Gesamtenergie E_0 durch die wahrscheinlichste Energie $\tilde{E}$ ausdrücken:

$$P(E)\,dE = C \exp\left[-\frac{(E - \tilde{E})^2}{2\sigma^2}\right] dE \tag{12}$$

mit der Abkürzung

$$\sigma^2 = \frac{\mu^2 \mu'^2 H^2 N N'}{\mu^2 N + \mu'^2 N'}. \tag{13}$$

Die Konstante C ergibt sich aus der Normierungsbedingung

$$\int_{-\infty}^{\infty} C \exp\left[-\frac{(E - \tilde{E})^2}{2\sigma^2}\right] dE = 1 \tag{14}$$

zu

$$C = \frac{1}{\sqrt{2\pi\sigma^2}}, \tag{15}$$

so daß sich schließlich als Wahrscheinlichkeitsverteilung die Gaussverteilung

$$P(E)\,dE = \frac{1}{\sqrt{2\pi\sigma^2}} \exp\left[-\frac{(E - \tilde{E})^2}{\sigma^2}\right] dE \tag{16}$$

ergibt.

e) Da die Wahrscheinlichkeitsverteilung in der Gauss'schen Normalform (16) gegeben ist, ergibt sich aus den für Gaussverteilungen gültigen Beziehungen und aus (13) unmittelbar

$$\overline{(\Delta^* E)^2} = \sigma^2 = \frac{\mu^2 \mu'^2 H^2 N N'}{\mu^2 N + \mu'^2 N'}. \tag{17}$$

f) Aus (7) und (17) folgt

$$\Delta^*E := \sqrt{\overline{(\Delta^*E)^2}} = \sqrt{\frac{\mu^2\mu'^2H^2NN'}{\mu^2N + \mu'^2N'}} \approx \mu H\sqrt{N}, \qquad N' \gg N \tag{18}$$

und

$$\bar{E} = \frac{\mu^2N(b\mu HN + b'\mu'N'H)}{\mu^2N + \mu'^2N'} \approx b' \frac{N\mu^2H}{\mu'}, \quad N' >> N$$

so daß für N' >> N

$$\left|\frac{\Delta^*E}{\bar{E}}\right| = \frac{\mu'}{\mu b'\sqrt{N}} . \tag{19}$$

3.4 Ein System A werde mit einem Wärmereservoir A' in thermischen Kontakt gebracht, das die absolute Temperatur T' hat. A nimmt die Wärmemenge Q auf. Man zeige, daß der Entropiezuwachs ΔS von A die Ungleichung $\Delta S \geqslant Q/T'$ erfüllt, wobei das Gleichheitszeichen nur dann gilt, wenn die Anfangstemperatur von A infinitesimal von der Temperatur T' von A' abweicht.

3.4 Für die Entropieänderung des Wärmereservoirs (welches die Wärme Q abgibt bzw. die Wärme $-Q$ aufnimmt), gilt

$$\Delta S' = -\frac{Q}{T'} \tag{1}$$

und für die Entropieänderung des Gesamtsystems nach dem 2. Hauptsatz

$$\Delta S + \Delta S' = \Delta S - \frac{Q}{T'} \geqslant 0. \tag{2}$$

Daraus folgt

$$\Delta S \geqslant \frac{Q}{T'} . \tag{3}$$

3.5 Ein System besteht aus N_1 Molekülen der Sorte 1 und aus N_2 Molekülen der Sorte 2, die in einem Kasten mit dem Volumen V eingeschlossen sind. Die Moleküle wechselwirken so schwach miteinander, daß sie eine Mischung idealer Gase darstellen.

a) Wie hängt die Gesamtanzahl $\Omega(E)$ der Zustände im Energiebereich zwischen E und $E + \delta E$ vom Volumen V dieses Systems ab? Das Problem soll klassisch behandelt werden.

b) Aus diesem Ergebnis soll die Zustandsgleichung dieses Systems ermittelt werden, d.h. der mittlere Druck $\bar{p}$ ist als Funktion von V und T anzugeben.

3.5 **a)** Da bei nichtwechselwirkenden Molekülen die Hamiltonfunktion nicht von den Schwerpunktskoordinaten der Moleküle abhängt, ergibt die zur Berechnung von $\Omega(E)$ erforderliche Integration über die räumlichen Koordinaten einfach V^N, während die Integration über die Impulse, die über das durch $E \leqslant H \leqslant E + \delta E$ gegebene Gebiet zu erstrecken ist, eine von E abhängige Funktion liefert, die hier in ihrer genauen Form nicht weiter interessiert. Man hat daher

$$\Omega(E) \sim V^N \chi(E), \tag{1}$$

so daß also bei nichtwechselwirkenden Molekülen die *Energie-* und die *Volumen-*abhängigkeit von Ω separiert sind. Bei zwei nicht wechselwirkenden Molekülsorten mit der Gesamtenergie E_0 gilt dann für die Anzahl $\Omega(E)$ der Zustände des Gesamtsystems, in denen das Teilsystem 1 die Energie E hat,

$$\begin{aligned} \Omega(E) &= \Omega_1(E)\,\Omega_2(E_0 - E) \\ &= C\, V^{N_1+N_2}\, \chi_1(E)\, \chi_2(E_0 - E), \end{aligned} \tag{2}$$

wobei C eine Proportionalitätskonstante ist.

b) Der mittlere Druck ist gegeben durch

$$\bar{p} = \frac{1}{\beta} \frac{\partial \ln \Omega}{\partial V}\,. \tag{3}$$

Aus (2) folgt daher als Zustandsgleichung

$$\bar{p} = \frac{1}{\beta} \frac{(N_1 + N_2)}{V} \quad \text{oder} \quad \bar{p}V = (N_1 + N_2)\,kT. \tag{4}$$

3.6 Ein Glaskolben enthält Luft bei Zimmertemperatur und einem Druck von 1 bar. Er wird in eine Kammer gebracht, die mit He-Gas bei Zimmertemperatur und einem Druck von 1 bar gefüllt ist. Einige Monate später liest der Experimentator in einer Zeitschrift, daß das spezielle Glas, aus dem der Kolben gemacht ist, völlig durchlässig für He, aber undurchlässig für alle anderen Gase ist. Unter der Annahme, daß das Gleichgewicht sich in dieser Zeit schon eingestellt hat, gebe man an, welchen Druck der Experimentator nun im Inneren des Kolbens mißt.

3.6 Antwort: 2 bar.
Begründung: Es treten so viele Heliummoleküle in das Innere des Glaskolbens ein, wie dessen Volumen, dem äußeren Druck und der herrschenden Temperatur entspricht (die bereits vorhandenen Luftmoleküle stören nicht, da ideale Gase wechselwirkungsfrei sind). Das führt zu dem gleichen Partialdruck, der von den (vorher allein vorhandenen) Luftmolekülen erzeugt wird. Jedes der beiden idealen Gase erzeugt somit *seinen* Partialdruck von 1 bar, was einen Gesamtdruck von 2 bar bedeutet.

4. Makroskopische Parameter und ihre Messung

4.1 **a)** Ein Kilogramm Wasser von 0° C wird bei konstantem Druck mit einem Wärmereservoir von 100° C in thermischen Kontakt gebracht. Wenn das Wasser 100° C erreicht hat, wie groß ist dann die Entropieänderung: 1. des Wassers?, 2. des Wärmereservoirs?, 3. des Gesamtsystems, bestehend aus Wasser und Wärmereservoir? (Die spezifische Wärme c_p des Wassers hat hier näherungsweise den konstanten Wert 4,18 $Jg^{-1}K^{-1}$.)

b) Wäre das Wasser von 0° C auf 100° C erwärmt worden, indem es zuerst mit einem Reservoir bei 50° C und dann mit einem Reservoir bei 100° C in Kontakt gebracht worden wäre, wie groß wäre dann die Entropieänderung des gesamten Systems?

c) Man zeige, wie das Wasser von 0° C auf 100° C erwärmt werden kann, ohne daß sich die Entropie des Gesamtsystems ändert.

4.1 **a)** Wird 1 kg Wasser von 0° C mit einem Wärmereservoir in Kontakt gebracht, dessen Temperatur sich von 0° C um einen endlichen Betrag unterscheidet, so findet im Wasser ein nicht-quasistatischer Prozeß statt, der in einem Gleichgewichtszustand a beginnt und in einem Gleichgewichtszustand b endet. Da die Entropie nach dem 2. Hauptsatz eine Zustandsfunktion ist und die Entropieänderung des Wassers $\Delta S_W = S_W(b) - S_W(a)$ somit nicht von der *Art* des Prozesses a → b abhängt, wird zur Berechnung von ΔS_W ein quasistatisch geführter (isobarer) Vergleichsprozeß a → b betrachtet, für den die Entropieänderung durch

$$\Delta S_W = \int_a^b \frac{đQ_W}{T} = mc_p \int_{T_a}^{T_b} \frac{dT}{T} = mc_p \ln \frac{T_b}{T_a} \tag{1}$$

gegeben ist. Mit den Werten

$$c_p = 4{,}18 \, \frac{\text{Joule}}{\text{gK}} \tag{2}$$

und

$$T_a = 273 \text{ K}, \quad T_b = 373 \text{ K} \tag{3}$$

ergibt sich aus (1)

$$\Delta S_W = 4180 \ln \frac{373}{273} \, \frac{\text{Joule}}{\text{K}} = 1310 \, \frac{\text{Joule}}{\text{K}}. \tag{4}$$

Um die Entropieänderung des Wärmereservoirs zu berechnen, wird zunächst von der (idealisierenden) Definition eines Wärmereservoirs ausgegangen, nach der dieses ein System mit konstanten äußeren Parametern (W = 0!) und einer vernachlässigbar kleinen Temperaturänderung ist. Aus dem 1. Hauptsatz folgt dann, daß bei einem Wärmereservoir die Zuführung einer bestimmten Wärmemenge bei gegebenem Anfangszustand a′ immer in einen bestimmten Endzustand b′ führt. Damit ergibt sich für die Entropieänderung des Wärmereservoirs

$$\Delta S_{Res} = \int_{a'}^{b'} \frac{đQ_{Res}}{T_{Res}} = \int_{0}^{Q_{Res}} \frac{đQ_{Res}}{T_{Res}} = \frac{Q_{Res}}{T_{Res}}, \; T_{Res} = T_b, \tag{5}$$

Für die dem Wärmereservoir zugeführte Wärme gilt

$$Q_{Res} = -Q_W = -mc_p(T_b - T_a), \tag{6}$$

so daß sich mit (2) und (3) aus (5) ergibt

$$\Delta S_{Res} = \frac{-mc_p(T_b - T_a)}{T_b} = -1120 \frac{\text{Joule}}{\text{K}}. \tag{7}$$

Die Änderung der Gesamtentropie ist dann

$$\Delta S = \Delta S_W + \Delta S_{Res} = 190 \frac{\text{Joule}}{\text{K}} \tag{8}$$

b) Das erste Wärmereservoir nimmt bei der Temperatur $T' = 323$ K die Wärme

$$Q^1_{Res} = -Q^1_W = -mc_p(T' - T_a) = -2{,}09 \cdot 10^5 \text{ Joule} \tag{9}$$

auf (bzw. es gibt die Wärme $2{,}09 \cdot 10^5$ Joule ab). Das zweite Wärmereservoir nimmt bei der Temperatur $T_b = 373$ K die Wärme

$$Q^2_{Res} = -Q^2_W = -mc_p(T_b - T') = -2{,}09 \cdot 10^5 \text{ Joule} \tag{10}$$

auf. Da die Entropieänderung des Wassers wieder dieselbe wie in (a) ist, ergibt sich jetzt für die Entropieänderung des Gesamtsystems

$$\begin{aligned} \Delta S &= \Delta S_W + \frac{Q^1_{Res}}{T'} + \frac{Q^2_{Res}}{T_b} \\ &= \left(1310 - \frac{2{,}09 \cdot 10^5}{323} - \frac{2{,}09 \cdot 10^5}{373}\right) \frac{\text{Joule}}{\text{K}} \\ &= 102 \frac{\text{Joule}}{\text{K}}. \end{aligned} \tag{11}$$

c) Wird das Wasser successive mit einer großen Menge von Wärmereservoiren mit infinitesimal benachbarten Temperaturen in Kontakt gebracht (Quasiprozeß!), so gilt bei jedem Schritt

$$dS_W + dS_{Res} = \frac{đQ}{T} - \frac{đQ}{T} = 0, \tag{12}$$

so daß sich die Entropie des Gesamtsystems, d.h. des Wassers und *aller* Wärmereservoire nicht ändert.

4.2 Ein 750 g schweres Kupferkalorimetergefäß enthält 200 g Wasser und befindet sich mit diesem bei 20° C im Gleichgewicht. Ein Experimentator legt 30 g Eis (bei 0° C) in das Kalorimeter und isoliert dieses thermisch gegen die Umgebung.

a) Wie groß ist die Wassertemperatur, wenn alles Eis geschmolzen und Gleichgewicht hergestellt ist? (Die spezifische Wärme von Kupfer ist 418 $\mathrm{Jkg^{-1}K^{-1}}$. Eis hat die Dichte 917 $\mathrm{kgm^{-3}}$ und die Schmelzewärme $333 \cdot 10^3\ \mathrm{Jkg^{-1}}$.).

b) Man berechne die gesamte Entropieänderung.

c) Wieviel Arbeit (in J) muß nach dem Schmelzen des Eises dem System zugeführt werden (z.B. mit einem Quirl), um es auf 20° C zu bringen?

4.2 a) Der 1. Hauptsatz liefert für das isolierte Gesamtsystem

$$\Delta E = \Delta E_1 + \Delta E_2 + \Delta E_3 + \Delta E_4 = 0, \tag{1}$$

wobei die Indizes die Bedeutung haben

1: Eis
2: geschmolzenes Eis
3: ursprünglich vorhandenes Wasser
4: Kupferkalorimeter.

Da keinerlei Arbeit geleistet wird, ist (1) gleichbedeutend mit

$$Q_1 + Q_2 + Q_3 + Q_4 = 0. \tag{2}$$

Für die vom Eis aufgenommene Schmelzwärme gilt

$$Q_1 = m_1 l_1 = 30 \cdot 333 \text{ Joule} \tag{3}$$

und für die von den anderen Bestandteilen aufgenommenen Wärmen

$$Q_i = m_i c_i \Delta T_i, \quad i = 2, 3, 4. \tag{4}$$

also

$$\begin{aligned} Q_2 &= \ \ 30 \cdot 4{,}18\,(T_0 - 273\text{ K}) \text{ Joule/K} \\ Q_3 &= 200 \cdot 4{,}18\,(T_0 - 293\text{ K}) \text{ Joule/K} \\ Q_4 &= 750 \cdot 0{,}418\,(T_0 - 293\text{ K}) \text{ Joule/K}, \end{aligned} \tag{5}$$

wobei T_0 die gesuchte Endtemperatur bezeichnet. (3) und (5) in (2) eingesetzt liefert das Ergebnis

$$T_0 = 283 \text{ K}. \tag{6}$$

b) Durch Betrachtung quasistatischer Vergleichsprozesse ergibt sich für die einzelnen Bestandteile (siehe Aufgabe 4.1)

$$\Delta S_j = \int_{A_j}^{B_j} \frac{đQ_j}{T}, \ j = 1, 2, 3, 4$$

also für das Eis

$$\Delta S_1 = \frac{m_1 l_1}{T_1} = \frac{30 \cdot 333}{273} \text{ Joule/K} \tag{7}$$

und für die übrigen Bestandteile

$$\Delta S_i = m_i c_i \int_{T_i}^{T_0} \frac{dT}{T} = m_i c_i \ln \frac{T_0}{T_i}, \; i = 2, 3, 4$$

d.h.

$$\begin{aligned} \Delta S_2 &= 30 \cdot 4{,}18 \ln \frac{283}{273} \text{ Joule/K} \\ \Delta S_3 &= 200 \cdot 4{,}18 \ln \frac{283}{293} \text{ Joule/K} \\ \Delta S_4 &= 750 \cdot 0{,}418 \ln \frac{283}{293} \text{ Joule/K.} \end{aligned} \tag{8}$$

Die Gesamtentropieänderung ergibt sich mit (7) und (8) dann zu

$$\Delta S = \sum_{j=1}^{4} \Delta S_j = 1{,}6 \text{ Joule/K.} \tag{9}$$

c) Die aufzubringende Arbeit ist gleich der Wärme, die erforderlich ist, um die Temperaturerhöhung auf die ursprüngliche Temperatur zu bewirken, also

$$\begin{aligned} W &= [(m_2 + m_3)\, c_{2/3} + m_4 c_4]\Delta T \\ &= (230 \cdot 4{,}18 + 750 \cdot 0{,}418)\,(293 - 283) \text{ Joule} \\ &= 12750 \text{ Joule.} \end{aligned} \tag{10}$$

4.3 Die von einem Mol eines idealen Gases in einem quasistatischen Prozeß ($T \to T + dT;\; V \to V + dV$) absorbierte Wärme ist durch

$$đQ = c\,dT + \bar{p}\,dV$$

gegeben, wobei c die konstante spezifische Wärme (bei konstantem Volumen: $c = c_V$) und $\bar{p}$ der mittlere Druck $\bar{p} = RT/V$ ist. Man finde einen Ausdruck für die Entropieänderung dieses Gases in einem quasistatischen Prozeß $(V_i, T_i) \to (V_f, T_f)$. Ist das Ergebnis von dem Prozeßweg abhängig, der vom Anfangs- (V_i, T_i) zum Endzustand (V_f, T_f) führt?

4.3 Mit Hilfe der Zustandsgleichung

$$\bar{p}V = RT \tag{1}$$

ergibt der 1. Hauptsatz

$$
\begin{aligned}
đQ &= c\,dT + \bar{p}\,dV \\
&= c\,dT + \frac{RT}{V}\,dV.
\end{aligned} \tag{2}
$$

Der 2. Hauptsatz liefert dann

$$
\begin{aligned}
\Delta S &= \int_i^f \frac{đQ}{T} = \int_{T_i}^{T_f} c\,\frac{dT}{T} + \int_{V_i}^{V_f} \frac{R\,dV}{V} \\
&= c \ln \frac{T_f}{T_i} + R \ln \frac{V_f}{V_i}.
\end{aligned} \tag{3}
$$

Da die Entropie eine Zustandsfunktion ist, ist dieses Ergebnis vom betrachteten Prozeß unabhängig.

5. Einige Anwendungen der makroskopischen Thermostatik

5.1 Ein ideales Gas hat eine temperaturunabhängige molare spezifische Wärme c_V bei konstantem Volumen. Es sei $\gamma = c_p/c_V$ das Verhältnis seiner spezifischen Wärmen. Das Gas ist thermisch isoliert und kann quasistatisch von einem Anfangsvolumen V_i bei der Temperatur T_i zu einem Endvolumen V_f expandieren.

a) Man benutze die Beziehung pV^γ = const., um die Endtemperatur T_f dieses Gases zu bestimmen.

b) Man benutze die Tatsache, daß die Entropie bei diesem Prozeß konstant bleibt, um die Endtemperatur T_f zu bestimmen.

5.1 a) Für den quasistatisch-adiabatischen Prozeß gilt

$$pV^\gamma = \text{const.} \tag{1}$$

Außerdem gilt für jede Phase des Prozesses die Zustandsgleichung

$$pV = \nu RT \tag{2}$$

Durch Kombination von (1) und (2) erhält man den Zusammenhang zwischen dem Volumen V und der Temperatur T beim quasistatisch-adiabatischen Prozeß, nämlich

$$TV^{\gamma-1} = \frac{\text{const.}}{\nu R} = \text{const.} \tag{3}$$

Damit ergibt sich

$$T_iV_i^{\gamma-1} = T_fV_f^{\gamma-1} \quad \text{bzw.} \quad T_f = T_i\left(\frac{V_f}{V_i}\right)^{1-\gamma}. \tag{4}$$

b) Für die Entropieänderung bei einem von (T_i, V_i) nach (T_f, V_f) führenden Quasiprozeß ergab sich in Aufgabe 4.3 (S ist extensiv!)

$$\Delta S = \nu c_V \ln \frac{T_f}{T_i} + \nu R \ln \frac{V_f}{V_i}. \tag{5}$$

Bei einem adiabatisch geführten Quasiprozeß ist

$$\Delta S = 0, \tag{6}$$

so daß aus (5)

$$0 = \ln \frac{T_f}{T_i}\left(\frac{V_f}{V_i}\right)^{R/c_V} \tag{7}$$

folgt. Bei einem idealen Gas ist

$$R/c_V = c_p - c_V/c_V = \gamma - 1, \tag{8}$$

so daß sich in Übereinstimmung mit (4)

$$T_f = T_i \left(\frac{V_f}{V_i}\right)^{1-\gamma} \tag{9}$$

ergibt.

5.3 Ein ideales, zweiatomiges Gas hat eine molare innere Energie $E = 5/2\ RT$, die nur von seiner absoluten Temperatur T abhängt. Ein Mol dieses Gases wird quasistatisch zunächst vom Zustand A in den Zustand B und dann vom Zustand B in den Zustand C gebracht, wobei diese Zustandsänderungen im pV-Diagramm jeweils über ein Geradenstück erfolgen (siehe Abb. 5.3.1).

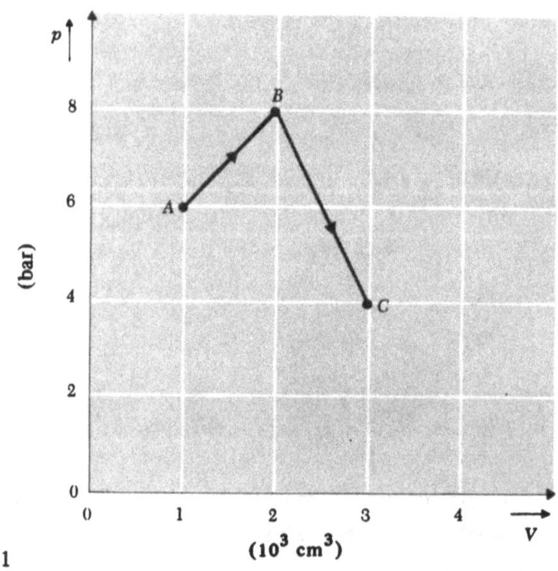

Abb. 5.3.1

a) Wie groß ist bei diesem Gas die molare spezifische Wärme bei konstantem Volumen?

b) Wie groß ist die von dem Gas bei dem Prozeß A → B → C geleistete Arbeit?

c) Wie groß ist die von dem Gas bei diesem Prozeß aufgenommene Wärmemenge?

d) Wie groß ist bei diesem Prozeß die Entropieänderung des Gases?

5.3 a) Es gilt allgemein

$$c_V = \left(\frac{đQ}{dT}\right)_V = \left(\frac{\partial E}{\partial T}\right)_V, \tag{1}$$

also mit

$$E = \frac{5}{2} RT \tag{2}$$

für das ideale zweiatomige Gas

$$c_V = \frac{5}{2} R.$$

b) Die beim Prozeß A → B → C geleistete Arbeit ist durch den Flächeninhalt des unter der zugehörigen Kurve gelegenen Flächenstücks gegeben (1 bar = 10^6 dyn · cm^{-2}):

$$W = \int pdV = [2 \cdot 4 + 1 \cdot 2 + \frac{1}{2}(1 \cdot 2 + 1 \cdot 4)]10^9 \text{dyn} \cdot \text{cm}$$
$$= 1300 \text{ Joule.} \tag{3}$$

c) Es wird zunächst die zum Prozeß A → C gehörende (vom Weg unabhängige) Energieänderung berechnet. Aus (2) und der Zustandsgleichung

$$pV = RT \tag{4}$$

folgt

$$E = \frac{5}{2} pV$$

und damit

$$\Delta E = \frac{5}{2}(p_C V_C - p_A V_A) = \frac{5}{2}(4 \cdot 3 - 6)10^9 \text{ dyn} \cdot \text{cm}$$
$$= 1500 \text{ Joule} \tag{6}$$

Der 1. Hauptsatz ergibt dann mit den Ergebnissen (3) und (6)

$$Q = \Delta E + W = (1300 + 1500) \text{ Joule}$$
$$= 2800 \text{ Joule.} \tag{7}$$

d) Mit Hilfe des Ergebnisses aus Aufgabe 4.3 erhält man

$$\Delta S = c_V \ln \frac{T_c}{T_A} + R \ln \frac{V_c}{V_A}$$

$$= \frac{5}{2} R \ln \frac{12 \cdot 10^2/R}{6 \cdot 10^2/R} + R \ln \frac{3 \cdot 10^3}{10^3} = 2{,}84\ R = 23{,}6\ \text{Joule/K}. \quad (8)$$

5.4 Ein zylindrischer Behälter von 80 cm Länge ist durch einen schmalen Kolben in zwei Kammern unterteilt, wobei der Kolben zu Beginn in einer Entfernung von 30 cm vom linken Ende befestigt ist. Die linke Kammer ist mit einem Mol. Heliumgas bei einem Druck von 5 bar angefüllt. In der rechten Kammer befindet sich Argongas unter einem Druck von 1 bar. Die beiden Gase können als ideal angesehen werden. Der Zylinder ist in 1 Liter Wasser eingetaucht, und das gesamte System ist isoliert und befindet sich anfangs auf einer einheitlichen Temperatur von 25° C. Die Wärmekapazitäten von Zylinder und Kolben seien vernachlässigbar. Wenn der Kolben nun losgelassen wird, stellt sich alsbald eine neue Gleichgewichtssituation ein, wobei sich der Kolben dann in einer anderen Stellung befindet:

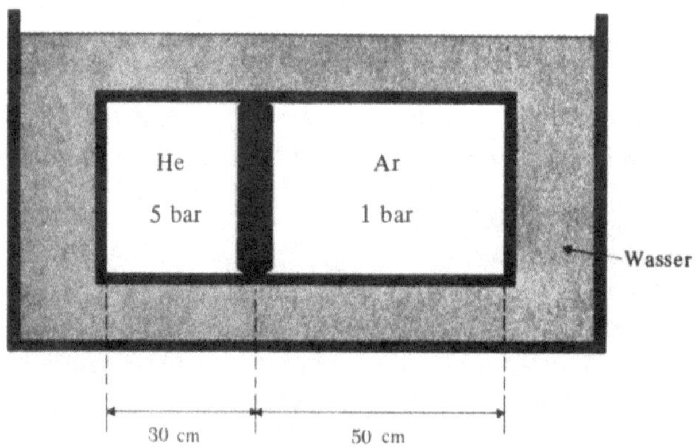

Abb. 5.4.1

a) Wie groß ist die Temperaturzunahme des Wassers?

b) In welcher Entfernung vom linken Ende des Zylinders kommt der Kolben zur Ruhe?

c) Wie groß ist die Zunahme der Gesamtentropie des Systems?

d) Was passiert, wenn die Gase nicht ideal sind?

5.4 a) Die Wechselwirkung des (aus dem Wasser und den beiden Gasmengen bestehenden) Gesamtsystems mit der Umgebung ist vernachlässigbar, so daß die Gesamtenergie eine Konstante ist. (Der Kolben und der Behälter brauchen bei energetischen Betrachtungen nach Voraussetzung nicht berücksichtigt werden.) Also muß gelten

$$\Delta E = \Delta E_W + \Delta E_{He} + \Delta E_{Ar} = 0. \tag{1}$$

Da das Wasser keine Arbeit leistet, ist nach dem 1. Hauptsatz seine Energieänderung ΔE_W durch die aufgenommene Wärme

$$\Delta E_W = Q_W \tag{2}$$

gegeben, welche ihrerseits über die Wärmekapazität (bei konstantem Druck) mit der Temperaturänderung durch

$$Q_W = C_W \Delta T \tag{3}$$

verknüpft ist. Da die Energieänderungen der idealen Gase durch

$$\Delta E_{He} = C_{He} \cdot \Delta T, \; \Delta E_{Ar} = C_{Ar} \cdot \Delta T \tag{4}$$

gegeben sind (C: Wärmekapazität bei dem speziellen Prozeß), folgt aus (1) mit Hilfe von (2), (3) und (4)

$$\Delta T (C_W + C_{He} + C_{Ar}) = 0. \tag{5}$$

Da der Klammerausdruck von Null verschieden ist, folgt $\Delta T = 0$, d.h. es findet keine Temperaturänderung statt.

b) Zunächst muß die Anzahl der Ar-Mole bestimmt werden. Im ursprünglichen Zustand (1), dem Zustand rein thermischen Gleichgewichts, gilt

$$RT = \frac{p_{He}^{(1)} V_{He}^{(1)}}{\nu_{He}} = \frac{p_{Ar}^{(1)} V_{Ar}^{(1)}}{\nu_{Ar}} \tag{6}$$

also mit den angegebenen Werten

$$\nu_{Ar} = \frac{1 \cdot 50 \cdot 1}{5 \cdot 30} = \frac{1}{3}. \tag{7}$$

Im Endzustand (2), dem Zustand thermischen *und* mechanischen Gleichgewichts, wo Temperatur T *und* Druck p gleich sein müssen, gilt dann

$$\frac{RT}{p} = \frac{V_{He}^{(2)}}{\nu_{He}} = \frac{V_{Ar}^{(2)}}{\nu_{Ar}} \tag{8}$$

also

$$V_{Ar}^{(2)} = \frac{\nu_{Ar}}{\nu_{He}} V_{He}^{(2)}. \tag{9}$$

Hat der Zylinder den Querschnitt A, so gilt für die Längen der Teilzylinder

$$l_{He} = \frac{V_{He}^{(2)}}{A}, \; l_{Ar} = \frac{V_{Ar}^{(2)}}{A} \tag{10}$$

mit

$$l_{He} + l_{Ar} = l_0 \tag{11}$$

als Gesamtlänge. Mit Hilfe von (9) und (10) ergibt sich für den gesuchten Abstand l_{He} aus (11) dann

$$l_{He} = l_0 - l_{Ar}$$

$$= l_0 - \frac{\nu_{Ar}}{\nu_{He}} l_{He}$$

oder

$$l_{He} = \frac{\nu_{He}}{\nu_{Ar} + \nu_{He}} l_0 = \frac{1 \cdot 80}{4/3} \text{ cm} = 60 \text{ cm}. \tag{12}$$

c) Da das Wasser keine Wärme aufnimmt, ist seine Entropieänderung Null. Die Änderung der Gesamtentropie ist deshalb durch die Entropieänderungen der beiden Gase, d.h. wegen $\Delta T = 0$, durch

$$\Delta S = \Delta S_{Ar} + \Delta S_{He} = \frac{R}{3} \ln \frac{20}{50} + R \ln \frac{60}{30} = 3{,}24 \text{ Joule/K} \tag{13}$$

gegeben.

5.6 Im folgenden wird eine Methode beschrieben, die zur Messung des Verhältnisses $\gamma = c_p/c_V$ bei einem Gas benutzt wird. Das als ideal angenommene Gas befindet sich innerhalb eines vertikalen, zylindrischen Behälters und trägt einen frei beweglichen Kolben der Masse m. Der Kolben und der Zylinder haben beide die gleiche Querschnittsfläche A. Der atmosphärische Druck ist p_0, und wenn sich der Kolben unter dem Einfluß der Schwere (Schwerebeschleunigung g) und des Gasdruckes im Gleichgewicht befindet, hat das Gasvolumen den Wert V_0. Der Kolben wird nun geringfügig aus seiner Gleichgewichtslage ausgelenkt und dann losgelassen, woraufhin er mit einer Frequenz ν um diese Gleichgewichtslage Schwingungen ausführt. Diese Schwingungen sind langsam genug, um zu gewährleisten, daß das Gas immer im inneren Gleichgewicht bleibt, aber schnell genug, um zu garantieren, daß das Gas mit dem Außenraum keine Wärme austauschen kann. Die Änderungen von Druck und Volumen gehen somit quasistatisch-adiabatisch vor sich. Man drücke γ durch m, g, A, p_0, V_0 und ν aus.

5.6 Auf den Kolben wirken die folgenden Kräfte:

nach oben:	$K_G = pA$	(Gasdruck)
nach unten:	$K_A = p_0 A$	(Atmosphärendruck)
	$K_S = mg$	(Schwerkraft).

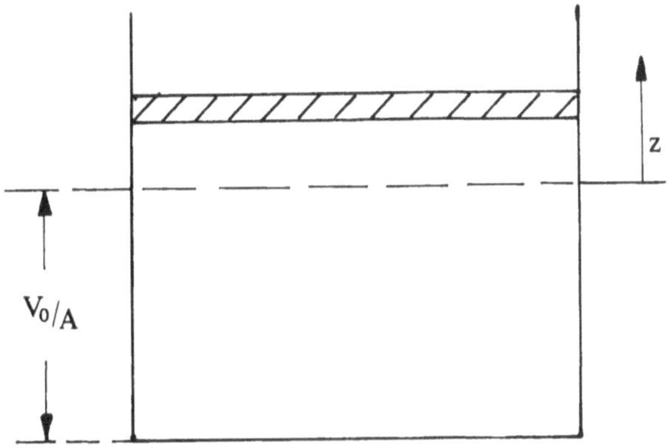

Abb. 5.6.1

Demnach lautet die Newtonsche Bewegungsgleichung für den Kolben

$$m\ddot{z} = pA - p_0A - mg. \tag{1}$$

Die im Gas stattfindenden Zustandsänderungen sind nach Aufgabenstellung (nicht zu schnelle Schwingungen, thermisch isolierende Innenwände) quasistatisch-adiabatisch, so daß die Adiabatengleichung anwendbar ist:

$$pV^\gamma = \text{const.} \tag{2}$$

In der Gleichgewichtslage, wo $V = V_0$, verschwindet die resultierende Kraft, so daß dort für den Gasdruck gilt

$$p^{(0)} = p_0 + \frac{mg}{A}. \tag{3}$$

Damit liefert die Adiabatengleichung (2) den Zusammenhang

$$pV^\gamma = (p_0 + \frac{mg}{A})\, V_0^\gamma. \tag{4}$$

Auf Grund von (4) ist es möglich, in der Bewegungsgleichung (1) den Druck p durch das Volumen V, bzw. wegen

$$z = \frac{V - V_0}{A} \tag{5}$$

durch die Variable z auszudrücken. Man erhält dann

$$m\ddot{z} = (Ap_0 + mg) \cdot \left(\frac{V_0}{V_0 + zA}\right)^\gamma - (Ap_0 + mg). \tag{6}$$

Diese allgemeine Bewegungsgleichung soll für den Fall kleiner Schwingungen, d.h. für den Fall

$$\left|\frac{V - V_0}{V_0}\right| = \left|\frac{zA}{V_0}\right| \ll 1 \tag{7}$$

betrachtet werden. In diesem Fall gilt die Näherung

$$\left(\frac{V_0}{V_0 + zA}\right)^\gamma = \frac{1}{\left(1 + \frac{zA}{V_0}\right)^\gamma} \cong 1 - \frac{\gamma z A}{V_0}, \tag{8}$$

so daß (6) in die für kleine Schwingungen gültige Näherungsform

$$m\ddot{z} = -\frac{\gamma A}{V_0}(Ap_0 + mg)\, z \tag{9}$$

übergeht. Die DGL. (9) ist die Bewegungsgleichung für einen harmonischen Oszillator mit der Frequenz

$$\nu = \frac{1}{2\pi}\left[\left(p_0 + \frac{mg}{A}\right)\frac{A^2\gamma}{V_0 m}\right]^{1/2}, \tag{10}$$

woraus man das Ergebnis erhält

$$\gamma = \frac{4\pi^2\nu^2\, m V_0}{p_0 A^2 + mgA}. \tag{11}$$

5.7 Man betrachte die Erdatmosphäre als ein ideales Gas mit der molaren Masse μ, das sich in einem homogenen Gravitationsfeld (Schwerebeschleunigung g) befindet.

a) Man zeige: Bezeichnet z die Höhe über dem Meeresspiegel, so gilt für die Änderung des Atmosphärendrucks p mit der Höhe

$$\frac{dp}{p} = -\frac{\mu g}{RT}\, dz,$$

wobei T die absolute Temperatur in der Höhe z ist.

b) Man zeige: Falls die Druckabnahme in a) von einer adiabatischen Expansion herrührt, gilt

$$\frac{dp}{p} = \frac{\gamma}{\gamma - 1}\frac{dT}{T}.$$

c) Aus a) und b) berechne man dT/dz in Grad pro Kilometer und gehe dazu von der Annahme aus, daß die Atmosphäre hauptsächlich aus Stickstoffgas (N_2) besteht, für das $\gamma = 1{,}4$ ist.

d) Man drücke für eine isotherme Atmosphäre der Temperatur T den Druck p in der Höhe z durch den Druck p_0 in Meereshöhe aus.

e) Man bestimme den Druck p in der Höhe z für den Fall, daß in Meereshöhe Druck und Temperatur die Werte p_0 bzw. T_0 haben, und daß die Atmosphäre, wie in Teil b), als adiabatisch angesehen wird.

5.7 a) Jedes Volumenelement der Atmosphäre befindet sich unter dem Einfluß der einwirkenden Kräfte (Schwerkraft, Druck der von unten angrenzenden Luftschicht, Druck der von oben angrenzenden Luftschicht) im Gleichgewicht; d.h. es muß gelten

$$p(z+dz)A - p(z)A = -nAdz\,mg \qquad (1)$$

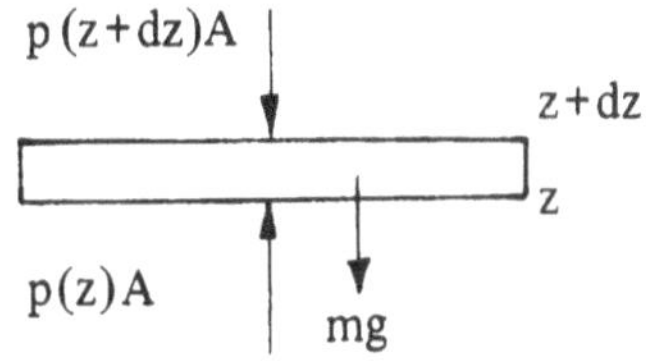

oder mit

$$\frac{\mu}{N_A} = m$$

$$dp = -\frac{n\mu g}{N_A}\,dz. \qquad (2)$$

($n = n(z)$: Molekülzahl pro Volumeneinheit, m: Molekülmasse, N_A: Avogadrosche Zahl).

Wegen der für jedes Volumenelement gültigen Zustandsgleichung

$$p = nkT, \qquad k = \frac{R}{N_A} \qquad (3)$$

ist (2) gleichbedeutend mit

$$\frac{dp}{p} = -\frac{\mu g}{RT}\,dz. \qquad (4)$$

b) Für den quasistatisch-adiabatischen Prozeß gilt

$$pV^\gamma = \text{constant} \qquad (5)$$

bzw. mit Hilfe der Zustandsgleichung (3)

$$T^\gamma p^{1-\gamma} = \text{const.} \qquad (6)$$

(6) differenziert ergibt

$$\gamma T^{\gamma-1} p^{1-\gamma}\,dT + (1-\gamma)\,T^\gamma p^{-\gamma}\,dp = 0$$

bzw.

$$\frac{dp}{p} = \frac{\gamma}{\gamma-1}\,\frac{dT}{T}. \qquad (7)$$

c) Aus (4) und (7) folgt

$$\frac{dT}{dz} = \frac{(1-\gamma)}{\gamma R}\,\mu g. \qquad (8)$$

Für N_2 ist $\mu = 28 \text{ g} \cdot \text{mol}^{-1}$, so daß sich aus (8) der Zahlenwert

$$\frac{dT}{dz} = -9{,}4 \text{ Grad/Kilometer} \tag{9}$$

ergibt.

d) Integration von (4) bei konstanter Temperatur T ergibt

$$p = p_0 \exp\left[-\mu g z/RT\right]. \tag{10}$$

e) Aus (8) folgt zunächst durch Integration

$$T = T_0 - \frac{(\gamma - 1)}{\gamma R} \mu g z. \tag{11}$$

Damit erhält man aus dem Ergebnis (7)

$$\int_{p_0}^{p} \frac{dp'}{p'} = \int_0^z \frac{-\mu g \, dz'}{R\left(T_0 - \frac{(\gamma - 1)}{\gamma} \frac{\mu g z'}{R}\right)}$$

oder

$$p = p_0 \left[1 - \frac{(\gamma - 1)\,\mu g z}{\gamma R T_0}\right]^{\gamma/\gamma - 1}. \tag{12}$$

5.8 Wenn eine Schallwelle durch ein strömendes Medium (Flüssigkeit oder Gas) läuft, ist die Schwingungsdauer klein im Vergleich mit der Relaxationszeit, die ein makroskopisch kleines Volumenelement des Mediums benötigt, um mit dem Rest des Mediums durch Wärmeleitung Energie auszutauschen. Somit können Dichteänderungen eines solchen Volumenelementes als adiabatisch verlaufend angesehen werden.

Man untersuche eindimensionale Verdichtungen und Verdünnungen des in einer Scheibe der Dicke dx enthaltenen Mediums und zeige, daß der Druck p(x, t) im Medium in Abhängigkeit vom Ort x und von der Zeit t der Wellengleichung

$$\frac{\partial^2 p}{\partial t^2} = u^2 \frac{\partial^2 p}{\partial x^2}$$

genügt, wobei die Schallgeschwindigkeit u eine Konstante ist, die durch $u = (\rho \cdot \kappa_s)^{-1/2}$ gegeben ist. Hier ist ρ die Gleichgewichtsdichte des Mediums und κ_s die *adiabatische* Kompressibilität $\kappa_s = -V^{-1} (\partial V/\partial p)_s$, d.h. die unter der Bedingung thermischer Isolation gemessene Kompressibilität des Mediums.

5.8 Betrachtet wird eine kleine Scheibe, die im Gleichgewicht die Breite Δx besitzt. Durch die in Form einer Welle sich ausbreitende Störung wird die linke Seite der Scheibe um ξ und die rechte Seite um $\xi + \Delta\xi$ ausgelenkt. Ist P_0 der Gleichgewichtsdruck, so gilt für die Abweichung vom Gleichgewichtsdruck

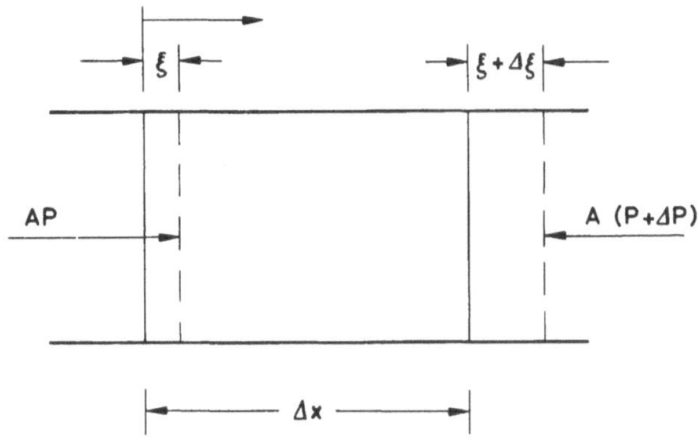

Abb. 5.8.1

$$p = P - P_0, \tag{1}$$

wobei die Änderung dieser Abweichung über die Scheibenlänge Δx (diese ist klein von höherer Ordnung) zunächst vernachlässigt wird. Für die adiabatische Kompressibilität ergibt sich damit

$$\kappa_s = -\frac{1}{V}\frac{\Delta V}{P - P_0} = -\frac{1}{A\Delta x}\frac{A\Delta\xi}{p}, \quad \Delta\xi \approx \frac{\partial\xi}{\partial x}\cdot\Delta x \tag{2}$$

bzw. in der Grenze $\Delta x \to 0$

$$p = -\frac{1}{\kappa_S}\frac{\partial\xi}{\partial x}. \tag{3}$$

Die Bewegungsgleichung für die betrachtete und durch die Auslenkung ξ lokalisierte (materielle) kleine Scheibe lautet (s. Abb.)

$$m\frac{\partial^2\xi}{\partial t^2} = PA - (P + \Delta P)A = -\Delta PA. \tag{4}$$

Wegen

$$\Delta P \approx \frac{\partial P}{\partial x}\Delta x \quad \text{und} \quad m = \rho A\Delta x \quad \text{(bis auf Glieder höherer Ordnung)}$$

folgt aus (4) mit (1)

$$\frac{\partial P}{\partial x} = \frac{\partial p}{\partial x} = -\rho\frac{\partial^2\xi}{\partial t^2}. \tag{5}$$

Differenziert man hier beide Seiten nach x und beachtet, daß auf der rechten Seite die zeitliche und örtliche Differentiation vertauschbar sind, so erhält man unter Benutzung von (3) (die für den Grenzfall $\Delta x \to 0$ exakte Beziehung)

$$\frac{\partial^2 p}{\partial t^2} = \frac{1}{\kappa_S\rho}\frac{\partial^2 p}{\partial x^2}. \tag{6}$$

5.9 Man beziehe sich auf die Ergebnisse der vorangehenden Aufgabe:

a) Man drücke die adiabatische Kompressibilität κ_s eines idealen Gases durch seinen Druck und das Verhältnis $\gamma = c_p/c_V$ aus.

b) Man drücke die Schallgeschwindigkeit in einem idealen Gas durch γ, die molare Masse μ und die absolute Temperatur T aus.

c) Wie hängt die Schallgeschwindigkeit bei festem Druck von der Temperatur T des Gases ab? Wie hängt die Schallgeschwindigkeit bei fester Temperatur von dem Druck p des Gases ab?

d) Man berechne die Schallgeschwindigkeit in Stickstoffgas (N_2) bei Zimmertemperatur und Normaldruck (mit $\gamma = 1{,}4$ und $\mu = 28\,\text{g} \cdot \text{mol}^{-1}$).

5.9 a) Für den quasistatisch-adiabatischen Prozeß eines idealen Gases gilt

$$pV^\gamma = \text{const.} \tag{1}$$

Folglich ist

$$\frac{\partial V}{\partial p} = -\frac{V}{\gamma p}$$

und damit

$$\kappa_S = -\frac{1}{V}\frac{\partial V}{\partial p} = \frac{1}{\gamma p}\,. \tag{2}$$

b) Nach dem Ergebnis (6) der Aufgabe 5.8 ist

$$u = (\rho\,\kappa_S)^{-1/2}. \tag{3}$$

Mit Hilfe von (2) wird daraus

$$u = \left(\frac{\rho}{\gamma p}\right)^{-1/2}. \tag{4}$$

Ersetzt man hier ρ und p über die Beziehungen

$$p = \frac{\nu RT}{V} \text{ und } \rho = \frac{\nu\mu}{V}\,,$$

so wird aus (4)

$$u = \left(\frac{\gamma RT}{\mu}\right)^{1/2}. \tag{5}$$

c) Aus (5) liest man ab, daß die Schallgeschwindigkeit bei konstanter Temperatur vom Druck unabhängig ist und daß gilt

$$u \propto T^{1/2} \tag{6}$$

d) u = 354 m/sec.

5.19 Die van der Waalssche Zustandsgleichung für 1 Mol Gas lautet $(p + a\upsilon^{-2}) \cdot (\upsilon - b) = RT$. Im allgemeinen weisen die zu verschiedenen Werten von T gehörigen Kurven im $p\upsilon$-Diagramm ein Maximum und ein Minimum in den durch $(\partial p/\partial \upsilon)_T = 0$ bestimmten Punkten auf (siehe Diagramm). Das Maximum und das Minimum fällt in einem einzigen Punkt auf derjenigen Kurve zusammen, für die zusätzlich zu $(\partial p/\partial \upsilon)_T = 0$ die Bedingung $(\partial^2 p/\partial \upsilon^2)_T = 0$ erfüllt ist. Dieser Punkt heißt „kritischer Punkt" der Substanz und die zugehörigen Temperatur-, Druck- und Volumenwerte werden mit T_c, p_c und υ_c bezeichnet.

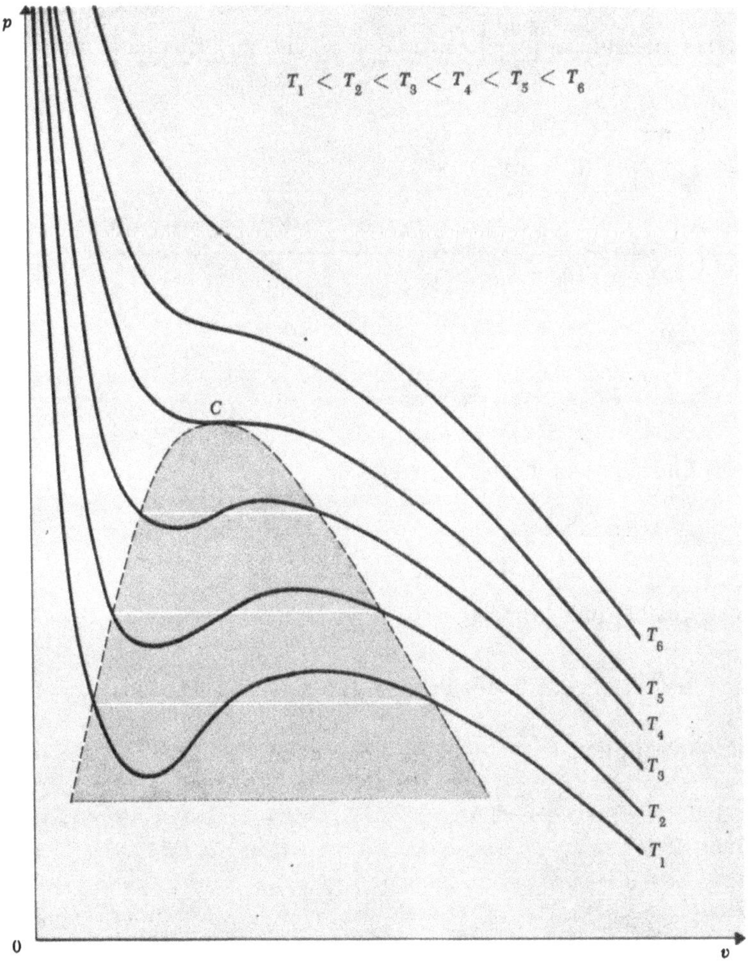

Abb. 5.19.1

a) Man drücke a und b durch T_c und υ_c aus.

b) Man drücke p_c durch T_c und υ_c aus.

c) Man schreibe die van der Waalssche Zustandsgleichung in den reduzierten dimensionslosen Variablen

$$T' \equiv \frac{T}{T_c}, \quad v' \equiv \frac{v}{v_c}, \quad p' \equiv \frac{p}{p_c}$$

an. Diese Form darf weder a noch b enthalten.

5.19 a) Für die aus der Zustandsgleichung

$$\left(p + \frac{a}{v^2}\right)(v - b) = RT \tag{1}$$

gebildeten Ableitungen $\left(\frac{\partial p}{\partial v}\right)_T$ und $\left(\frac{\partial^2 p}{\partial v^2}\right)_T$ gilt am kritischen Punkt

$$\begin{aligned} \left(\frac{\partial p}{\partial v}\right)_T &= \frac{-RT_c}{(v_c - b)^2} + \frac{2a}{v_c^3} = 0, \\ \left(\frac{\partial^2 p}{\partial v^2}\right)_T &= \frac{2RT_c}{(v_c - b)^3} - \frac{6a}{v_c^4} = 0. \end{aligned} \tag{2}$$

Daraus folgt

$$a = \frac{9}{8} RT_c v_c \quad \text{und} \quad b = \frac{v_c}{3}. \tag{3}$$

b) Einsetzen von (3) in (1) ergibt

$$p_c = \frac{3}{8} \frac{RT_c}{v_c}. \tag{4}$$

c) Aus (3) und (4) folgt

$$T_c = \frac{8a}{27Rb}, \quad v_c = 3b, \quad p_c = \frac{a}{27b^2}. \tag{5}$$

Mit der Substitution

$$\begin{aligned} T' &= \frac{T}{T_c} = \frac{27Rb}{8a} T \\ v' &= \frac{v}{v_c} = \frac{v}{3b} \\ p' &= \frac{p}{p_c} = \frac{27b^2}{a} p \end{aligned} \tag{6}$$

geht die van der Waals-Gleichung (1) über in

$$\left(\frac{ap'}{27b^2} + \frac{a}{9b^2 v'^2}\right)(3bv' - b) = \frac{8a}{27b} T'$$

oder

$$\left(p' + \frac{3}{v'^2}\right)\left(v' - \frac{1}{3}\right) = \frac{8}{3}\,T'. \tag{7}$$

5.21 Der Joule-Kelvin-Koeffizient ist durch

$$\mu \equiv \left(\frac{\partial T}{\partial p}\right)_H = \frac{V}{C_p}\left[\frac{T}{V}\left(\frac{\partial V}{\partial T}\right)_p - 1\right] \tag{1}$$

gegeben. Da hier die absolute Temperatur T auftritt, kann diese Beziehung zur Bestimmung von T benutzt werden.

Man betrachte *irgendeinen beliebigen* leicht meßbaren Temeraturparameter ϑ (z.B. die Höhe einer Quecksilbersäule); d.h. also eine Größe, von der bekannt ist, daß sie irgendeine eineindeutige (unbekannte) Funktion von T ist, also $\vartheta = \vartheta(T)$.

a) Man drücke (1) durch die verschiedenen direkt meßbaren Größen aus, die den Temperaturparameter ϑ anstatt der absoluten Temperatur T enthalten; d.h. durch $\mu' \equiv (\partial\vartheta/\partial p)_H$, $C'_p \equiv (đQ/d\vartheta)_p$, $\alpha' \equiv V^{-1}\,(\partial V/\partial\vartheta)_p$ und die Ableitung $d\vartheta/dT$.

b) Man zeige, daß durch Integration des sich auf diese Weise ergebenden Ausdruckes T für jeden vorgegebenen Wert von ϑ gefunden werden kann, sofern $\vartheta_0 = \vartheta(T_0)$ bekannt ist (z.B. falls man den Wert ϑ_0 am Tripelpunkt $T_0 = 273{,}16$ K kennt).

5.21 Der Temperaturparameter ist dadurch charakterisiert, daß er mit der absoluten Temperatur in eineindeutiger Weise verknüpft ist, also

$$\vartheta = \vartheta(T) \Leftrightarrow T = T(\vartheta).$$

Voraussetzungsgemäß ist bekannt

$$\begin{aligned} \alpha' &= \frac{1}{V}\left(\frac{\partial V}{\partial\vartheta}\right)_p, \\ C'_p &= \left(\frac{đQ}{d\vartheta}\right)_p = T\left(\frac{\partial S}{\partial\vartheta}\right)_p, \\ \mu' &= \left(\frac{\partial\vartheta}{\partial p}\right)_H. \end{aligned} \tag{1}$$

Faßt man in diesen Ausdrücken die abgeleiteten Größen nur mittelbar, d.h. über die absolute Temperatur T, als Funktion von ϑ auf, also

$$\begin{aligned} V &= V\,[T(\vartheta), p], \\ S &= S\,[T(\vartheta), p], \\ \vartheta &= \vartheta\,[T(p, H)], \end{aligned} \tag{2}$$

so gilt

$$\begin{aligned} \alpha' &= \frac{1}{V}\left(\frac{\partial V}{\partial T}\right)_p \cdot \frac{dT}{d\vartheta} = \alpha\,\frac{dT}{d\vartheta}, \\ C_p' &= T\left(\frac{\partial S}{\partial T}\right)_p \cdot \frac{dT}{d\vartheta} = C_p\,\frac{dT}{d\vartheta}, \\ \mu' &= \frac{d\vartheta}{dT} \cdot \left(\frac{\partial T}{\partial p}\right)_H = \mu\,\frac{d\vartheta}{dT}. \end{aligned} \tag{3}$$

Drückt man nun in der Beziehung

$$\begin{aligned} \mu &= \frac{V}{C_p}\left[\frac{T}{V}\left(\frac{\partial V}{\partial T}\right)_p - 1\right] \\ &= \frac{V}{C_p}(T\alpha - 1) \end{aligned} \tag{4}$$

die Größen μ, C_p und α mit Hilfe von (3) durch die entsprechenden (experimentell ermittelbaren!) gestrichenen Größen aus, so erhält man

$$\mu' = \frac{V}{C_p'}\left(\alpha' T\,\frac{d\vartheta}{dT} - 1\right)$$

oder

$$\frac{dT}{T} = \frac{\alpha' d\vartheta}{1 + \frac{\mu' C_p'}{V}}. \tag{5}$$

Dies integriert ergibt

$$T = T_0 \exp\left[\int_{\vartheta_0}^{\vartheta} \frac{\alpha' d\vartheta}{1 + \frac{\mu' C_p'}{V}}\right], \tag{6}$$

womit die Temperaturbestimmung bzw. die Eichung des zur Messung von μ', α' und C_p' benutzten Thermometers auf die Berechnung eines Integrals zurückgeführt ist.

5.23 Zwei identische Körper, jeder charakterisiert durch eine temperaturunabhängige Wärmekapazität bei konstantem Druck C, werden als Wärmereservoire für eine Wärmemaschine benutzt. Die Körper bleiben unter konstantem Druck und ändern ihre Phase nicht. Ihre Temperaturen sind zu Beginn T_1 und T_2. Durch die zwischen ihnen arbeitende Wärmemaschine findet dann ein Temperaturausgleich statt, so daß die beiden Körper schließlich eine gemeinsame Endtemperatur T_f erreichen.

a) Welche Gesamtarbeit W wird von der Maschine geleistet? Man drücke das Ergebnis durch C, T_1, T_2 und T_f aus.

b) Mittels Betrachtungen über das Verhalten der Entropie leite man eine Ungleichung her, durch die die Endtemperatur T_f mit den Anfangstemperaturen T_1 und T_2 verknüpft wird.

c) Wie groß ist die für gegebene Anfangstemperaturen T_1 und T_2 maximal aus der Maschine zu gewinnende Arbeit?

5.23 a) Der in der Wärmemaschine beim i-ten Durchlauf stattfindende Kreisprozeß wird durch das Diagramm

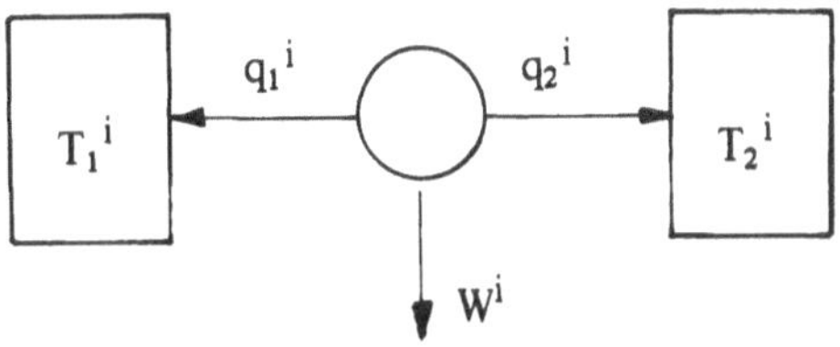

Abb. 5.23.1

dargestellt, wobei

q_1^i die bei der Temperatur T_1^i aufgenommene Wärme

q_2^i die bei der Temperatur T_2^i abgegebene Wärme

w^i die dabei insgesamt abgegebene Arbeit

bedeuten. Nach dem 1. Hauptsatz gilt für diesen Prozeß

$$w^i = q_1^i - q_2^i. \tag{1}$$

Die insgesamt, d.h. bis zum Temperaturausgleich der beiden Körper von der Wärmemaschine geleistete Arbeit ergibt sich aus (1) durch Summation über alle Umläufe

$$\begin{aligned} W &= \sum_i w^i \\ &= \sum_i (q_1^i - q_2^i) = Q_1 - Q_2. \end{aligned} \tag{2}$$

Die von der Wärmekraftmaschine insgesamt aufgenommene Wärme Q_1 ist mit der von dem Körper 1 bei dem isobaren Prozeß $(p, T_1) \to (p, T_f)$ insgesamt abgegebenen Wärme identisch und somit durch

$$Q_1 = C(T_1 - T_f) \tag{3}$$

gegeben. Entsprechend gilt

$$Q_2 = C(T_f - T_2), \tag{4}$$

so daß aus (2) für die insgesamt geleistete Arbeit folgt

$$W = C(T_1 - T_f - T_f + T_2) = C(T_1 + T_2 - 2T_f). \tag{5}$$

b) Nach dem 2. Hauptsatz gilt für die Entropieänderung des Gesamtsystems

$$\Delta S \geqslant 0. \tag{6}$$

Da sich die Entropie der immerfort nur Kreisprozesse durchlaufenden Wärmemaschine insgesamt nicht ändert und die Entropieänderungen der beiden Reservoire bei konstantem Druck erfolgen, ergibt sich wegen

$$\left(\frac{\partial S}{\partial T}\right)_p = \frac{C}{T} \tag{7}$$

aus (6) (siehe Aufgabe 4.1)

$$\int_{T_1}^{T_f} \frac{C dT}{T} + \int_{T_2}^{T_f} \frac{C dT}{T} = C \ln \frac{T_f^2}{T_1 T_2} \geqslant 0. \tag{8}$$

Daraus folgt

$$T_f \geqslant \sqrt{T_1 T_2}. \tag{9}$$

c) Die maximale Arbeit ergibt sich nach (5) für die kleinste Endtemperatur T_f, d.h. nach (9) für

$$T_f = \sqrt{T_1 T_2}. \tag{10}$$

Aus (5) folgt für die zugehörige maximale Arbeit

$$W = C(T_1 + T_2 - 2T_f) = C(\sqrt{T_1} - \sqrt{T_2})^2. \tag{11}$$

5.24 Die latente Schmelzwärme von Eis pro Einheitsmasse ist L. Ein Kübel enthält eine Mischung von Wasser und Eis auf Gefrierpunktstemperatur (absolute Temperatur T_0). Mit Hilfe eines Kühlschranks soll in dem Kübel eine zusätzliche Wassermasse m zum Gefrieren gebracht werden. Die vom Kühlschrank abgegebene Wärme geht an einen Körper mit der konstanten Wärmekapazität C über, der sich anfangs auf der Temperatur T_0 befindet. Welche Wärmemenge muß der Kühlschrank bei dem gewünschten Prozeß mindestens an diesen Körper abgeben?

5.24 Um eine zusätzliche Wassermasse m bei der Temperatur T_0 zum Gefrieren zu bringen, muß dem Wasser-Eis-Gemisch die Wärme mL entzogen werden. Die dabei auftretende Entropieänderung ist (siehe Aufgabe 4.1)

$$\Delta S_1 = -\frac{mL}{T_0}. \tag{1}$$

Die an den Körper mit der Wärmekapazität C (bei konstantem Druck) abgegebene Wärme führt bei diesem zu einer Temperaturerhöhung auf den Wert T_f und zu einer damit verbundenen Entropieänderung (siehe Aufgabe 4.1)

$$\Delta S_2 = C \int_{T_0}^{T_f} \frac{dT}{T} = C \ln \frac{T_f}{T_0}. \tag{2}$$

Da sich die Entropie der immerfort nur Kreisprozesse durchlaufenden Kältemaschine insgesamt nicht ändert, gilt nach dem 2. Hauptsatz für die Entropieänderung des Gesamtsystems mit (1) und (2)

$$\Delta S = \Delta S_1 + \Delta S_2 = -\frac{mL}{T_0} + C \ln \frac{T_f}{T_0} \geqslant 0. \tag{3}$$

Für die kleinste, ein Minimum an Wärmeübertragung bewirkende Endtemperatur folgt daraus

$$T_f = T_0 \, e^{mL/T_0C}. \tag{4}$$

Die zugehörige Minimalwärme ist demnach

$$Q = C(T_f - T_0) = CT_0 \left(e^{mL/T_0C} - 1\right). \tag{5}$$

5.26 Die Vorgänge in einer Verbrennungsmaschine können *näherungsweise* durch einen idealisierten Kreisprozeß abcd dargestellt werden, der von einem Gas in einem Zylinder durchlaufen wird und hier in einem pV-Diagramm wiedergegeben ist. Dabei stellt a → b die adiabatische Kompression des Benzin-Luftgemisches dar, b → c das von der Explosion des Gemisches herrührende Ansteigen des Druckes bei konstantem Volumen, c → d die adiabatische Expansion des Gemisches während des eigentlichen Arbeitsvorgangs der Maschine und d → a schließlich das Abkühlen des Gases bei konstantem Volumen.

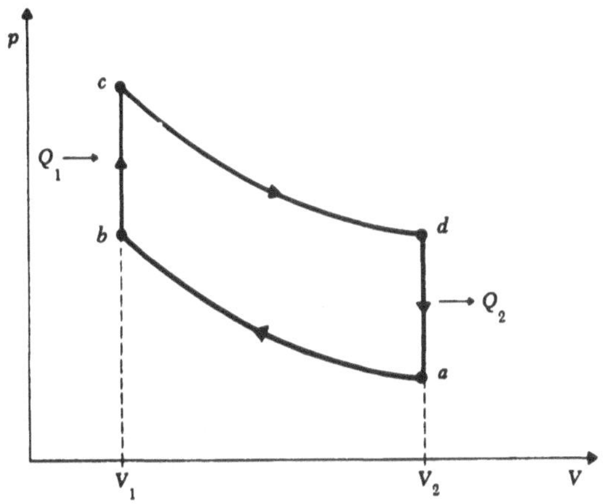

Abb. 5.26.1

Angenommen dieser Kreisprozeß wird mit einer bestimmten Menge idealen Gases quasistatisch durchgeführt. Man berechne für diesen Fall den Wirkungsgrad η der Maschine und drücke das Ergebnis durch V_1, V_2 und $\gamma = c_p/c_V$ aus.

5.26 Bei den Prozessen a → b und c → d wird keine Wärme aufgenommen oder abgegeben. Nach dem 1. Hauptsatz und der für ein ideales Gas bestehenden Beziehung

$$E = \nu C_V T, \ (\nu\text{: Molzahl}) \tag{1}$$

gilt deshalb

$$\begin{aligned} W_{a-b} &= -(E_b - E_a) = -\nu C_V (T_b - T_a), \\ W_{c-d} &= -(E_d - E_c) = -\nu C_V (T_d - T_c). \end{aligned} \tag{2}$$

Für die adiabatische Zustandsänderung eines idealen Gases gilt ferner

$$TV^{\gamma-1} = \text{const.}, \tag{3}$$

so daß (2) mit

$$W_{a\to b} = -\nu C_V T_b \left(1 - \frac{T_a}{T_b}\right) = -\nu C_V T_b \left(1 - \left(\frac{V_2}{V_1}\right)^{\gamma-1}\right)$$

$$W_{c\to d} = -\nu C_V T_c \left(\frac{T_d}{T_c} - 1\right) = \nu C_V T_c \left(1 - \left(\frac{V_2}{V_1}\right)^{\gamma-1}\right) \tag{4}$$

gleichbedeutend ist. Bei den Prozessen b → c und d → a bleibt das Volumen jeweils konstant, so daß dort keine Arbeit geleistet wird.

Die beim Kreisprozeß aufgenommene Wärme wird im Teilstück b → c aufgenommen. Dort ergibt der 1. Hauptsatz mit (1)

$$Q_1 = (E_c - E_b) = \nu C_V (T_c - T_b), \tag{5}$$

so daß man als Wirkungsgrad erhält

$$\eta = \frac{W_{a\to b} + W_{c\to d}}{Q_1} = 1 - \left(\frac{V_2}{V_1}\right)^{\gamma-1}. \tag{6}$$

6. Grundlegende Methoden und Ergebnisse der statistischen Mechanik

6.1 Ein eindimensionaler harmonischer Oszillator besitzt die Energieniveaus $E_n = (n + 1/2)\hbar\omega$, wobei ω die charakteristische Frequenz des Oszillators ist und die Quantenzahl n die ganzzahligen Werte n = 0, 1, 2, ... annehmen kann. Angenommen, daß ein solcher Oszillator im thermischen Gleichgewicht mit einem Wärmereservoir der Temperatur T steht und daß die Temperatur so niedrig ist, daß $kT/\hbar\omega \ll 1$ gilt.

a) Wie groß ist das Verhältnis der Wahrscheinlichkeiten dafür, daß sich der Oszillator im ersten angeregten Zustand bzw. im Grundzustand befindet?

b) Unter der Annahme, daß nur der Grundzustand und der erste angeregte Zustand mit merklicher Wahrscheinlichkeit eingenommen werden, gebe man die mittlere Energie des Oszillators als Funktion der Temperatur an.

6.1 **a)** Die Wahrscheinlichkeit dafür, daß sich der Oszillator im Zustand n befindet, ist

$$P_n = \frac{e^{-\beta E_n}}{Z} = \frac{e^{-\beta(n+½)\hbar\omega}}{Z} \tag{1}$$

mit $$Z = \sum_{n=0}^{\infty} e^{-\beta E_n}. \tag{2}$$

Man erkennt daran, daß für $kT/\hbar\omega \ll 1$ nur die niedrigsten Zustände mit merklicher Wahrscheinlichkeit eingenommen werden.

Es folgt

$$\frac{P_1}{P_0} = \frac{e^{-3\hbar\omega/2kT}}{e^{-\hbar\omega/2kT}} = e^{-\hbar\omega/kT}. \tag{3}$$

(b) Definitionsgemäß gilt

$$\bar{E} = \frac{\frac{1}{2}\hbar\omega e^{-\hbar\omega/kT} + \frac{1}{2}\hbar\omega e^{-\hbar\omega/kT}}{e^{-\hbar\omega/kT} + e^{-3\hbar\omega/2kT}} = \frac{\hbar\omega}{2}\,\frac{1 + 3e^{-\hbar\omega/kT}}{1 + e^{-\hbar\omega/kT}}. \tag{4}$$

6.3 Ein Festkörper der Temperatur T befindet sich in einem äußeren Magnetfeld H = 3 T (Tesla). Der Festkörper besteht aus schwach miteinander wechselwirkenden paramagnetischen Atomen mit dem Spin ½, so daß die Energie eines jeden Atoms $\pm\mu H$ ist.

a) Falls das magnetische Moment μ gleich einem Bohrschen Magneton ist, d.h. $\mu_B = 0{,}927 \cdot 10^{-23}$ J/T, unter welche Temperatur muß man dann den Festkörper abkühlen, damit 75 % aller Atomspins parallel zum äußeren Feld orientiert sind?

b) Es wird ein Festkörper betrachtet, der keine paramagnetischen Atome, sondern viele Protonen enthält (z.B. Paraffin). Jedes Proton hat den Spin ½ und ein magnetisches Moment $\mu = 1{,}41 \cdot 10^{-26}$ J/T. Unter welche Temperatur muß man diesen Festkörper abkühlen, damit mehr als 75 % der Protonen ihren Spin parallel zum äußeren Feld ausrichten?

6.3 a) Da die einzelnen Atome nur schwach miteinander wechselwirken, sind ihre Spineinstellungen voneinander statistisch unabhängig, so daß das System der N Teilchen als Ensemble angesehen werden kann. Die gesuchte Temperatur ist dann diejenige Temperatur, bei der die durch

$$P = \frac{e^{\mu H/kT}}{e^{-\mu H/kT} + e^{\mu H/kT}} = \frac{1}{1 + e^{-2\mu H/kT}} \tag{1}$$

gegebene Wahrscheinlichkeit dafür, daß der Spin eines Atoms die Richtung des äußeren Feldes hat, gleich 0,75 ist. Mit P = 0,75 und den angegebenen Werten erhält man aus (1)

$$T = \frac{2\mu H}{k \ln[P/1 - p]} = 3{,}66 \text{ K}. \tag{2}$$

b) Gleichung (2) liefert in diesem Fall

$$T = 5{,}57 \cdot 10^{-3} \text{ K}.$$

6.4 Eine Probe eines Mineralöls befindet sich in einem äußeren Magnetfeld H. Jedes Proton hat den Spin ½ und ein magnetisches Moment μ; daher besitzt es zwei mögliche Energien $\epsilon = \pm \mu H$, je nach Einstellung des Spin zum äußeren Feld. Ein elektromagnetisches Feld kann Übergänge zwischen diesen zwei Zuständen bewirken, falls seine Frequenz ν der Bohrschen Bedingung $h\nu = 2\mu H$ genügt. Die Leistung, die aus diesem elektromagnetischen Feld aufgenommen wird, ist daher proproportional zur Differenz der mittleren Besetzungszahlen beider Energieniveaus. Weiter seien die Protonen im Mineralöl bei der Temperatur T im thermischen Gleichgewicht, und es gelte $\mu H \ll kT$. Wie hängt die absorbierte Leistung von der Temperatur T der Probe ab?

6.4 Bezeichnet n_- die Anzahl der Protonen mit der Energie $-\mu H$ und n_+ die Anzahl der Protonen mit der Energie $+\mu H$, so ist die absorbierte Leistung proportional zur Differenz $(\bar{n}_- - \bar{n}_+)$. Nach den allgemeinen Ergebnissen der Wahrscheinlichkeitsrechnung, wonach die Wahrscheinlichkeitsverteilung für die verschiedenen Werte von $n_-(n_+)$ eine Binomialverteilung ist, ist die mittlere Anzahl $\bar{n}_-(\bar{n}_+)$ durch

$$\bar{n}_- = N w_-, \; (\bar{n}_+ = N w_+) \tag{1}$$

gegeben, wobei

$$w_- = \frac{e^{\mu H/kT}}{e^{\mu H/kT} + e^{-\mu H/kT}}, \; \left(w_+ = \frac{e^{-\mu H/kT}}{e^{\mu H/kT} + e^{-\mu H/kT}} \right) \tag{2}$$

die Wahrscheinlichkeit dafür ist, daß ein Proton die Energie $-\mu H$ $(+\mu H)$ besitzt, und wo N die Gesamtzahl der (voneinander unabhängigen) Protonen ist. Aus (1) und (2) folgt dann für die Differenz

$$\bar{n}_- - \bar{n}_+ = \frac{N e^{\mu H/kT}}{e^{\mu H/kT} + e^{-\mu H/kT}} - \frac{N e^{-\mu H/kT}}{e^{\mu H/kT} + e^{-\mu H/kT}}. \tag{3}$$

Wegen $\mu H \ll kT$

können in (3) die Exponentialfunktionen entwickelt und diese Entwicklungen näherungsweise nach dem Glied 1. Ordnung abgebrochen werden. Man erhält dann

$$\bar{n}_- - \bar{n}_+ \approx N \frac{\left(1 + \frac{\mu H}{kT} - 1 + \frac{\mu H}{kT}\right)}{1 + \frac{\mu H}{kT} + 1 - \frac{\mu H}{kT}} = \frac{N\mu H}{kT}, \tag{4}$$

so daß also die absorbierte Leistung proportional zu T^{-1} ist.

6.6 Ein System besteht aus N schwach wechselwirkenden Teilchen, von denen jedes in einem von zwei Zuständen mit den Energien ϵ_1 und ϵ_2 sein kann, $\epsilon_1 < \epsilon_2$.

a) Ohne explizite Rechnung mache man eine Skizze der mittleren Energie $\bar{E}$ des Systems als Funktion seiner Temperatur T. Welchen Grenzwert besitzt $\bar{E}$ im Falle sehr niedriger Temperaturen und welchen im Falle sehr hoher Temperaturen? Welche Temperatur gehört zum Mittelwert dieser beiden Grenzwerte?

b) Mit Hilfe des Ergebnisses aus a) mache man eine Skizze der spezifischen Wärme C_V (bei konstantem Volumen) als Funktion der Temperatur T.

c) Man berechne die mittlere Energie $\bar{E}(T)$ und die spezifische Wärme $C_V(T)$ dieses Systems explizit. Man zeige, daß diese Funktionen das in a) und b) diskutierte qualitative Verhalten zeigen.

6.6 **a)** Das Verhältnis der Wahrscheinlichkeiten dafür, daß sich ein System bei der Temperatur T in irgendeinem angeregten Zustand r bzw. im Grundzustand 1 befindet, ergibt sich nach der kanonischen Verteilung zu

$$\frac{P_r}{P_1} = e^{-\frac{(E_r - E_1)}{kT}} \rightarrow \begin{cases} 0 & \text{für } T \to 0 \\ 1 & \text{für } T \to \infty . \end{cases} \tag{1}$$

Demnach geht jedes System für $T \to 0$ in seinen Grundzustand über, während für $T \to \infty$ alle seine Zustände gleichwahrscheinlich werden.

Für das hier betrachtete, aus N voneinander unabhängigen Zweiniveausystemen zusammengesetzte Gesamtsystem gilt deshalb

$$\overline{E} = N\overline{\epsilon} = N \sum_{i=1}^{2} P_i \epsilon_i \to \begin{cases} N\epsilon_1 & \text{für } T \to 0 \\ N\left(\frac{\epsilon_1 + \epsilon_2}{2}\right) & \text{für } T \to \infty \end{cases} \tag{2}$$

so daß sich unter Berücksichtigung des 3. Hauptsatzes, demzufolge

$$C_V = \left(\frac{\partial \overline{E}}{\partial T}\right)_V \to 0 \text{ für } T \to 0$$

gelten muß, qualitativ der folgende Graph ergibt.

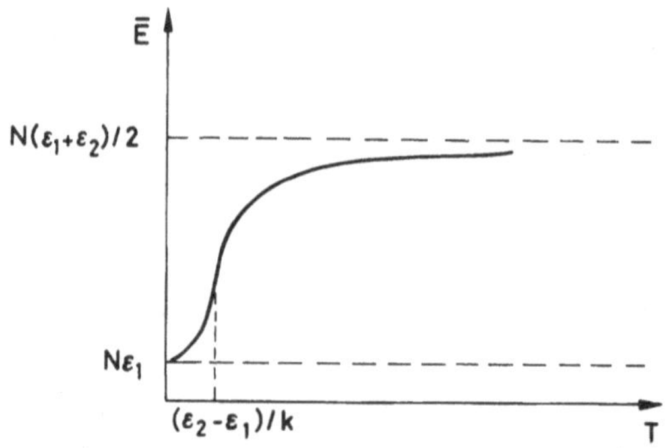

Abb. 6.6.1

Bei einer groben Abschätzung wird man davon ausgehen, daß der Bereich hoher Temperaturen von dem Bereich niedriger Temperaturen durch diejenige Temperatur T^0 getrennt wird, die zu dem in der Mitte zwischen den beiden Grenzwerten $N\epsilon_1$ und $N\frac{\epsilon_1 + \epsilon_2}{2}$ liegenden Energiewert $\overline{E^0}$ gehört. Dieser ist durch

$$\overline{E^0} = \frac{1}{2}\left(N\epsilon_1 + N\frac{\epsilon_1 + \epsilon_2}{2}\right) = N\left(\frac{3}{4}\epsilon_1 + \frac{1}{4}\epsilon_2\right) \tag{3}$$

gegeben. Wegen

$$\overline{E^0} = N\overline{\epsilon^0} \tag{4}$$

und

$$\overline{\epsilon^0} = \sum_{i=1}^{2} P_i^0 \epsilon_i \tag{5}$$

ergibt sich aus (3) für die zu $\overline{E^0}$ gehörenden Besetzungswahrscheinlichkeiten der beiden Einteilchenniveaus

$$P_1{}^0 = \frac{3}{4} \text{ und } P_2{}^0 = \frac{1}{4}. \tag{6}$$

Die kanonische Verteilung liefert dann mit (6) für die gesuchte Temperatur T^0 die Beziehung

$$\frac{P_2^{\,0}}{P_1^{\,0}} = \frac{1}{3} = e^{-\left(\frac{\epsilon_2 - \epsilon_1}{kT^0}\right)}$$

oder $$\frac{\epsilon_2 - \epsilon_1}{kT^0} = \ln 3. \tag{7}$$

Wegen $\ln 3 \approx 1$

folgt aus (7)

$$T^0 \approx \frac{\epsilon_2 - \epsilon_1}{k}. \tag{8}$$

b) Die spezifische Wärme C_V ist wegen $C_V = \left(\frac{\partial \bar{E}}{\partial T}\right)_V$ durch die Steigung des zu $\bar{E} = \bar{E}(T)$ gehörenden Graphen gegeben:

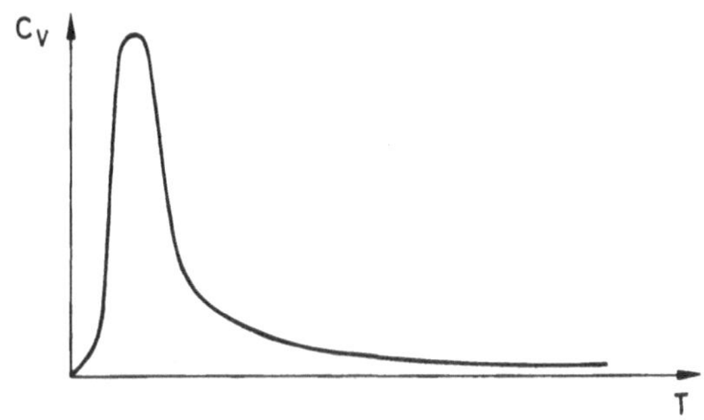

Abb. 6.6.2

c) Wegen der schon in (2) und (4) benutzten Extensivität (Additivität) der inneren Energie gilt

$$\bar{E} = N\left[\frac{\epsilon_1\, e^{-\epsilon_1/kT} + \epsilon_2\, e^{-\epsilon_2/kT}}{e^{-\epsilon_1/kT} + e^{-\epsilon_2/kT}}\right] = N\left[\frac{\epsilon_1 + \epsilon_2\, e^{-(\epsilon_2 - \epsilon_1)/kT}}{1 + e^{-(\epsilon_2 - \epsilon_1)/kT}}\right]. \tag{9}$$

Hieraus folgt in Übereinstimmung mit (2)

$$T \to 0\colon\ \bar{E} \to N\epsilon_1, \quad \text{sowie} \quad T \to \infty\colon \bar{E} \to N\left(\frac{\epsilon_1 + \epsilon_2}{2}\right) \tag{10}$$

und für den Zwischenwert (3) ergibt sich die Beziehung

$$\bar{E}^0 = N\left(\frac{3}{4}\epsilon_1 + \frac{1}{4}\epsilon_2\right) = N\left[\frac{\epsilon_1 + \epsilon_2\, e^{-(\epsilon_2 - \epsilon_1)/kT^0}}{1 + e^{-(\epsilon_2 - \epsilon_2)/kT^0}}\right], \tag{11}$$

woraus in Übereinstimmung mit (8) folgt

$$\frac{\epsilon_2 - \epsilon_1}{kT^0} = \ln 3 \approx 1$$

bzw. $(\epsilon_2 - \epsilon_1) \approx kT^\circ.$ (12)

Aus (9) folgt dann

$$C_V = \frac{\partial \overline{E}}{\partial T} = \frac{N(\epsilon_2 - \epsilon_1)^2\, e^{-(\epsilon_2 - \epsilon_1)/kT}}{kT^2\,[1 + e^{-(\epsilon_2 - \epsilon_1)/kT}]^2}\,. \tag{13}$$

6.7 Die Atomkerne in einem kristallinen Festkörper haben den Spin 1. Nach der Quantentheorie kann sich daher jeder Kern in einem der drei, durch die Quantenzahlwerte m = 1, 0, − 1 charakterisierten Quantenzustände befinden, wobei die Quantenzahl m die Projektion des Kernspins auf die Kristallachse des Festkörpers angibt. Da die elektrische Ladungsverteilung eines Kerns nicht kugelsymmetrisch sondern ellipsoidförmig ist, hängt die Kernenergie von der Spinorientierung bezüglich des inneren elektrischen Feldes (am Ort des Kerns) ab. Somit hat ein Kern in den Zuständen m = 1 und m = − 1 gegenüber dem Grundzustand mit m = 0 und E = 0 dieselbe Energie E = ϵ.

a) Man bestimme den Kernbeitrag zur molaren inneren Energie des Festkörpers als Funktion der absoluten Temperatur T.

b) Man bestimme den Kernbeitrag zur molaren Entropie des Festkörpers als Funktion von T.

c) Durch direktes Abzählen der Gesamtzahl der zugänglichen Zustände berechne man den Kernbeitrag zur molaren Entropie des Festkörpers bei sehr niedrigen Temperaturen. Das Gleiche für sehr hohe Temperaturen. Man zeige, daß der Ausdruck im Teil b) diese Werte für T → 0 und T → ∞ annimmt.

d) Man mache eine qualitative Skizze für die Temperaturabhängigkeit des Kernbeitrags zur molaren spezifischen Wärme des Festkörpers. Anschließend berechne man diese Temperaturabhängigkeit explizit. Wie lautet das Ergebnis für hohe Temperaturen?

6.7 a) Die von den Kernen beigesteuerte mittlere Energie pro Mol ist

$$\overline{E} = N_A \frac{0\,e^{-0/kT} + 2\epsilon\, e^{-\epsilon/kT}}{1 + 2e^{-\epsilon/kT}} = \frac{2\,N_A\, \epsilon\, e^{-\epsilon/kT}}{1 + 2e^{-\epsilon/kT}}, \tag{1}$$

wobei N_A die Avogadrosche Zahl ist.

b) Auf Grund der schon in (a) benutzten schwachen Wechselwirkung zwischen den Kernen gilt für deren Zustandssumme pro Mol

$$Z = \zeta^{N_A}, \tag{2}$$

wobei

$$\zeta = \sum_i e^{-\epsilon_i/kT} = 1 + e^{-\epsilon/kT} + e^{-\epsilon/kT} \tag{3}$$

die Zustandssumme des einzelnen Kerns ist. Für den Beitrag der Kerne zur molaren Entropie ergibt sich dann

$$S = k(\ln Z + \beta\overline{E}) = N_A k \ln(1 + 2e^{-\epsilon/kT}) + \frac{N_A \epsilon e^{-\epsilon/kT}}{T(1 + 2e^{-\epsilon/kT})}. \tag{4}$$

c) Für $T \to 0$ geht jeder einzelne Kern in seinen Grundzustand über (siehe Aufgabe 6.6); also gilt für die in der allgemeinen Entropiedefinition

$$s = k \ln \Omega \tag{5}$$

auftretende Anzahl Ω der einem Kern (praktisch nur) zugänglichen gleichwahrscheinlichen Zustände

$$\Omega \to 1, \tag{6}$$

so daß sich unter Berücksichtigung der Additivität der Entropie für die molare Entropie das Grenzverhalten

$$T \to 0 : S \to N_A k \ln \Omega = N_A k \ln 1 = 0 \tag{7}$$

ergibt.

Für $T \to \infty$ werden alle Zustände gleichwahrscheinlich; also gilt $\Omega \to 3$ und man erhält das Grenzverhalten

$$T \to \infty : S \to N_A k \ln 3. \tag{8}$$

Die Ergebnisse (7) und (8) lassen sich natürlich auch direkt aus (4) ableiten.

d) Aus (1) folgt

$$C_V = \frac{\partial \overline{E}}{\partial T} = \frac{2 N_A \epsilon^2 e^{-\epsilon/kT}}{kT^2 (1 + 2e^{-\epsilon/kT})^2}. \tag{9}$$

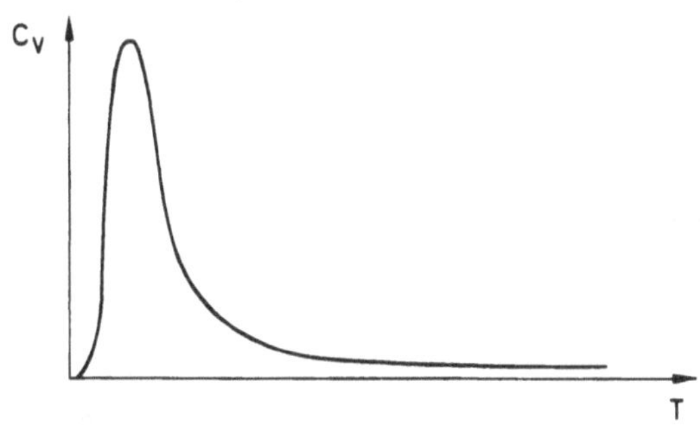

Abb. 6.7.1

Für hohe Temperaturen gilt

$$e^{-\epsilon/kT} \approx 1$$

und somit

$$C_V \propto T^{-2}.$$

6.9 Ein Draht mit dem Radius r_0 liegt in der Achse eines Metallzylinders mit dem Radius R und der Länge L. Der Draht besitzt gegenüber dem Zylinder ein positives Potential V. Das gesamte System befindet sich auf einer hohen Temperatur T. Daher werden Elektronen emittiert, die den zylindrischen Behälter mit einem verdünnten Elektronengas füllen, das sich mit den Metallflächen im Gleichgewicht befindet. Die Dichte dieses Gases sei so gering, daß die gegenseitige elektrostatische Wechselwirkung der Elektronen zu vernachlässigen ist.

a) Mit dem Durchflutungsgesetz (integrale 4. Maxwellsche Gleichung) berechne man unter Vernachlässigung des Elektronengases das elektrostatische Feld im Abstand r von der Drahtachse ($r_0 < r < R$). L soll als hinreichend groß angenommen werden, so daß Randeffekte zu vernachlässigen sind.

b) Im thermischen Gleichgewicht bilden die Elektronen im Raum zwischen Draht und Zylinder ein Gas variabler Dichte. Unter der Voraussetzung, daß sich jedes einzelne Elektron unter dem Einfluß des in a) berechneten Potentials bewegt, gebe man die Abhängigkeit der elektrischen Ladungsdichte von Abstand r an.

6.9 a) Aus der Maxwellschen „Quellengleichung der Elektrostatik" erhält man mit Hilfe des Gauss'schen Satzes allgemein die Integralform

$$\int_\sigma \mathbf{E} \cdot \mathbf{n}\, d\sigma = 4\pi q, \tag{1}$$

in der q die eingeschlossene Ladung und **n** der äußere Normaleneinheitsvektor der Integrationsfläche σ ist. Im vorliegenden Fall hängt die elektrische Feldstärke aus Symmetriegründen nur vom Abstand r von der Drahtachse ab und ist radial nach außen gerichtet. Wählt man daher als Integrationsfläche eine im Abstand $r < R$ von der Drahtachse befindliche Zylinderfläche, so ergibt (1)

$$|\mathbf{E}|\, 2\pi r L = 4\pi q. \tag{2}$$

Die elektrische Feldstärke am Ort $\mathbf{r} = (r, \varphi, z)$ ist somit durch

$$\mathbf{E}(\mathbf{r}) = \frac{2q}{rL}\mathbf{n} \tag{3}$$

gegeben und das elektrostatische Potential entsprechend durch

$$U(r) = -\int_{r_0}^{r} \mathbf{E} \cdot d\mathbf{s} = -\frac{2q}{L} \ln \frac{r}{r_0}. \tag{4}$$

Wegen $U(R) = -V$ und $U(r_0) = 0$ können in (4) die unbekannten Größen q und L eliminiert werden und man erhält dann

$$U(r) = -\frac{V}{\ln \frac{R}{r_0}} \ln \frac{r}{r_0}. \tag{5}$$

b) In koordinatenfreier Form ist die mittlere Ladungsdichte $\rho(\mathbf{r})$ so definiert, daß durch das Integral

$$\int_G \rho(\mathbf{r})\, d\tau$$

die im Gebiet G im Mittel vorhandene Elektronenladung angegeben wird. $\rho(\mathbf{r})$ ist mit der entsprechend definierten Wahrscheinlichkeitsdichte $P(\mathbf{r})$ für den Aufenthaltsort $\mathbf{r}$ eines Elektrons (Ladung $-e$) durch

$$\rho(\mathbf{r}) = -NeP(\mathbf{r}) \tag{6}$$

verknüpft, wobei N die (mittlere) Gesamtzahl der das Elektronengas bildenden Elektronen ist (siehe Aufgabe 6.4, wo der Mittelwert in einer Binomialverteilung berechnet wird). Die Wahrscheinlichkeitsdichte $P(\mathbf{r})$ läßt sich mit Hilfe des kanonischen Verteilungsgesetzes berechnen, nach dem die Wahrscheinlichkeit dafür, daß sich der repräsentative Punkt eines gegebenen Elektrons in einem Gebiet Γ des Phasenraumes befindet, durch

$$W(\Gamma) = C \int_\Gamma e^{-\frac{H}{kT}}\, d\Gamma, \quad \text{(C: Normierungskonstante)} \tag{7}$$

gegeben ist. Wählt man auf Grund der vorliegenden Symmetrie als generalisierte Koordinaten Zylinderkoordinaten, so lautet die Hamiltonfunktion des Elektrons wegen (5)

$$H = \frac{1}{2m}\left(p_r^2 + \frac{p_\varphi^2}{r^2} + p_z^2\right) + \frac{eV}{\ln\frac{R}{r_0}} \ln\frac{r}{r_0} \tag{8}$$

mit $\quad r_0 < r < R$

und das Volumenelement im Phasenraum

$$d\Gamma = dp_r\, dp_\varphi\, dp_z\, dr\, d\varphi\, dz. \tag{9}$$

Die Wahrscheinlichkeit W(G) dafür, daß sich das Elektron *unabhängig von seinem Impuls* in einem Gebiet G des Zylinderinneren befindet ergibt sich nach dem Additionstheorem der Wahrscheinlichkeitsrechnung aus (7) durch Integration über den gesamten Impulsraum und das dem Gebiet G entsprechende Gebiet σ im räumlichen Teil des Phasenraumes (im Ortsraum fungieren r, φ, z als Zylinderkoordinaten, im räumlichen Teil des Phasenraumes dagegen als kartesische Koordinaten, so daß zwischen G und σ unterschieden werden muß); d.h. es gilt mit (8) und (9)

$$\begin{aligned} W(G) = C \int_{-\infty}^{+\infty} \exp\left[-\frac{p_r^2}{2mkT}\right] dp_r \int_{-\infty}^{+\infty} \exp\left[-\frac{p_z^2}{2mkT}\right] dp_z \,\cdot \\ \cdot \int_{\sigma(G)} \left\{\int_{-\infty}^{+\infty} \exp\left[-\frac{p_\varphi^2}{2mr^2kT}\right] dp_\varphi\right\} \exp\left[\frac{-eV}{kT\ln R/r_0} \ln\frac{r}{r_0}\right] dr\, d\varphi\, dz. \end{aligned} \tag{10}$$

Die Integrationen über die Impulse p_r und p_z ergeben jeweils nur eine Konstante, während die Integration über p_φ wegen

$$\int_{-\infty}^{+\infty} e^{-p_\varphi^2/r^2}\, dp_\varphi = r \cdot \sqrt{\pi} \tag{11}$$

einen Faktor r liefert. Da andererseits auch

$$W(G) = \int_G P(\mathbf{r})\, d\tau = \int_{\sigma(G)} P(r, \varphi, z)\, r\, dr\, d\varphi\, dz \tag{12}$$

gilt, erhält man insgesamt die Beziehung

$$\int_{\sigma(G)} P(r, \varphi, z)\, r\, dr\, d\varphi\, dz = \overline{C} \int_{\sigma(G)} r \left(\frac{r}{r_0}\right)^{-eV/kT \ln R/r_0} dr\, d\varphi\, dz. \tag{13}$$

Diese Beziehung gilt natürlich für jedes Gebiet G des Zylinderinneren, so daß aus der Gleichheit der Integrale auf die Gleichheit der Integranden geschlossen werden kann. Damit erhält man aus (6)

$$\rho(\mathbf{r}) \equiv \rho(r) = -\overline{C}\, Ne \left(\frac{r}{r_0}\right)^{-eV/kT \ln R/r_0}$$

oder wegen

$$\rho(r_0) = -\overline{C}\, Ne \tag{14}$$

schließlich

$$\rho(r) = \rho(r_0) \left(\frac{r}{r_0}\right)^{-eV/kT \ln R/r_0} \tag{15}$$

6.11 Zwei Atome der Masse m üben aufeinander eine Kraft aus, die aus der Wechselwirkungsenergie

$$U = U_0 \left[\left(\frac{a}{x}\right)^{12} - 2\left(\frac{a}{x}\right)^6\right]$$

ableitbar ist. Dabei ist x der Abstand zwischen den beiden Teilchen. Die Teilchen stehen in Kontakt mit einem Wärmereservoir niedriger Temperatur T, $kT \ll U_0$, die aber so groß ist, daß die klassische statistische Mechanik anwendbar ist. Man berechne den mittleren Abstand $\bar{x}(T)$ der Teilchen und benutze dabei die Größe

$$\alpha \equiv \frac{1}{\bar{x}} \frac{\partial \bar{x}}{\partial T}.$$

Die Berechnung ist mit Hilfe von Näherungen durchzuführen, die davon Gebrauch machen, daß die Temperatur niedrig ist. Dabei sollen gerade noch Glieder solcher Ordnung berücksichtigt werden, die einen Wert $\alpha \neq 0$ ergeben. [Hinweis: Man entwickle die potentielle Wechselwirkungsenergie um ihr Minimum in eine Potenzreihe in x.]

6.11 Betrachtet wird die (hier allein interessierende) Relativbewegung des aus den beiden Atomen bestehenden Systems, d.h. das äquivalente Einkörperproblem (siehe dazu z.B. H. Goldstein, Klassische Mechanik, 3. Kap.). Der Systemzustand ist dann durch die Relativkoordinate x und den Relativimpuls $p = \mu\dot{x}$ (μ ist die reduzierte Masse) bestimmt. Die Wahrscheinlichkeit dafür, daß der Abstand in einem Intervall zwischen x und x + dx liegt und der Relativimpuls in einem Intervall zwischen p und p + dp, ist nach der kanonischen Verteilung dem entsprechenden Boltzmannfaktor proportional, also

$$P(x, p)\,dx\,dp \sim e^{-\beta[U(x) + T(p)]}\,dx\,dp \tag{1}$$

wobei

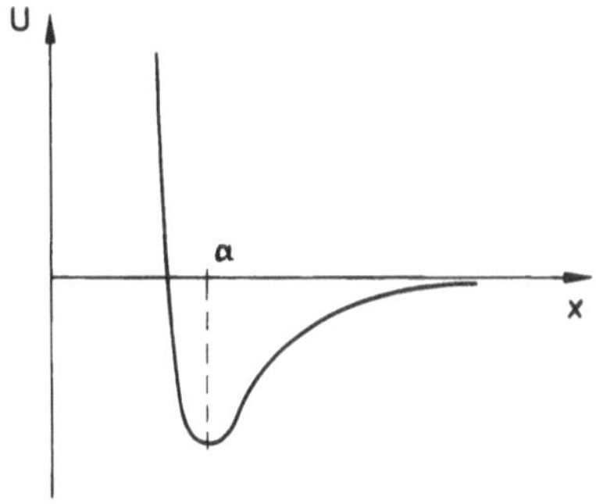

Abb. 6.11.1:

$$U(x) = U_0 \left[\left(\frac{a}{x}\right)^{12} - 2\left(\frac{a}{x}\right)^{6}\right] \tag{2}$$

die potentielle Wechselwirkungsenergie und

$$T(p) = \frac{p^2}{2\mu} \tag{3}$$

die kinetische Energie ist. Die Wahrscheinlichkeit dafür, daß der Abstand zwischen x und x + dx liegt unabhängig davon, welchen Wert der Relativimpuls hat, ergibt sich dann aus (1) durch Integration über alle Werte von p. Da x und p im Exponenten von (1) getrennt sind, erhält man somit

$$P(x)\,dx = \int_{(p)} P(x, p)\,dx\,dp \sim e^{-\frac{U(x)}{kT}}\,dx. \tag{4}$$

Man verifiziert leicht, daß das Potential (2) an der Stelle x = a ein Minimum hat (siehe auch Skizze). Da die Abweichungen von diesem Wert klein sein werden, d.h. die Atome um den Gleichgewichtsabstand a kleine Schwingungen ausführen werden, kann man das Potential U(x) um die Stelle x = a entwickeln und nach einem der ersten Glieder abbrechen. Um ein $\alpha \neq 0$ zu erhalten, muß mindestens bis zum Glied 3. Ordnung entwickelt werden, also

$$U(x) \approx -U_0 + \frac{36\,U_0}{a^2}(x-a)^2 - \frac{252\,U_0}{a^3}(x-a)^3. \tag{5}$$

Damit geht (4) über in

$$P(x)\,dx = C \exp\left[-\frac{36\,U_0\,(x-a)^2}{a^2 kT} + \frac{252\,U_0\,(x-a)^3}{a^3 kT}\right] dx, \tag{6}$$

wobei sich die Konstante C aus der üblichen Normierungsbedingung

$$\int_0^\infty P(x)\,dx = C \int_0^\infty \exp\left[-\frac{36\,U_0\,(x-a)^2}{a^2 kT}\right] \exp\left[\frac{252\,U_0\,(x-a)^3}{a^3 kT}\right] dx = 1 \tag{7}$$

berechnet. Der ausschlaggebende Faktor im Integraden ist hier

$$\exp\,[-36\,U_0\,(x-a)^2/a^2 kT],$$

während der 2. Faktor entwickelt und diese Entwicklung näherungsweise nach dem 2. Glied abgebrochen werden kann. Da der Integrand nur in einer kleinen Umgebung der Stelle $x = a$ merkliche Beiträge liefert, kann (in einer weiteren Näherung) die untere Integrationsgrenze nach $-\infty$ verlegt werden. Damit wird aus (7)

$$1 = C \int_{-\infty}^{\infty} \exp\left[-\frac{36\,U_0\,(x-a)^2}{a^2 kT}\right]\left(1 + \frac{252\,U_0\,(x-a)^3}{a^3 kT}\right) dx. \tag{8}$$

Auf der rechten Seite steht die Summe zweier Integrale, von denen das erste ohne Weiteres auf das bekannte uneigentliche Integral

$$\int_{-\infty}^{+\infty} e^{-x^2}\,dx = \sqrt{\pi} \tag{9}$$

zurückgeführt werden kann, während das zweite verschwindet, weil sein Integrand eine ungerade Funktion ist. Für die Konstante C erhält man damit schließlich das Ergebnis

$$C = \frac{6}{a}\left(\frac{U_0}{\pi kT}\right)^{1/2} \tag{10}$$

Definitionsgemäß gilt

$$\bar{x} = \int_0^\infty x\,P(x)\,dx \tag{11}$$

und in derselben Näherung, die (7) in (8) überführte, wird daraus mit (6) und (10)

$$\bar{x} = \int_{-\infty}^{\infty} x\,\frac{6}{a}\left(\frac{U_0}{\pi kT}\right)^{1/2} \exp\left[-\frac{36\,U_0}{a^2 kT}\,(x-a)^2\right]\left(1 + \frac{252\,U_0\,(x-a)^3}{a^3 kT}\right) dx. \tag{12}$$

Auf der rechten Seite steht wieder eine Summe von Integralen, welche durch die Substitution $u = x - a$ in eine Summe von Integralen übergeht, die entweder verschwinden, weil ihre Integranden ungerade Funktionen sind, oder sich auf bekannte uneigentliche Integrale zurückführen lassen. Als Ergebnis erhält man

$$\bar{x} = a\left(1 + \frac{0{,}15\,kT}{U_0}\right) \tag{13}$$

und damit schließlich

$$\alpha = \frac{1}{\bar{x}}\frac{d\bar{x}}{dT} = \frac{0{,}15\;ak}{aU_0 + (0{,}15)\,akT} \approx \frac{0{,}15k}{U_0} \tag{14}$$

wegen $U_0 \gg kT$.

7. Einfache Anwendungen der Statistischen Mechanik

7.1 Man betrachte ein homogenes Gemisch von idealen, einatomigen Edelgasen der absoluten Temperatur T in einem Behälter mit dem Volumen V. Das Gemisch bestehe aus ν_1 Molen der Gassorte 1, ν_2 Molen der Gassorte 2, ... , und ν_k Molen der Gassorte k.

a) Mit Hilfe der klassischen Zustandssumme leite man die thermische Zustandsgleichung dieses Systems her; d.h. man bestimme den mittleren Gesamtdruck $\bar{p}$ als Funktion von T, V und ν_i.

b) In welcher Beziehung steht dieser Gesamtdruck $\bar{p}$ des Gases zu dem Druck $\bar{p}_i$, den die i-te Gassorte erzeugen würde, wenn sie allein das gesamte Volumen bei derselben Temperatur einnehmen würde?

7.1 a) Wird der Ortsvektor bzw. der Impuls des j-ten Moleküls der i-ten Molekülsorte (bestehend aus N_i gleichartigen Molekülen) mit r_{ij}bzw. mit p_{ij} bezeichnet, so lautet die klassische Zustandssumme für das Gasgemisch

$$Z' = \int \left[\exp - \frac{\beta}{2m_1}(p_{11}^2 + \cdots + p_{lN_1}^2) \cdots - \frac{\beta}{2m_k}(p_{kl}^2 + \cdots + p_{kN_k}^2)\right] \cdot \frac{d^3 r_{11} \cdots d^3 r_{kN_k} d^3 p_{11} \cdots d^3 p_{kN_k}}{h_0^{3N_1} \cdots h_0^{3N_k}}. \quad (1)$$

Die Integration über die Ortsvariablen ergibt jedesmals das Volumen V und das Integral über die Impulsvariablen zerfällt wegen der Eigenschaft der Exponentialfunktion in ein Produkt identischer Integrale. Da es für beide Variablensorten insgesamt $N_1 + N_2 + \cdots + N_k$ Integrationen gibt, erhält man

$$Z' = V^{(N_1 + \cdots + N_k)} \left[\int e^{-\frac{\beta p^2}{2m}} \frac{d^3 p}{h_0^3}\right]^{(N_1 + \cdots + N_k)} \quad (2)$$

Der Term in eckigen Klammern hängt nicht vom Volumen ab, so daß

$$\ln Z' = (N_1 + \cdots + N_k) \ln V + \ln f(T, N_i) \quad (3)$$

und damit

$$\bar{p} = \frac{i}{\beta} \frac{\partial}{\partial V} \ln Z' = (N_1 + \cdots + N_k) \frac{1}{\beta V}$$

bzw. $$\bar{p}V = (N_1 + \cdots + N_k)kT = (\nu_1 + \cdots + \nu_k) RT. \quad (4)$$

b) Nähme die i-te Gassorte das Volumen V bei der Temperatur T ein, so würde ihre Zustandsgleichung lauten

$$\bar{p}_i V = \nu_i RT. \quad (5)$$

Mit dem Ergebnis (4) aus (a) folgt daraus unmittelbar

$$\bar{p} = \sum_i \bar{p}_i, \tag{6}$$

d.h. der Gesamtdruck ist gleich der Summe der Partialdrucke.

7.3 Ein thermisch abgeschlossener Behälter ist durch eine Trennwand in zwei Kammern unterteilt, von denen die rechte das b-fache Volumen der linken besitzt. Die linke Kammer enthält ν Mole eines idealen Gases mit der Temperatur T und dem Druck $\bar{p}$. Die rechte Kammer enthält ebenfalls ν Mole eines idealen Gases der Temperatur T. Man berechne für den Fall, daß die Trennwand entfernt wird,

a) den Enddruck des Gasgemisches als Funktion von $\bar{p}$,

b) die Gesamtänderung der Entropie, wenn die Gase verschieden sind;

c) die Gesamtänderung der Entropie, wenn die Gase identisch sind.

7.3 a) Vor der Entfernung der Trennwand gilt im linken Teilbehälter

$$\bar{p}V = \nu RT.$$

Nach der Entfernung der Trennwand (durch die sich die Temperatur natürlich nicht ändert, weil von außen keine Arbeit geleistet wird und keine Wärme zugeführt wird) muß dann gelten (siehe Aufgabe 7.1)

$$p_f = \frac{2\nu RT}{(1+b)V} = \frac{2\bar{p}}{1+b}. \tag{1}$$

b) Im Falle verschiedener Gase ist die Anfangs- bzw. Endentropie des Systems durch

$$S_i = \nu R\left[\ln\frac{V}{N_A\nu} + \frac{3}{2}\ln T + \sigma_1\right] + \nu R\left[\ln\frac{bV}{N_A\nu} + \frac{3}{2}\ln T + \sigma_2\right]$$

bzw.

$$S_f = \nu R\left[\ln\frac{(1+b)V}{N_A\nu} + \frac{3}{2}\ln T + \sigma_1\right] + \nu R\left[\ln\frac{(1+b)V}{N_A\nu} + \frac{3}{2}\ln T + \sigma_2\right] \tag{2}$$

gegeben. Hier ist S_i einfach die Summe der Gasentropien in den beiden Teilbehältern und S_f die Entropie zweier verschiedener Gase in dem Volumen $(1+b)V$. Für die Entropieänderung ergibt sich damit

$$\Delta S = S_f - S_i = \nu R\left[2\ln\frac{V(1+b)}{N_A\nu} - \ln\frac{V}{N_A\nu} - \ln\frac{bV}{N_A\nu}\right] = \nu R\ln\frac{(1+b)^2}{b}. \tag{3}$$

c) Im Falle identischer Gase gilt anstelle von (2)

$$S_i = \nu R\left[\ln\frac{V}{N_A\nu} + \frac{3}{2}\ln T + \sigma_0 + \nu R\right]\ln\frac{bV}{N_A\nu} + \frac{3}{2}\ln T + \sigma_0$$

$$S_f = 2\nu R\left[\ln\frac{(1+b)V}{2N_A\nu} + \frac{3}{2}\ln T + \sigma_0\right], \tag{4}$$

wobei S_i wieder die Summe der Gasentropien in den beiden Teilbehältern, S_f dagegen jetzt die Entropie von 2ν Molen *eines* idealen Gases im Volumen $(1 + b)V$ bedeutet. Für. die Entropieänderung erhält man jetzt das (von (3) verschiedene) Ergebnis

$$\Delta S = \nu R \left[\ln \frac{(1+b)V}{2 N_A \nu} - \ln \frac{V}{N_A \nu} - \ln \frac{bV}{N_A \nu} \right] = \nu R \ln \frac{(1+b)^2}{4b}, \tag{5}$$

d.h. die Durchmischung identischer Gase erhöht die Unordnung weniger als die Durchmischung verschiedener Gase.

7.5 Ein Gummiband der absoluten Temperatur T ist mit dem einen Ende an einem Nagel befestigt und trägt mit dem anderen Ende ein Gewicht W. Man gehe von dem einfachen mikroskopischen Modell aus, daß das Gummiband eine polymere Kette darstellt, die aus N, an ihren Enden miteinander verbundenen Einzelgliedern besteht, deren jedes die Länge a besitzt und entweder parallel oder antiparallel zur Vertikalrichtung orientiert sein kann. Man bestimme die resultierende mittlere Länge $\bar{l}$ des Gummibandes als Funktion von W und T. (Die kinetischen Energien oder die Gewichte der einzelnen Kettenglieder sowie irgendwelche Wechselwirkungen zwischen ihnen sind zu vernachlässigen.).

7.5 Wählt man als Nullpunkt der potentiellen Energie den Aufhängepunkt, so leistet jedes einzelne Kettenglied zur Gesamtenergie des (aus den N Kettengliedern und dem Gewicht bestehenden) Systems den Beitrag $+Wa$, wenn es nach oben, und den Beitrag $-Wa$, wenn es nach unten orientiert ist, (so daß also die Gesamtenergie den Wert $-NWa$ hat, wenn das Gummiband voll ausgedehnt ist). Da die einzelnen Kettenglieder nicht miteinander wechselwirken und somit statistische Unabhängigkeit besteht, gilt für die mittlere Kettenlänge

$$\bar{l} = \overline{\sum_{i=1}^{N} x_i} = N \bar{x}_i, \quad x_i = \pm a \tag{1}$$

bzw. mit der kanonischen Verteilung

$$\bar{l} = N \frac{a e^{-Wa\beta} - a e^{Wa\beta}}{e^{-Wa\beta} + e^{Wa\beta}} = Na \tanh \frac{Wa}{kT}. \tag{2}$$

7.6 Man betrachte ein Gas, das nicht ideal ist, so daß seine Moleküle miteinander wechselwirken. Dieses Gas befindet sich bei der absoluten Temperatur T im thermischen Gleichgewicht. Wie groß ist unter der Voraussetzung, daß die Translationsfreiheitsgrade dieses Gases klassisch behandelt werden dürfen, die mittlere kinetische Translationsenergie eines Moleküls in diesem Gas?

7.6 Die kinetische Translationsenergie eines einzelnen Moleküls mit der Masse m und dem Schwerpunktsimpuls p ist durch

$$E_{kin} = \frac{p^2}{2m} = \frac{1}{2m}(p_x^2 + p_y^2 + p_z^2) \qquad (1)$$

gegeben. Da in der Hamiltonfunktion des Gases (1) additiv auftritt und der Impuls **p** sonst nicht weiter vorkommt, folgt aus dem Gleichverteilungssatz, gemäß dem der Mittelwert jedes unabhängigen quadratischen Terms in der Hamiltonfunktion eines Systems gleich ½ kT ist,

$$\bar{E}_{kin} = \frac{3}{2} kT. \qquad (2)$$

7.8 Der spezifische Widerstand ρ eines Metalls bei Raumtemperatur ist proportional zur Wahrscheinlichkeit dafür, daß ein Elektron an den schwingenden Gitteratomen gestreut wird, und diese Wahrscheinlichkeit wiederum ist proportional zur mittleren quadratischen Schwingungsamplitude dieser Atome. Wie sieht unter der Voraussetzung, daß in diesem Temperaturbereich die klassische Statistik gilt, die Temperaturabhängigkeit $\rho(T)$ des spezifischen Widerstands aus?

7.8 Hinsichtlich der Elektronenstreuung kann die Bewegung eines Gitteratoms als eindimensionale harmonische Schwingung angesehen werden, deren Energie (Hamiltonfunktion) durch

$$E = \frac{p^2}{2m} + \frac{m}{2}\omega^2 x^2 \qquad (1)$$

gegeben ist. Nach dem Gleichverteilungssatz ist der Mittelwert jedes Terms auf der rechten Seite von (1) gleich ½ kT. Folglich gilt

$$\rho \propto \overline{x^2} \propto T. \qquad (2)$$

7.9 Eine sehr empfindliche Federwaage besteht aus einer Quarzfeder, die an einem festen Aufhängepunkt angebracht ist. Die Federkonstante ist α, und die Waage befindet sich auf der Temperatur T und an einem Ort der Schwerebeschleunigung g.

a) Wie groß ist die resultierende mittlere Elongation $\bar{x}$ der Feder, wenn an sie ein sehr kleines Objekt der Masse M gehängt wird?

b) Wie groß sind die durch $\overline{(x - \bar{x})^2}$ charakterisierten thermischen Schwankungen des Objekts um seine Gleichgewichtslage?

c) Die Masse eines Objektes läßt sich nicht mehr messen, wenn die Schwankungen so groß sind, daß $[\overline{(x - \bar{x})^2}]^{1/2} = \bar{x}$. Welches ist die kleinste Masse M, die mit der Waage noch gemessen werden kann?

7.9 a) Die mittlere Ausdehnung (d.h. der makroskopische Meßwert) ergibt sich aus der betragsmäßigen Gleichheit der nach unten wirkenden Schwerkraft und der nach oben wirkenden Federkraft

$$\alpha\bar{x} = Mg \tag{1}$$

zu $$\bar{x} = \frac{Mg}{\alpha}. \tag{2}$$

b) Die Energie (bzw. die Hamiltonfunktion) des Systems ist durch

$$E = \frac{p^2}{2M} + \frac{1}{2}\alpha(x - \bar{x})^2 \tag{3}$$

gegeben. Nach dem Gleichverteilungssatz gilt dann

$$\frac{1}{2}\alpha\overline{(x - \bar{x})^2} = \frac{1}{2}kT$$

bzw. $$\overline{(x - \bar{x})^2} = \frac{kT}{\alpha}. \tag{4}$$

c) Um eine vernünftige Messung zu gewährleisten, muß gelten

$$[\overline{(x - \bar{x})^2}]^{1/2} \leqslant \bar{x} \tag{5}$$

bzw. mit (2) und (4)

$$\left(\frac{kT}{\alpha}\right)^{1/2} \leqslant \frac{Mg}{\alpha} \quad \text{oder} \quad M \geqslant \sqrt{\frac{kT\alpha}{g^2}}. \tag{6}$$

7.11 Man gehe zur Berechnung der spezifischen Wärme von Graphit, das eine stark anisotrope Kristallstruktur besitzt, von dem folgenden stark vereinfachten Modell aus. Jedes Kohlenstoffatom im Kristallgitter kann einfache harmonische Schwingungen in drei Dimensionen durchführen. Die rücktreibenden Kräfte in Richtungen parallel zu einer Schichtebene sind sehr groß: folglich sind die Grundfrequenzen der in einer Schichtebene stattfindenden Schwingungen in zueinander senkrechte Richtungen beide einem Wert $\omega_{\parallel}$ gleich, der so groß ist, daß $\hbar\omega_{\parallel} \gg 300$ Kk. Andererseits ist die rücktreibende Kraft senkrecht zu einer Schichtebene sehr klein, so daß die zu dieser Richtung gehörende Schwingungsfrequenz $\omega_{\perp}$ so klein ist, daß $\hbar\omega_{\perp} \ll 300$ Kk. Man bestimme auf der Grundlage dieses Modells die molare spezifische Wärme (bei konstantem Volumen) von Graphit bei 300 K (Raumtemperatur).

7.11 Da die Wahrscheinlichkeit für die Anregung des n-ten Quantenzustands beim harmonischen Oszillator proportional zu $e^{-\frac{n\hbar\omega}{kT}}$ ist, folgt aus der Bedingung

$$\hbar\omega_{\parallel} \gg 300 \text{ Kk}, \tag{1}$$

daß die beiden parallelen Schwingungskomponenten praktisch nicht angeregt sind, während die senkrechte Schwingungskomponente wegen

$$\hbar\omega_{\perp} \ll 300 \text{ Kk} \tag{2}$$

durchaus merklich angeregt ist. Bei der Energieberechnung können deshalb die von den parallelen Schwingungskomponenten herrührenden Beiträge vernachlässigt werden. Für die somit allein relevante senkrechte Schwingungskomponente darf aber wegen (2) die klassische Näherung und damit der Gleichverteilungssatz angewandt werden, so daß sich für die mittlere Energie pro Mol (näherungsweise) ergibt

$$\bar{E} = \sum_{i=1}^{N_A} \frac{\overline{p_i^2}}{2m} + \frac{m}{2}\overline{\omega_\perp^2 x_i^2}$$

$$= N_A kT \tag{3}$$

und damit

$$C = \frac{\partial \bar{E}}{\partial T} = N_A k = R. \tag{4}$$

7.12 Man betrachte einen Festkörper der Kompressibilität κ und nehme an, daß die Atome dieses Festkörpers in einem regulären kubischen Gitter mit der Gitterkonstanten a angeordnet sind. Man nehme ferner an, daß eine rücktreibende Kraft $-c\Delta a$ auf ein gegebenes Atom wirkt, wenn dieses um eine Strecke Δa von seinem nächsten Nachbarn entfernt wird.

a) Man gebe auf einfache Weise eine Näherungsbeziehung zwischen der Federkonstanten c und der Kompressibilität κ des Festkörpers an. (Man betrachte dazu die Kraft, die notwendig ist, um eine Seitenlänge des würfelförmigen Festkörpers um einen geringen Betrag zu verkleinern.)

b) Man schätze grob die Größenordnung der Einsteintemperatur Θ_E für Kupfer (Atomgewicht 63,5) ab, indem man von einer einfachen kubischen Gitterstruktur, einer Dichte von 8,9 g cm^{-3} und einer Kompressibilität von $4{,}5 \cdot 10^{-7}$ bar^{-1} ausgeht.

7.12 a) Es soll grob der Zusammenhang zwischen der meßbaren Gitterkonstanten a, der meßbaren Kompressibilität κ und der i.a. unbekannten Federkonstanten c ermittelt werden. Dazu wird ein Würfel mit der Seitenlänge a betrachtet. Um die Länge einer Seite um Δa zu verkleinern, d.h. um ein Atom in einer Entfernung Δa von seiner Gleichgewichtslage zu halten, ist die Kraft $c\Delta a$ erforderlich. Dieser Kraft entspricht der Druck

$$\Delta p = c\Delta a/a^2, \tag{1}$$

wenn die gesamte, durch vier Atome definierte Seitenfläche um Δa verschoben wird. Die zugehörige Volumenänderung ist

$$\Delta V = -a^2 \Delta a. \tag{2}$$

Damit ergibt sich

$$\kappa = -\frac{1}{V}\frac{\Delta V}{\Delta p} = -\frac{1}{a^3}\left(\frac{-a^2\Delta a}{c\Delta a/a^2}\right) = \frac{a}{c}. \tag{3}$$

b) Die Einstein-Temperatur ist durch

$$\theta_E = \hbar\omega/k \tag{4}$$

gegeben. Mit der aus der elementaren Mechanik bekannten Beziehung

$$\omega = \sqrt{c/m}, \tag{5}$$

in der m die Atommasse bedeutet, und mit (3) geht (4) über in

$$\theta_E = \frac{\hbar}{k}\sqrt{\frac{c}{m}} = \frac{\hbar}{k}\sqrt{\frac{a}{m\kappa}}. \tag{6}$$

Die hier auftretenden unbekannten Größen (Gitterkonstante a, Atommasse m) lassen sich durch die angegebenen Daten und die Avogadrokonstante N_A ausdrücken. Da das Volumen pro Atom gleich $\mu/\rho N_A$ ist (μ: molare Masse, ρ: Dichte), gilt näherungsweise (auf Zahlenfaktoren kommt es hier nicht an)

$$a = \left(\frac{\mu}{\rho N_A}\right)^{1/3} = \left(\frac{63.5}{(8.9)\,(6\cdot 10^{23})}\right)^{1/3} \text{cm} = 2.3\cdot 10^{-8}\ \text{cm}. \tag{7}$$

Dieses Ergebnis in (6) eingesetzt ergibt dann mit dem für

$$m = \mu/N_A \tag{8}$$

sich ergebenden Wert die Abschätzung

$$\theta_E \approx 150\ \text{K}. \tag{9}$$

7.14 Man betrachte ein System mit N_0 schwach wechselwirkenden, magnetischen Atomen pro Volumeneinheit bei einer Temperatur T und beschreibe das System *klassisch.* Jedes einzelne magnetische Moment μ kann dann mit einer vorgegebenen z-Richtung einen beliebigen Winkel θ bilden. Bei Abwesenheit eines Magnetfeldes ist die Wahrscheinlichkeit dafür, daß dieser Winkel zwischen θ und $\theta + d\theta$ liegt, einfach zum zugehörigen Raumwinkel $2\pi \sin\theta\, d\theta$ proportional. Bei vorhandenem Magnetfeld **H** in z-Richtung muß diese Wahrscheinlichkeit darüberhinaus noch zum Boltzmannfaktor $e^{-\beta E}$ proportional sein, wobei E die magnetische Energie des Momentes μ ist. Man benutze dieses Ergebnis, um den klassischen Ausdruck für das mittlere magnetische Moment $\overline{M_z}$ dieser N_0 Atome zu berechnen.

7.14 Die Energie des magnetischen Moments μ im Magnetfeld **H** ist

$$E = -\boldsymbol{\mu}\cdot\mathbf{H} = -\mu H\cos\theta, \tag{1}$$

wobei θ der Winkel zwischen der Richtung des Moments und der Richtung der z-Achse ist (Polarwinkel). Die Wahrscheinlichkeit dafür, daß dieser Polarwinkel im Intervall zwischen θ und $\theta + d\theta$ liegt, ist (nach der kanonischen Verteilung) proportional zum zugehörigen Boltzmannfaktor und zur Größe des zugehörigen Raumwinkels (bei einer ausführlichen Herleitung dieses Ergebnisses müßte man, ähnlich wie in Aufgabe 6.9, zunächst von der Wahrscheinlichkeitsverteilung im Phasenraum ausgehen und dann zum Ortsraum übergehen, dem eine andere Metrik entspricht):

$$P(\theta)\,d\theta \propto e^{\beta\mu H\cos\theta}\,\sin\theta\,d\theta. \tag{2}$$

Für die Magnetisierung folgt damit

$$\overline{M}_z = N_0\overline{\mu}_z = \frac{N_0\int_0^\pi e^{\beta\mu H\cos\theta}\sin\theta\,d\theta(\mu\cos\theta)}{\int_0^\pi e^{\beta\mu H\cos\theta}\sin\theta\,d\theta}$$

bzw.

$$\overline{M}_Z = \frac{N_0}{H}\frac{\partial}{\partial\beta}\ln\int_0^\pi e^{\beta\mu H\cos\theta}\sin\theta\,d\theta = \frac{N_0}{H}\frac{\partial}{\partial\beta}\ln\frac{e^{\beta\mu H}-e^{-\beta\mu H}}{\beta\mu H}$$

$$= \frac{N_0}{H}\frac{\partial}{\partial\beta}\ln\frac{2\sinh\beta\mu H}{\beta\mu H} = \frac{N_0}{H\beta\sinh\beta\mu H}[\mu H\beta\cosh\beta\mu H - \sinh\beta\mu H]$$

$$= N_0\mu\left[\coth\beta\mu H - \frac{1}{\beta\mu H}\right]. \tag{3}$$

7.20 Ein ideales, einatomiges Gas befindet sich bei einer Raumtemperatur T im thermischen Gleichgewicht, so daß seine molekulare Geschwindigkeitsverteilung durch die Maxwellverteilung gegeben ist.

a) Wenn v den Geschwindigkeitsbetrag eines Moleküls bezeichnet, wie groß ist dann $\overline{(1/v)}$? Man vergleiche dies mit $1/\overline{v}$.

b) Man bestimme die mittlere Anzahl der Moleküle pro Volumeneinheit, deren Energien im Bereich zwischen ϵ und $\epsilon + d\epsilon$ liegen.

7.20 a) Mit der für den Geschwindigkeitsbetrag gültigen Maxwellverteilung erhält man

$$\overline{(1/v)} = \frac{1}{n}\int_0^\infty \frac{F(v)}{v}\,dv = \int_0^\infty 4\pi\left(\frac{m}{2\pi kT}\right)^{3/2} v e^{-\frac{mv^2}{2kT}}\,dv = \left(\frac{2m}{\pi kT}\right)^{1/2}. \tag{1}$$

Wegen

$$\overline{v} = \left(\frac{8}{\pi}\frac{kT}{m}\right)^{1/2}, \tag{2}$$

gilt somit

$$\frac{\overline{(1/v)}}{(1/\overline{v})} = \frac{4}{\pi} = 1{,}27. \tag{3}$$

b) Da die (rein kinetische) Energie eines Moleküls durch

$$\epsilon = \frac{1}{2}mv^2 \tag{4}$$

gegeben ist, gilt

$$v^2 = 2\epsilon/m \quad \text{und} \quad dv = d\epsilon/\sqrt{2m\epsilon} \tag{5}$$

Einsetzen der Beziehungen (5) in die Maxwellverteilung für den Geschwindigkeitsbetrag liefert dann

$$F(\epsilon)\,d\epsilon = 2\pi n(\pi kT)^{-\frac{3}{2}}\,\epsilon^{1/2}\,e^{-\frac{\epsilon}{kT}}\,d\epsilon. \tag{6}$$

7.21 Wie groß ist die wahrscheinlichste kinetische Energie $\tilde{\epsilon}$ von Molekülen mit einer Maxwellschen Geschwindigkeitsverteilung? Ist sie gleich ½ $m\tilde{v}^2$, wobei $\tilde{v}$ die wahrscheinlichste Geschwindigkeit der Moleküle ist?

7.21 Der wahrscheinlichste Energiewert ergibt sich aus der Bedingung

$$\frac{dF(\epsilon)}{d\epsilon} = 0, \tag{1}$$

wo $F(\epsilon)$ die in Aufg. 7.20 berechnete Verteilungsfunktion für die (kinetische) Energie ist. Mit dem Ergebnis (6) aus 7.20 ergibt (1)

$$\frac{1}{2}\,\tilde{\epsilon}^{-1/2}\,e^{-\frac{\tilde{\epsilon}}{kT}} - \frac{\tilde{\epsilon}^{1/2}}{kT}\,e^{-\frac{\tilde{\epsilon}}{kT}} = 0 \tag{2}$$

oder

$$\tilde{\epsilon} = \frac{1}{2}\,kT. \tag{3}$$

Der wahrscheinlichste Geschwindigkeitsbetrag ist

$$\tilde{v} = (2kT/m)^{1/2}, \tag{4}$$

so daß mit (3) folgt

$$\frac{1}{2}m\tilde{v}^2 = kT = 2\tilde{\epsilon}. \tag{5}$$

7.22 Ein aus Atomen der Masse m bestehendes Gas wird im Innern eines Behälters auf der absoluten Temperatur T gehalten. Die Atome emittieren Licht., welches durch ein Fenster im Behälter (in x-Richtung) austritt und als Spektrallinie in einem Spektroskop beobachtet werden kann. Ein ruhendes Atom würde Licht einer ganz bestimmten Frequenz ν_0 emittieren. Aber bei einem mit der Geschwindigkeit v_x in x-Richtung bewegten Atom wird aufgrund des Dopplereffektes nicht einfach die Frequenz ν_0, sondern die näherungsweise durch

$$\nu = \nu_0\left(1 + \frac{v_x}{c}\right)$$

gegebene Frequenz beobachtet, wobei c die Lichtgeschwindigkeit ist. Demzufolge hat nicht alles Licht, das im Spektroskop ankommt, die Frequenz ν_0, sondern dieses ist charakterisiert durch eine bestimmte Intensitätsverteilung $I(\nu)\,d\nu$, welche den Bruchteil der Lichtintensität angibt, der im Frequenzbereich zwischen ν und $\nu + d\nu$ liegt. Man berechne

a) die mittlere Frequenz $\bar{\nu}$, die im Spektroskop beobachtet wird.

b) Die mittlere quadratische Abweichung $(\Delta\nu)_{rms} = [\overline{(\nu - \bar{\nu})^2}]^{1/2}$ der im Spektroskop beobachteten Frequenz vom Mittel.

c) Die relative Intensitätsverteiling $I(\nu)d\nu$ des im Spektroskop beobachteten Lichts.

7.22 a) Für die mittlere Frequenz erhält man wegen $\bar{v}_x = 0$ unmittelbar

$$\bar{\nu} = \nu_0 \left(1 + \frac{\bar{v}_x}{c}\right) = \nu_0 . \tag{1}$$

b) Für die mittlere quadratische Abweichung der Frequenz von ihrem Mittelwert gilt zunächst

$$(\Delta\nu)_{rms} = [\overline{(\nu - \bar{\nu})^2}\,]^{1/2} = [\overline{\nu^2} - \bar{\nu}^2\,]^{1/2} \tag{2}$$

Der Mittelwert des Frequenzquadrates

$$\overline{\nu^2} = \nu_0^2 \left(1 + \frac{2\bar{v}_x}{c} + \frac{\overline{v_x^2}}{c^2}\right) \tag{3}$$

ergibt sich wegen $\bar{v}_x = 0$ (Symmetrie!) und $\overline{v_x^2} = kT/m$ (Gleichverteilungssatz!) zu

$$\overline{\nu^2} = \nu_0^2 \left(1 + \frac{kT}{mc^2}\right), \tag{4}$$

so daß man mit (1) aus (2) das Ergebnis erhält

$$(\Delta\nu)_{rms} = \left(\nu_0^2 + \frac{kT}{mc^2}\,\nu_0^2 - \nu_0^2\right)^{1/2} = \frac{\nu_0}{c}\left(\frac{kT}{m}\right)^{1/2}. \tag{5}$$

c) Die Intensitätsverteilung $I(\nu)\,d\nu$ ist proportional zur mittleren Anzahl der Moleküle, die eine Frequenz im Intervall zwischen ν und $\nu + d\nu$ ausstrahlen. Letztere ergibt sich wegen

$$\nu = \nu_0 \left(1 + \frac{v_x}{c}\right) \tag{6}$$

durch Einsetzen von

$$v_x = \frac{c}{\nu_0}\,(\nu - \nu_0) \tag{7}$$

in die (Maxwellsche) Verteilung für die Geschwindigkeitskomponente in x-Richtung, so daß man insgesamt erhält

$$I(\nu)\,d\nu = I_0 \exp\left(-\frac{mc^2\,(\nu - \nu_0)^2}{2kT\,\nu_0^2}\right) d\nu, \tag{8}$$

wobei I_0 die Intensität bei $\nu = \nu_0$ ist.

7.23 Bei einem Molekularstrahlexperiment dient eine Röhre als Quelle, die Wasserstoff unter einem Druck $\bar{p}_s = 1{,}95 \cdot 10^{-4}$ bar und bei einer Temperatur $T = 300$ K enthält. In der Röhrenwand befindet sich ein Schlitz von 20 mm · 0,025 mm, der in einen hoch evakuierten Raum führt. Gegenüber von diesem Schlitz befindet sich in einer Entfernung von einem Meter ein zweiter Schlitz, der zum ersten genau parallel ist und dieselben Ausmaße hat wie jener. Dieser Schlitz ist in die Wand eines kleinen, als Detektor fungierenden Behälter eingeritzt, in dem der Druck $\overline{p_d}$ gemessen werden kann.

a) Wie viele H_2-Moleküle verlassen pro Sekunde den Schlitz der Quelle?

b) Wie viele H_2-Moleküle gelangen pro Sekunde durch den Schlitz des Detektors?

c) Wie hoch ist der Druck $\overline{p_d}$ in der Detektorkammer, wenn sich ein stationärer Zustand eingestellt hat, so daß $\overline{p_d}$ zeitunabhängig ist?

7.23 a) Unter den angegebenen Voraussetzungen stellt das Ausströmen der Gasmoleküle einen Effusionsprozeß dar, so daß die Anzahl der pro Zeiteinheit durch den Schlitz hindurchtretenden Moleküle gleich der Anzahl der pro Zeiteinheit (bei geschlossenem Behälter, d.h. verstopftem Schlitz) auf die Schlitzfläche auftreffenden Moleküle ist. Aus der Maxwellverteilung erhält man für diese Anzahl allgemein

$$Z_0 = \Phi_0 A = \frac{1}{4} n\bar{v}A$$

oder mit

$$\bar{v} = \sqrt{\frac{8}{\pi} \cdot \frac{kT}{m}}, \text{ (Maxwellverteilung)}$$

und

$$n = \frac{\bar{p}_s}{kT}, \text{ (Zustandsgleichung)}$$

auch

$$Z_0 = \frac{\bar{p}_s A}{\sqrt{2\pi mkT}}, \tag{1}$$

(m: Molekülmasse, A: Schlitzfläche)

so daß mit den angegebenen Daten

$$Z_0 = 1{,}1 \cdot 10^{18}\ \text{sec}^{-1} \tag{2}$$

wird.

b) Von den durch den Schlitz der Quelle ins Freie gelangenden Molekülen erreichen nur diejenigen den Schlitz des Detektors, deren Geschwindigkeit (praktisch) Normalenrichtung (z-Richtung) besitzt, d.h. die in der Vorwärtsrichtung

$$\theta \leqslant \operatorname{arctg} \frac{h}{2L} = \operatorname{arctg} 10^{-2} \approx 0 \tag{3}$$

(h = 20 mm: Schlitzlänge, L = 1m: Schlitzabstand)

in den Raumwinkel

$$\Omega_d = \int_{\substack{\text{Detektor-}\\\text{schlitz}}} d\Omega \approx \frac{A}{L^2} \tag{4}$$

austreten. Aus der Maxwellverteilung folgt für die mittlere Anzahl der pro Zeiteinheit in den Raumwinkel $d\Omega$ mit Geschwindigkeitsbeträgen zwischen v und v + dv austretenden Moleküle

$$A\Phi(v)d^3v = A[f(v)v\cos\theta]\,[v^2 dv\, d\Omega\,]. \tag{5}$$

Die mittlere Gesamtzahl der pro Zeiteinheit den Detektorschlitz erreichenden Moleküle ergibt sich daher aus (5) durch Integration über alle Geschwindigkeitsbeträge mit

$$\cos\theta \approx 1 \tag{6}$$

und unter Benutzung der Zustandsgleichung

$$\bar{p}_s = nkT \tag{7}$$

zu

$$Z = A \int_{\Omega d} d\Omega \int_0^\infty n\left(\frac{m}{2\pi kT}\right)^{\frac{3}{2}} v^3 e^{-\frac{\beta m v^2}{2}} dv = \frac{A\,\Omega_d \bar{p}_s}{\pi\sqrt{2\pi mkT}}. \tag{8}$$

Einsetzen der angegebenen Daten liefert dann

$$Z = 1{,}7 \cdot 10^{11}\,\text{sec}^{-1}. \tag{9}$$

Durch Vergleich mit (2) folgt daraus, daß nur etwa der zehnmillionste Teil aller austretenden Moleküle den Detektorschlitz erreicht.

c) Im stationären Zustand ist die Anzahl der die Detektorkammer pro Zeiteinheit verlassenden Moleküle gleich der Anzahl der pro Zeiteinheit eintretenden Moleküle.

Aus (8) folgt deshalb unter Benutzung von (1)

$$\frac{A^2 \bar{p}_s}{\pi L^2 \sqrt{2\pi mkT}} = \Phi_d A = \frac{A\bar{p}_d}{\sqrt{2\pi mkT}} \tag{10}$$

oder mit den angegebenen Zahlenwerten

$$\bar{p}_d = \bar{p}_S \frac{A}{\pi L^2} = 3{,}1 \cdot 10^{-8} \text{ mbar}. \tag{11}$$

7.24 Ein dünnwandiges Gefäß mit dem Volumen V, das auf konstanter Temperatur gehalten wird, enthält ein Gas, welches durch ein kleines Loch der Fläche A langsam ausströmt. Der Außendruck ist so niedrig, daß das Rückströmen in das Gefäß vernachlässigbar ist. Welche Zeit verstreicht, bis der Druck in dem Gefäß auf l/e seines ursprünglichen Wertes abgesunken ist? Man drücke das Ergebnis durch A, V und die mittlere Molekülgeschwindigkeit $\bar{v}$ aus

7.24 Die zeitliche Änderung der Anzahl der im Behälter befindlichen Moleküle ist durch (siehe Aufgabe 7.23)

$$\frac{dN}{dt} = -\frac{1}{4} n\bar{v}A \tag{1}$$

gegeben, wobei

$$n = \frac{N}{V} \tag{2}$$

die (zeitabhängige) Anzahldichte der Moleküle im Behälter ist. Auf Grund der Zustandsgleichung

$$pV = NkT \tag{3}$$

ist der Druck p (bei festem Volumen und fester Temperatur) der Molekülzahl N proportional, so daß wegen (2) Gleichung (1) auch in der Form

$$\frac{dp}{dt} = -\frac{\bar{v}A}{4V} p \tag{4}$$

geschrieben werden kann. Die Lösung dieser DGL lautet

$$p(t) = p(0) \exp\left(-\frac{\bar{v}A}{4V} t\right), \tag{5}$$

wobei p(0) der Anfangsdruck ist. Die Zeit $\bar{t}$, die erforderlich ist, damit der Druck auf den Bruchteil

$$p(\bar{t})/p(0) = l/e \tag{6}$$

abfällt, ergibt sich daraus zu

$$\bar{t} = \frac{4V}{\bar{v}A}. \tag{7}$$

7.26 Ein Gefäß ist durch eine poröse Wand abgeschlossen, durch die Gase effundieren und dann in irgendeinen Sammelbehälter abgepumpt werden können. Das Gefäß selbst ist mit einem verdünnten Gas gefüllt, das aus zwei Molekülsorten besteht, die sich darin voneinander unterscheiden, daß es sich bei ihnen um zwei verschiedene Isotope mit den Massen m_1 und m_2 handelt. Die Konzentrationen c_1 und c_2 dieser Moleküle im Gefäß werden dadurch konstant gehalten, daß durch ständige Zufuhr von frischem Gas der Gasvorrat im Gefäß fortwährend aufgefüllt wird.

a) Es seien c_1' und c_2' die Konzentrationen der beiden Molekülsorten in dem Sammelbehälter. Wie groß ist das Verhältnis c_2'/c_1'?

b) Unter Benutzung von UF_6-Gas kann man so versuchen, die Isotope U^{235} und U^{238} voneinander zu trennen, wobei das erste dieser beiden Isotope dasjenige ist, was sich zur Einleitung von Kernspaltungsreaktionen besonders gut eignet. Die Moleküle im Gefäß sind dann $U^{238}F_6^{19}$ und $U^{235}F_6^{19}$. (Die Konzentrationen dieser Moleküle sind entsprechend dem natürlichen Isotopenverhältnis von Uran c_{238} = 99,3 % und c_{235} = 0,7 %.) Man berechne das nach der Effusion der Moleküle im Sammelbehälter zu erwartende Verhältnis c_{235}'/c_{238}' als Funktion des ursprünglichen Konzentrationsverhältnisses c_{235}/c_{238}.

7.26 a) Die Effusionsrate für die i-te Molekülsorte, d.h. die Gesamtzahl der pro Zeit- und Flächeneinheit austretenden Moleküle der i-ten Sorte ist durch (siehe Aufgabe 7.23)

$$\Phi_i = \frac{p_i}{\sqrt{2\pi m_i kT}}, \quad i = 1, 2 \tag{1}$$

gegeben, wobei

$$p_i = n_i kT \tag{2}$$

der Partialdruck der i-ten Gassorte ist. Da einerseits

$$n_i = nc_i \tag{3}$$

und andererseits

$$\frac{c_2'}{c_1'} = \frac{\Phi_2}{\Phi_1} \tag{4}$$

gilt, folgt aus (1) und (2)

$$\frac{c_2'}{c_1'} = \frac{c_2}{c_1}\sqrt{\frac{m_1}{m_2}}. \tag{5}$$

b) Mit den für das konkrete Beispiel angegebenen Zahlenwerten ergibt (5)

$$c_{235}'/c_{238}' = c_{235}/c_{238}\left(\frac{238 + 6 \cdot 19}{235 + 6 \cdot 19}\right)^{1/2} = (c_{235}/c_{238})(1{,}003) = 0{,}007.$$

7.28 Ein Behälter mit dem Volumen V, der ein ideales Gas mit der molaren Masse μ bei der Temperatur T enthält, ist durch eine Trennwand in zwei gleiche Hälften unterteilt. Zu Beginn herrscht auf der linken Seite der Druck $p_1(0)$ und auf der rechten Seite der Druck $p_2(0)$. Anschließend wird durch Öffnen eines Ventils in der Trennwand ein kleines Loch mit der Fläche A freigelegt, durch das die Moleküle hindurcheffundieren können.

a) Man bestimme den Gasdruck $p_1(t)$ auf der linken Seite des Behälters als Funktion der Zeit.

b) Um welchen Betrag ΔS hat sich die Entropie des gesamten Gases geändert, nachdem sich wieder ein Gleichgewichtszustand eingestellt hat?

7.28 a) Für die zeitliche Änderung der Teilchenzahl auf der linken Seite gilt zunächst

$$\frac{dN_1(t)}{dt} = \text{(Anzahl eintretender Teilchen/sec)} - \text{(Anzahl austretender Teilchen/sec.)}$$

Da die Effusionsrate (siehe Aufgabe 7.26) durch $\frac{1}{4}n\bar{v}A$ gegeben ist, erhält man daraus

$$\frac{dN_1(t)}{dt} = \frac{A\bar{v}}{4V/2}\,[N_2(t) - N_1(t)] = \frac{A\bar{v}}{2V}\,[N - 2N_1(t)], \tag{1}$$

wobei N die Gesamtteilchenzahl ist. Aus der Zustandsgleichung folgt

$$N_1(t) = p_1(t)\,\frac{V}{2kT} \quad \text{und} \quad N_1(0) + N_2(0) = N\,\frac{p_1(0) + p_2(0)}{2}\,\frac{V}{kT}, \tag{2}$$

so daß man aus (1) die folgende DGL erhält

$$\frac{dp_1(t)}{dt} = \frac{A\bar{v}}{2V}\,(\,[p_1(0) + p_2(0)\,] - 2p_1(t)\,). \tag{3}$$

Die zugehörige homogene DGL ist leicht zu integrieren und ein partikuläres Integral von (3) ist

$$p_1(t) = \frac{p_1(0) + p_2(0)}{2}, \tag{4}$$

so daß man insgesamt die Lösung

$$p_1(t) = \frac{p_1(0) + p_2(0)}{2} + \frac{p_1(0) - p_2(0)}{2}\,e^{-\frac{A\bar{v}}{V}t} \tag{5}$$

erhält, die wegen

$$\bar{v} = \sqrt{\frac{8}{\pi}\cdot\frac{kT}{m}} \quad \text{und} \quad \mu = mN_A$$

auch in der Form

$$p_1(t) = \frac{p_1(0) + p_2(0)}{2} + \frac{p_1(0) - p_2(0)}{2}\cdot e^{-\frac{A}{V}\sqrt{\frac{8RT}{\pi\mu}}\cdot t}$$

geschrieben werden kann.

b) Die Anfangsentropie ist

$$S_i = N_1(0)k\left(\ln \frac{V}{2N_1(0)} + \frac{3}{2}\ln T + \sigma_0\right) + N_2(0)k \cdot$$
$$\cdot \ln\left(\frac{V}{2N_2(0)} + \frac{3}{2}\ln T + \sigma_0\right) \qquad (6)$$

Im Endzustand, wenn sich Gleichgewicht eingestellt hat, gilt

$$N_1 = N_2 = \frac{N}{2}, \qquad (7)$$

so daß

$$S_f = Nk(\ln \frac{V}{N} + \frac{3}{2}\ln T + \sigma_0). \qquad (8)$$

Aus (6) und (8) folgt dann mit (2)

$$\Delta S = S_f - S_i$$
$$= \left(\frac{p_1(0) + p_2(0)}{2}\right)\frac{V}{T}\ln\left(\frac{2kT}{p_1(0) + p_2(0)}\right) - \frac{p_1(0)}{2}\frac{V}{T}\ln\frac{kT}{p_1(0)} -$$
$$- \frac{p_2(0)}{2}\frac{V}{T}\ln\frac{kT}{p_2(0)} \qquad (9)$$
$$= \frac{V}{2T}\left[p_1(0)\ln\left(\frac{2p_1(0)}{p_1(0) + p_2(0)}\right) + p_2(0)\ln\left(\frac{2p_2(0)}{p_1(0) + p_2(0)}\right)\right]$$

7.31 Ein Behälter, in dem sich Gas unter einem Druck $\bar{p}$ befindet, enthält in seiner Wand ein kleines Loch der Fläche A, durch das Gasmoleküle in ein umgebendes Vakuum effundieren können. In diesem Vakuum ist direkt vor dem Loch in einer Entfernung L eine kreisförmige Scheibe mit dem Radius R aufgehängt. Diese ist so orientiert, daß ihre Flächennormale genau auf das Loch zeigt (siehe Abbild). Man nehme an, daß die Moleküle im Effusionsstrahl an dieser Scheibe elastisch gestreut werden, und berechne damit die Kraft, die von dem Molekularstrahl auf die Scheibe ausgeübt wird.

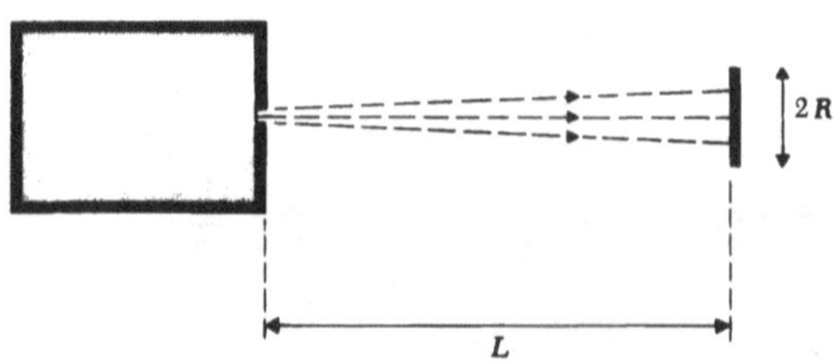

Abb. 7.31.1:

7.31 Als z-Richtung wird die äußere Normalenrichtung der Behälteröffnung gewählt. Wenn ein Molekül mit der Masse m und der Geschwindigkeitskomponente v_z elastisch an der Scheibe reflektiert wird, so überträgt es auf diese den Impuls

$$\Delta p_z = 2mv_z = 2mv \cos\theta. \tag{1}$$

Um den insgesamt von den Molekülen in der Zeitspanne dt auf die Scheibe übertragenen Impuls zu erhalten, hat man zunächst (1) mit der durch (siehe Aufgabe 7.23)

$$A\Phi(v)\, d^3v\, dt = Af(v)\, v \cos\theta\, v^2 \sin\theta\, dv\, d\theta\, d\varphi\, dt \tag{2}$$

gegebenen Anzahl der Moleküle zu multiplizieren, die mit Geschwindigkeiten aus dem Bereich

$$\varphi \cdots \varphi + d\varphi, \quad \theta \cdots \theta + d\theta, \quad v \cdots v + dv \tag{3}$$

während der Zeit dt den Behälter verlassen, und muß dann anschließend diesen Ausdruck über alle in Frage kommenden Geschwindigkeiten integrieren. Da nur solche Moleküle die Scheibe erreichen können, die in das durch den Öffnungswinkel

$$2\theta_0 = 2 \operatorname{arctg} \frac{R}{L} \tag{4}$$

gegebene kreiskegelförmige Raumgebiet austreten, gilt somit

$$dP_z = 2mA \int_0^\infty \int_0^{\theta_0} \int_0^{2\pi} f(v)\, v^4 \cos^2\theta \sin\theta\, dv\, d\theta\, d\varphi\, dt. \tag{5}$$

Die auf die Platte ausgeübte Kraft ist durch die zeitliche Änderung des auf sie übertragenen Impulses gegeben, so daß man aus (5) schließlich erhält

$$\begin{aligned} F = \frac{dP_z}{dt} &= 2mA \int_0^{2\pi} d\varphi \int_0^{\theta_0} \cos^2\theta \sin\theta\, d\theta \int_0^\infty f(v)\, v^4\, dv \\ &= 4\pi mA \left(-\frac{1}{3}\cos^3\theta\right)\Bigg|_0^{\theta_0} \int_0^\infty f(v)\, v^4\, dv. \end{aligned} \tag{6}$$

Wegen

$$\int_0^\infty f(v)\, v^4\, dv = \frac{n\overline{v^2}}{4\pi} \tag{7}$$

kann dafür auch geschrieben werden

$$\begin{aligned} F &= \frac{1}{3} nm\overline{v^2} A \left(-\frac{1}{3}\cos^3\theta\right)\Bigg|_0^{\theta_0} \\ &= \frac{1}{3} nm\overline{v^2} A \left[1 - \cos^3\left(\operatorname{arctg} \frac{R}{L}\right)\right] \end{aligned} \tag{8}$$

oder mit der aus dem Gleichverteilungssatz und der Zustandsgleichung folgenden Beziehung

$$\frac{1}{3}\,nm\overline{v^2} = nkT = \bar{p} \tag{9}$$

schließlich

$$F = \bar{p}A\left[1 - \cos^3\left(\operatorname{arctg}\frac{R}{L}\right)\right]. \tag{10}$$

8. Gleichgewicht zwischen Phasen oder chemischen Verbindungen

8.1 Aus einer homogenen Substanz (z.B. einer Flüssigkeit oder einem Gas) der absoluten Temperatur T_0 und dem Druck p_0 betrachte man einen kleinen Teil mit der Masse M. Dieser kleine Teil sei mit der übrigen Substanz im Gleichgewicht; er sei so groß, daß man ihn als makroskopisch behandeln und durch ein Volumen V und eine Temperatur T charakterisieren kann. Man berechne die Wahrscheinlichkeit $P(V,T)\,dV\,dT$ dafür, daß das Volumen dieses Teils zwischen V und V + dV und seine Temperatur zwischen T + dT liegt. Die Antwort ist durch die Kompressibilität κ, die Dichte p_0 und die spezifische Wärme pro Gramm c_v der Substanz auszudrücken.

8.1 Für den herausgegriffenen kleinen Teil der Masse M mit der Temperatur T und dem Volumen V stellt das umgebende Medium ein Reservoir der Temperatur T_0 und mit dem Druck p_0 dar, mit dem er Wärme und mechanische Energie austauschen kann. Dabei bleiben p_0 und T_0 konstant, da das Reservoir sehr viel größer als das kleine Teilsystem ist. Werden die Temperatur T und das Volumen V des Teilsystems und ΔT bzw. ΔV geändert, so ändert sich die Entropie $S^{(0)}$ des abgeschlossenen Gesamtsystems (Teilsystem + Reservoir) um

$$\Delta S^{(0)} = -\frac{\Delta G_0}{T_0} \tag{1}$$

wobei

$$G_0 \equiv \bar{E} - T_0 S + p_0 V \tag{2}$$

ist und sich $\bar{E}$, S und V auf das Teilsystem beziehen. Befindet sich das Gesamtsystem und entsprechend das kleine Teilsystem mit dem großen Rest im Gleichgewicht, so hat $S^{(0)}$ ein Maximum $S^{(0)}_{max}$ und G_0 ein Minimum $G_{0,min}$.

Die Wahrscheinlichkeit $P(T,V)\,dT\,dV$ dafür, daß das Volumen des Teilsystems zwischen V, V + dV und die Temperatur T zwischen T, T + dT liegt, ist proportional zur Anzahl der zugänglichen Zustände des Gesamtsystems:

$$P(T,V)\,dT\,dV \sim e^{\frac{S^{(0)}}{k}}\,dT\,dV.$$

Wählt man den Gleichgewichtszustand des Gesamtsystems als Bezugszustand, in dem man rechts den von T und V unabhängigen Faktor $e^{-\frac{S^{(0)}_{max}}{k}}$ hinzufügt, dann gilt wegen (1)

$$\Delta S^{(0)} = S^{(0)} - S^{(0)}_{max} = -\frac{\Delta G_0}{T_0} = -\frac{(G_0 - G_{0,\,min})}{T_0}$$

und man erhält

$$P(T, V)\, dT\, dV \sim e^{-\frac{G_0 - G_{0,\,min}}{kT_0}}\, dT\, dV. \tag{3}$$

Zur Beschreibung der Schwankungen von V und T um die noch zu ermittelnden Gleichgewichtswerte $\tilde{V}, \tilde{T}$ ($G_{0,\,min} = G_0(\tilde{V}, \tilde{T})$) entwickelt man $G_0(V, T)$ um das Minimum:

$$\begin{aligned} G_0(V,T) = G_0(\tilde{V},\tilde{T}) &+ \left(\frac{\partial G_0}{\partial V}\right)_T (V-\tilde{V}) + \left(\frac{\partial G_0}{\partial T}\right)_V (T-\tilde{T}) \\ &+ \frac{1}{2}\left(\frac{\partial^2 G_0}{\partial V^2}\right)_T (V-\tilde{V})^2 + \left(\frac{\partial^2 G_0}{\partial V \partial T}\right)(V-\tilde{V})(T-\tilde{T}) \\ &+ \frac{1}{2}\left(\frac{\partial^2 G_0}{\partial T^2}\right)_V (T-\tilde{T})^2. \end{aligned} \tag{4}$$

Zur Berechnung der bei $\tilde{T}, \tilde{V}$ genommenen Ableitungen, geht man von dG_0 aus, das man mit (2) und der fundamentalen Beziehung

$$T dS = d\bar{E} + \bar{p}\, dV, \tag{5}$$

wobei $\bar{p}$ der im Teilsystem herrschende Druck ist, erhält:

$$\begin{aligned} dG_0(V,T) &= (T - T_0)\, dS + (p_0 - \bar{p})\, dV \\ &= \left\{(T-T_0)\left(\frac{\partial S}{\partial V}\right)_T + (p_0 - \bar{p})\right\} dV \\ &\quad + (T-T_0)\left(\frac{\partial S}{\partial T}\right)_V dT. \end{aligned} \tag{6}$$

Daraus folgt:

$$\left(\frac{\partial G_0}{\partial V}\right)_T = (T-T_0)\left(\frac{\partial S}{\partial V}\right)_T + (p_0 - \bar{p}) \tag{7 a}$$

$$\left(\frac{\partial G_0}{\partial T}\right)_V = (T-T_0)\left(\frac{\partial S}{\partial T}\right)_V \tag{7 b}$$

und aus (7 a):

$$\left(\frac{\partial^2 G_0}{\partial V^2}\right)_T = (T-T_0)\left(\frac{\partial^2 S}{\partial V^2}\right)_T - \left(\frac{\partial \bar{p}}{\partial V}\right)_T \tag{7 c}$$

und aus (7 b)

$$\frac{\partial^2 G_0}{\partial V \partial T} = (T-T_0)\frac{\partial^2 S}{\partial V \partial T} \tag{7 d}$$

$$\left(\frac{\partial^2 G_0}{\partial T^2}\right)_V = (T-T_0)\left(\frac{\partial^2 S}{\partial T^2}\right)_V + \left(\frac{\partial S}{\partial T}\right)_V. \tag{7 e}$$

Da für $\tilde{V}$, $\tilde{T}$ ein Gleichgewichtszustand vorliegen soll, d.h., G_0 ein Minimum haben soll, müssen die ersten Ableitungen (7 a), (7 b) an dieser Stelle verschwinden. Diese Bedingung führt auf ein lineares Gleichungssystem für $(\tilde{T} - T_0)$ und $(p_0 - \bar{p})$, das unter der Bedingung $\left(\frac{\partial S}{\partial T}\right)_V = \frac{1}{T} C_V \neq 0$ die eindeutige Lösung

$$\tilde{T} = T_0; \quad \bar{p} = p_0 \tag{8}$$

hat, d.h., das Teilsystem muß mit seiner Umgebung im thermischen und mechanischen Gleichgewicht sein. Da außerdem für das Teilsystem die gleiche Zustandsgleichung wie für die Umgebung gilt, muß die Dichte wegen (8) in beiden gleich sein. Infolgedessen gilt

$$\tilde{V} = \frac{M}{\rho_0} \tag{9}$$

wenn M die Masse des Teilsystems und ρ_0 die Dichte der homogenen Substanz ist.

Wegen $\tilde{T} = T_0$ vereinfachen sich die zweiten Ableitungen beträchtlich. Wenn man mit Hilfe von (5) noch anstelle von

$$\left(\frac{\partial S}{\partial T}\right)_V = \frac{1}{T}\left(\frac{\partial \bar{E}}{\partial T}\right)_V = \frac{1}{T} C_V$$

die Wärmekapazität C_V bei konstantem Volumen des Teilsystems und anstelle von

$$-\left(\frac{\partial \bar{p}}{\partial V}\right)_T = \frac{1}{V\kappa}$$

die isotherme Kompressibilität κ einführt, so erhält man für $\tilde{T} = T_0$ und $\tilde{V} = M/\rho_0$

$$\frac{\partial^2 G_0}{\partial V \partial T} = 0 \tag{10a}$$

$$\left(\frac{\partial^2 G_0}{\partial V^2}\right)_T = \frac{\rho_0}{M\kappa} \tag{10b}$$

$$\left(\frac{\partial^2 G_0}{\partial T^2}\right)_V = \frac{1}{T_0} C_V . \tag{10c}$$

Die Bedingung

$$\left(\frac{\partial^2 G_0}{\partial V^2}\right)_T, \left(\frac{\partial^2 G_0}{\partial T^2}\right)_V > 0$$

daß G_0 bei T_0 und $V = M/\rho_0$ ein echtes Minimum hat, führt auf die bekannten Stabilitätsbedingungen κ, $C_V > 0$.

Führt man noch die Wärmekapazität pro Masseneinheit

$$c_V = \frac{C_V}{M}$$

ein, so erhält man nach Einsetzen von (10) in (4) unter Berücksichtigung von (8) und (9) aus (3) die gesuchte Wahrscheinlichkeit

$$P(V, T)\,dV\,dT = A \exp\left[-\frac{Mc_V}{2kT_0^2}(T-T_0)^2 - \frac{\rho_0}{2M\kappa kT_0}(V-M/\rho_0)^2\right] dV\,dT$$

Die Konstante A bestimmt man durch die Normierung der Wahrscheinlichkeitsdichte $P(V, T)$:

$$A = \frac{1}{2\pi}\left(\frac{C_V\rho_0}{\pi k^2 T_0^3}\right)^{1/2}.$$

8.3 Eine einfache Substanz mit dem Molekulargewicht μ hat ihren Tripelpunkt bei der absoluten Temperatur T_0 und dem Druck p_0. Die Dichten der festen und der flüssigen Phase sind an diesem Punkt ρ_s bzw. ρ_l. Der Dampf kann näherungsweise als ideales Gas behandelt werden. Wenn am Tripelpunkt die Steigung der Schmelzkurve durch $(dp/dT)_m$ und die der Verdampfungskurve durch $(dp/dT)_v$ gegeben ist, wie groß ist dann die Steigung der Sublimationskurve $(dp/dT)_s$?

8.3 Nach der Clausius-Clapeyronschen Gleichung

$$\frac{dp}{dT} = \frac{l}{T\Delta v}, \tag{1}$$

wobei v das jeweilige Molvolumen sein soll, gilt für die Steigung der Sublimationskurve am Tripelpunkt

$$\left(\frac{dp}{dT}\right)_s = \frac{l_s}{T_0(v_{gas} - v_{fest})} = \frac{l_m + l_v}{T_0(v_{gas} - v_{fest})} \tag{2 a}$$

wobei l_s die latente Sublimationswärme ist. Sie ist gleich der Summe aus der latenten Schmelzwärme l_m und der Verdampfungswärme l_v, für die wiederum nach (1) am Tripelpunkt gilt:

$$l_m = \left(\frac{dp}{dT}\right)_m T_0(v_{fl.} - v_{fest}) \tag{2 b}$$

$$l_v = \left(\frac{dp}{dT}\right)_v T_0(v_{gas} - v_{fl}). \tag{2 c}$$

Ersetzt man in (2 b), (2 c)

$$\begin{aligned} v_{gas} &= \frac{RT_0}{p_0} \\ v_{fest} &= \mu/\rho_s \\ v_{fl} &= \mu/\rho_l \end{aligned} \tag{3}$$

so erhält man aus (2 a) die Beziehung

$$\left(\frac{dp}{dT}\right)_s = \left(\frac{RT_0}{p_0} - \mu/\rho_s\right)^{-1} \left\{\left(\frac{dp}{dT}\right)_m \mu\left(\frac{1}{\rho_l} - \frac{1}{\rho_s}\right) + \left(\frac{dp}{dT}\right)_v \left(\frac{RT_0}{p_0} - \frac{\mu}{\rho_l}\right)\right\} \quad (4)$$

8.5 Flüssiges Helium siedet bei einer Temperatur T_0 (4,2 K), wenn sein Dampfdruck p_0 = 1 at = 9,80665 · 10^4 Pa ist. Die molare Verdampfungswärme L ist näherungsweise druck- und temperaturunabhängig. Die Flüssigkeit ist in einem Dewar-Gefäß, das sie thermisch von der Umgebung mit Zimmertemperatur isolieren soll. Da die Isolation nicht ideal ist, erreicht eine Wärmemenge Q pro Sekunde die Flüssigkeit und verdampft ein wenig davon. (Dieser Wärmefluß Q ist im wesentlichen konstant, unabhängig davon, ob die Flüssigkeitstemperatur kleiner oder gleich T_0 ist.) Um niedrige Temperaturen zu erreichen, kann man den Dampfdruck des He über der Flüssigkeit durch Absaugen des Dampfes mittels einer Pumpe (bei Zimmertemperatur T_r) reduzieren. (Bis zum Erreichen der Pumpe hat sich der Heliumdampf auf Zimmertemperatur aufgewärmt.) Die Pumpe hat eine maximale Pumpgeschwindigkeit, insoweit, als sie ein konstantes Gasvolumen V pro Sekunde entfernt, unabhängig vom Gasdruck. (Das ist eine charakteristische Eigenschaft der üblichen mechanischen Pumpen, die einfach bei jeder Umdrehung ein festes Volumen mit Gas „wegnehmen".)

a) Man berechne den minimalen Dampfdruck p_m, den die Pumpe über der Flüssigkeit aufrecht zu erhalten in der Lage ist, wenn der Wärmezufluß Q ist.

b) Wenn die Flüssigkeit auf diese Weise beim Druck p_m im Gleichgewicht mit ihrem Dampf gehalten wird, berechne man näherungsweise ihre entsprechende Temperatur T_m.

8.5 a) Durch die Zuführung der Wärmemenge Q pro Sekunde entstehen

$$\dot{\nu}_{ein} = \frac{Q}{L} \quad (1)$$

Mole gasförmiges Helium.

Nimmt man an, daß zwischen dem Ansatzstutzen der Pumpe und der Flüssigkeitsoberfläche keine nennenswerte Druckdifferenz, sondern nur ein Temperaturgefälle besteht, so daß der Dampf vor der Pumpe die Temperatur T_r hat, dann folgt aus der Zustandsgleichung, daß die Pumpe maximal

$$\dot{\nu}_{aus} = \frac{p_m V}{RT_r} \quad (2)$$

Mole gasförmigen Heliums pro Sekunde abtransportieren kann.

Da im stationären Zustand $\dot{\nu}_{ein} = \dot{\nu}_{aus}$ gilt, folgt mit (1) und (2) für den minimalen Druck

$$p_m = \frac{QRT_r}{LV}. \quad (3)$$

b) Die Verdampfungskurve von Helium ist gemäß der Clausius-Clapeyronschen Gleichung

$$\frac{dp}{dT} = \frac{L}{T(v_{gas} - v_{fl})} \approx \frac{L}{Tv_{gas}}. \tag{4}$$

Mit $v_{gas} = RT/p$ folgt daraus

$$\int_{p_0}^{p_m} \frac{dp}{p} = \frac{L}{R} \int_{T_0}^{T_m} \frac{dT}{T^2}$$

wobei p_0, T_0 ein bekannter Punkt auf der Verdampfungskurve ist, oder

$$\ln \frac{p_m}{p_0} = \frac{L}{R}\left(\frac{1}{T_0} - \frac{1}{T_m}\right). \tag{5}$$

Daher gilt

$$\begin{aligned} T_m &= T_0 \left(1 - \frac{RT_0}{L} \ln \frac{p_m}{p_0}\right)^{-1} \\ &= T_0 \left(1 - \frac{RT_0}{L} \ln \frac{RT_r}{p_0} \frac{Q}{LV}\right)^{-1}. \end{aligned} \tag{6}$$

8.7 Die molare latente Wärme des Phasenüberganges (Phase 1 → Phase 2) bei der Temperatur T und dem Druck p ist l. Wie groß ist die latente Wärme dieses Phasenüberganges bei einer um wenig verschiedenen Temperatur (und dem entsprechenden Druck), oder anders ausgedrückt, wie groß ist dl/dT? Man drücke die Antwort aus durch l, die molaren spezifischen Wärmen c_p, die Expansionskoeffizienten α und durch die spezifische Molvolumina v der betreffenden Phasen bei der ursprünglichen Temperatur T und Druck p.

8.7 Differenziert man die molare latente Wärme $l(p, T)$ total nach der Temperatur, so ergibt sich

$$\frac{dl}{dT} = \left(\frac{\partial l}{\partial p}\right)_T \frac{dp}{dT} + \left(\frac{\partial l}{\partial T}\right)_p. \tag{1}$$

Nun ist die molare latente Wärme

$$l = T(s_2 - s_1) \tag{2}$$

wobei s_2, s_1 die molaren Entropien der einzelnen Phasen sind. Daraus erhält man für die partiellen Ableitungen von l:

$$\left(\frac{\partial l}{\partial p}\right)_T = T\left[\left(\frac{\partial s_2}{\partial p}\right)_T - \left(\frac{\partial s_1}{\partial p}\right)_T\right] \tag{3 a}$$

$$\left(\frac{\partial l}{\partial T}\right)_p = (s_2 - s_1) + T\left[\left(\frac{\partial s_2}{\partial T}\right)_p - \left(\frac{\partial s_1}{\partial T}\right)_p\right] \tag{3 b}$$

Es gilt

$$T\left(\frac{\partial s}{\partial T}\right)_p = \left(\frac{\partial h}{\partial T}\right)_p = c_p, \tag{4 a}$$

wobei h die molare Enthalpie und c_p die molare spezifische Wärme ist, und aufgrund der Maxwellschen Beziehung

$$\left(\frac{\partial s}{\partial p}\right)_T = -\left(\frac{\partial v}{\partial T}\right)_p$$

sowie der Definition

$$\alpha = -\frac{1}{v}\left(\frac{\partial v}{\partial T}\right)_p$$

des Expansionskoeffizienten

$$\left(\frac{\partial s}{\partial p}\right)_T = \alpha v. \tag{4 b}$$

Setzt man (4 a), (4 b) in (3 a), (3 b) ein und berücksichtigt (2), so erhält man

$$\left(\frac{\partial l}{\partial p}\right)_T = T(\alpha_2 v_2 - \alpha_1 v_1) \tag{5 a}$$

$$\left(\frac{\partial l}{\partial T}\right)_p = \frac{l}{T} + (c_{p,2} - c_{p,1}). \tag{5 b}$$

Aus der Clausius-Clapeyronschen Gleichung folgt schließlich

$$\frac{dp}{dT} = \frac{l}{T(v_2 - v_1)}.$$

Setzt man dieses und (5 a), (5 b) in (1) ein, so wird

$$\frac{dl}{dT} = \frac{l}{T} + \Delta c_p - \frac{l\Delta(\alpha v)}{\Delta v} \tag{6}$$

wenn man die Abkürzung $\Delta x = x_2 - x_1$ einführt.

8.11 Man betrachte ein klassisches ideales Gas im Gleichgewicht bei der Temperatur T, das sich in einem Behälter des Volumens V in einem homogenen Gravitationsfeld befindet. Die Gravitationsbeschleunigung sei g und in z-Richtung gerichtet.

a) Man berechne das lokale chemische Potential μ eines Volumenelementes eines solchen Gases als Funktion des Druckes p, der Temperatur T und der Höhe z.

b) Man zeige, daß die Forderung, μ solle konstant sein, unmittelbar auf die barometrische Höhenformel führt, die p als Funktion von T und z angibt.

8.11 Es wird ein kleines Teilsystem mit dem festen Volumen ΔV betrachtet, dessen Ausdehnung in z-Richtung so klein ist, daß das Potential mgz eines Teilchens in ihm als konstant angesehen werden kann. Dann ist die Energie eines Teilchens in diesem Teilsystem

$$\epsilon = \frac{m}{2} v^2 + mgz. \tag{1}$$

a) Das chemische Potential des Teilsystems ist

$$\mu = \left(\frac{\partial F}{\partial N}\right)_{\Delta V, T}$$

oder wegen

$$F \equiv -\frac{1}{\beta} \ln Z$$

$$\mu = -\frac{1}{\beta} \frac{\partial \ln Z}{\partial N}. \tag{2}$$

Nun ist

$$\ln Z = \ln Z' - \ln N! \approx \ln Z' - N \ln N + N$$

wobei Z' die klassische Zustandssumme ist, die für ein ideales Gas faktorisiert:

$$Z' = \zeta^N; \quad \zeta = \frac{1}{h_0^3} \int_{\Delta V} \int_{-\infty}^{+\infty} e^{-\beta\epsilon}\, d^3p\, d^3r. \tag{3}$$

ζ ist die Zustandssumme über die Translationsfreiheitsgrade eines Teilchens. Die eventuell hinzukommende Zustandssumme über die inneren Freiheitsgrade eines Teilchens wäre ein nur temperaturabhängiger Faktor, der zu μ einen orts- und druckunabhängigen Term beisteuert, welcher im Rahmen dieser Aufgabe uninteressant ist.

Mit (3) folgt

$$\mu = -\frac{1}{\beta}\left(\ln\zeta - \ln N\right) = -\frac{1}{\beta} \ln \frac{\zeta}{N}. \tag{4}$$

Da der Anteil mgz in (1) im Volumen ΔV als konstant angesehen werden soll, gilt

$$\zeta = e^{-\beta mgz} \frac{\Delta V}{h_0^3} 4\pi \int_0^{+\infty} e^{-\beta \frac{p^2}{2m}} p^2\, dp$$

wenn man noch die Winkelintegration im Impulsraum ausführt. Für das verbleibende Integral erhält man

$$\int_0^{+\infty} e^{-\beta \frac{p^2}{2m}} p^2 dp = \frac{1}{4} \sqrt{\pi} \left(\frac{2m}{\beta}\right)^{3/2}$$

und damit

$$\zeta = e^{-\beta mgz} \Delta V \left(\frac{2\pi m}{h_0^2}\right)^{3/2} (kT)^{3/2} . \tag{5}$$

Unter Verwendung der Zustandsgleichung $p = nkT$ und mit $N/\Delta V = n$ gilt

$$\ln \frac{\zeta}{N} = -\beta mgz - \ln p + \frac{5}{2} \ln kT + \frac{3}{2} \ln \left(\frac{2\pi m}{h_0^2}\right),$$

so daß man für das chemische Potential (4) eines Volumenelementes in der Höhe z

$$\mu(p, T, z) = mgz + kT \ln p - kT\left[\frac{5}{2} \ln kT + \frac{3}{2} \ln \left(\frac{2\pi m}{h_0^2}\right)\right] \tag{6}$$

erhält.

b) Wenn μ für alle Teilsysteme gleich, d.h., unabhängig von z sein soll, muß, da die Temperatur unabhängig von z ist,

$$\frac{d\mu}{dz} = mg + \frac{kT}{p} \frac{dp}{dz} = 0$$

oder

$$\frac{dp}{p} = -\frac{mg}{kT} dz \tag{7}$$

gelten, woraus man durch Aufintegration die barometrische Höhenformel

$$p(z) = p(0)\, e^{-\frac{mgz}{kT}} \tag{8}$$

erhält.

8.12 Bei der festen Temperatur $T = 1200$ K sind die Gase

$$CO_2 + H_2 \rightleftarrows CO + H_2O$$

in einem Gefäß des Volumens V in chemischem Gleichgewicht. Wenn das Volumen des Gefäßes vergrößert wird, wächst dann die relative Konzentration von CO_2, nimmt sie ab oder bleibt sie unverändert?

8.12 Das Massenwirkungsgesetz für die Reaktion

$$CO_2 + H_2 \leftrightarrows CO + H_2O$$

lautet

$$\frac{N_{CO} \cdot N_{H_2O}}{N_{CO_2} \cdot N_{H_2}} = K_N(V, T), \tag{1}$$

wobei N die Anzahl der beteiligten Moleküle ist. Wenn Reaktionspartner und -produkte ideale Gase sind, dann hat die Gleichgewichtskonstante K_N die Form

$$K_N(V, T) = \zeta_1^{b_1} \zeta_2^{b_2} \cdots \zeta_m^{b_m}. \tag{2}$$

Hier sind die Reaktionsteilnehmer durchnumeriert und die b_i sind ihre Koeffizienten in der Reaktionsgleichung, ζ_i die Zustandssummen der einzelnen Moleküle. (Im vorliegenden Beispiel ist $b_{CO_2} = b_{H_2} = -b_{CO} = -b_{H_2O} = -1$). Da bei einem einzelnen Molekül die den inneren Freiheitsgraden zukommenden Energien nicht von der Schwerpunktskoordinate abhängen, gilt für die Zustandssumme eines einzelnen Moleküles

$$\zeta_i(V, T) = V\,\zeta_i'(T)$$

weil das Integral über den Teilchenort gerade das Volumen V ergibt (s. vorige Aufgabe). Dann kann man anstelle von (2)

$$K_N(V, T) = V^b K_n(T) \tag{3}$$

mit $b = \sum_{i=1}^{m} b_i$ schreiben und $K_N(V, T)$ ist unabhängig vom Volumen, wenn die Anzahl der Teilchen bei einer Reaktion erhalten bleibt ($b = 0$), d.h., die Gleichgewichtskonstante K_N hängt nicht vom Volumen ab. Daher verschiebt sich das Gleichgewicht der obigen Reaktion nicht mit dem Volumen, und die relative CO_2-Konzentration ist unabhängig vom Volumen.

8.14 Man betrachte folgende chemische Reaktion zwischen idealen Gasen:

$$\sum_{i=1}^{m} b_i B_i = 0.$$

Die Temperatur sei T, der Partialdruck des Stoffes B_i sei p_i. Man zeige, daß das Massenwirkungsgesetz in die Form

$$p_1^{b_1} p_2^{b_2} \cdots p_m^{b_m} = K_p(T)$$

gebracht werden kann, wobei $K_p(T)$ nur von der Temperatur abhängt.

8.14 Das Massenwirkungsgesetz lautet

$$N_1^{b_1} N_2^{b_2} \cdots N_m^{b_m} = K_N(V, T). \tag{1}$$

In Aufgabe 8.12 ist erläutert worden, daß

$$K_N(T) = V^{b_1} V^{b_2} \cdots V^{b_m} K_n(T) \tag{2}$$

gilt, wenn die Reaktionspartner und -produkte ideale Gase sind. Mit $n_i = Ni/V$ folgt daraus

$$n_1^{b_1}\, n_2^{b_2} \cdots n_m^{b_m} = K_n(T). \tag{3}$$

Da ideale Gase vorliegen, gilt für die Partialdrucke

$$p_i = n_i\, kT.$$

Damit erhält man aus (3)

$$p_1^{b_1}\, p_2^{b_2} \cdots p_m^{b_m} = K_p(T). \tag{4}$$

Dabei ist

$$K_p(T) = (kT)^b\; K_n(T), \quad b = \sum_{i=1}^{m} b_i$$

und hängt nur von der Temperatur ab.

8.15 Für den Fall, daß die obige Reaktion unter konstantem Druck durchgeführt wird, zeige man, daß die molare Reaktionswärme (d.h. die Wärmemenge, die nötig ist, um jeweils $|b_i|$ Mole der reagierenden Gase in jeweils $|b_i|$ Mole der Reaktionsprodukte umzuwandeln) durch die Enthalpieänderung

$$\Delta H = \Sigma\, b_i\, h_i$$

gegeben ist, wobei h_i die molare Enthalpie des i-ten Gases bei der gegebenen Temperatur und dem gegebenen Druck ist.

8.15 Da die Reaktion bei konstantem p und T abläuft, muß dG = 0 gelten, oder wegen

$$G = H - TS \tag{1}$$

$$dH = T\, dS. \tag{2}$$

Da die Reaktion quasistatisch abläuft, gilt $T\,dS = đQ$ und daher

$$dH = đQ. \tag{3}$$

Aus

$$dG = -\, S\, dT + V\, dp + \sum_i \mu_i\, d N_i$$

folgt durch Koeffizientenvergleich die Beziehung

$$\left(\frac{\partial G}{\partial T}\right)_{p,N} = -\, S$$

bzw. mit (1)

$$G = H + T\left(\frac{\partial G}{\partial T}\right)_{p,N} \tag{4}$$

oder

$$H = G - T\left(\frac{\partial G}{\partial T}\right)_{p,N}^{*} \qquad (5)$$

Nun ist

$$G = \sum_i \mu_i N_i = \sum_i \bar{\mu}_i \nu_i, \qquad (6)$$

wobei ν_i die Molzahl, $\bar{\mu}_i = N_A \mu_i = \left(\frac{\partial G}{\partial \nu_i}\right)_{p,\nu}$ das molare chemische Potential der i-ten Komponente ist. Dann gilt

$$\left(\frac{\partial G}{\partial T}\right)_{p,\nu} = \sum_i \nu_i \left(\frac{\partial \bar{\mu}_i}{\partial T}\right)_{p,\nu}$$

und aus (5) folgt

$$H = \sum_i \nu_i \left[\bar{\mu}_i - T\left(\frac{\partial \bar{\mu}_i}{\partial T}\right)_{p,\nu}\right]. \qquad (7)$$

Das molare chemische Potential kann man aus

$$\bar{\mu}_i = N_A\left(\frac{\partial F}{\partial N_i}\right)_{V,T,N} = -RT\left(\frac{\partial \ln Z}{\partial N_i}\right)_{V,T,N}$$

berechnen. Wenn die Komponenten des Systems ideale Gase sind, faktorisiert die Zustandssumme

$$Z = Z_1 Z_2 \cdots Z_m$$

und es gilt

$$\bar{\mu}_i = -RT\left(\frac{\partial \ln Z_i}{\partial N_i}\right)_{V,T,N}.$$

Wie in Aufgabe 8.11 folgt daraus

$$\bar{\mu}_i = -RT \ln \frac{V}{N_i} \zeta'_i(T),$$

wobei $\zeta'_i(T)$ die in Aufgabe 8.12 erwähnte Zustandssumme über die Translationsfreiheitsgrade und die inneren Freiheitsgrade eines Teilchens der i-ten Komponente ist. Wenn man unter dem ln mit ΣN_i erweitert und $pV = (\Sigma N_i) kT$ beachtet, erhält man

---

* Der Index N bzw. ν bedeutet, daß alle Teilchenzahlen N_i bzw. alle Molzahlen ν_i konstant gehalten werden.

$$\tilde{\mu}_i\,(p, T, N) = -RT \ln \left(\frac{\zeta_i'(T)}{p}\,kT\right) - RT \ln \frac{\Sigma N_j}{N_i}$$

Der letzte Term hängt nur von der Zusammensetzung des Systems ab. Es ist der mit der Temperatur T multiplizierte Anteil der Entropie, der von der Mischung der Komponenten herrührt. Da er verschwindet, wenn nur eine Komponente vorliegt, und da in diesem Falle das chemische Potential mit der Gibbsschen freien Enthalpie der Komponente übereinstimmen muß, gilt

$$g_i\,(p, T) = -\,RT \ln \left(\frac{\zeta_i'(T)}{p}\,kT\right)$$

und

$$\tilde{\mu}_i\,(p, T, \nu) = g_i\,(p, T) - RT \ln \frac{\Sigma \nu_i}{\nu_i}, \tag{8}$$

d.h., $\tilde{\mu}_i$ und g_i unterscheiden sich im allgemeinen durch den Mischungsterm. Dieser hebt sich aber in

$$\tilde{\mu}_i(p, T, \nu) - T\left(\frac{\partial \tilde{\mu}_i}{\partial T}\right)_{p,\nu} = g_i\,(p, T) - T\left(\frac{\partial g_i}{\partial T}\right)_p = h_i\,(p, T) \tag{9}$$

gerade heraus, so daß dieser Ausdruck vermöge der Gibbs-Helmholtzschen Beziehung (5) gerade die molare Enthalpie der i-ten Komponente ergibt. Mit (9) erhält man anstelle von (7)

$$H\,(p, T) = \sum_i \nu_i h_i\,(p, T) \tag{10}$$

d.h., die Enthalpie ist eine rein additive Größe.

Aus (10) folgt, daß die Enthalpieänderung bei einer unter konstantem Druck und bei konstanter Temperatur ablaufenden Reaktion

$$(dH)_{p,T} = \sum_i h_i\, d\nu_i = d\lambda \sum_i b_i h_i\,(p, T) \tag{11}$$

ist, wenn man den Ablauf der durch $\sum_i b_i B_i = 0$ beschriebenen Reaktion gemäß $d\nu_i = b_i d\lambda$ durch die Reaktionslaufzahl λ beschreibt. Durch Integration von (3) über λ von 0 bis 1 erhält man mit (11) die auf den stöchiometrischen Molumsatz bezogene Reaktionswärme

$$\Delta Q = \Delta H = \sum_i b_i h_i(p, T).$$

8.16 Man zeige, daß

$$\frac{d \ln K_p}{dT} = \frac{\Delta H}{RT^2}$$

ist. R ist die Gaskonstante.

8.16 Wie man den Aufgaben 8.12 und 8.14 entnehmen kann, gilt

$$K_p(T) = (kT\zeta_1')^{b_1} \cdots (kT\zeta_m')^{b_m} \tag{1}$$

voraus

$$\ln K_p(T) = \sum_{i=1}^{m} b_i (\ln \zeta_i' + \ln kT)$$

und

$$\frac{d\ln K_p(T)}{dT} = \sum_{i=1}^{m} b_i \left(\frac{d}{dT} \ln \zeta_i' + \frac{1}{T}\right) \tag{2}$$

folgt.

Mit der Kenntnis der Ergebnisse der vorigen Aufgabe gerüstet, wird man angesichts der Aufgabenstellung versuchen, einen Zusammenhang zwischen $\frac{d}{dT} \ln \zeta_i'(T)$ und der molaren Enthalpie h_i herzustellen:

Es ist

$$h_i = g_i - T\left(\frac{\partial g_i}{\partial T}\right)_p$$

und $$g_i = -RT\ln\left(\frac{\zeta_i'(T)}{p} kT\right),$$

woraus

$$\left(\frac{\partial g_i}{\partial T}\right)_p = -R\ln\left(\zeta_i' \frac{kT}{p}\right) - RT\left(\frac{d}{dT}\ln \zeta_i' + \frac{1}{T}\right)$$

folgt. Mithin ist

$$h_i = RT^2\left(\frac{d}{dT}\ln\zeta_i' + \frac{1}{T}\right).$$

Setzt man dieses in (2) ein, so ergibt sich

$$\frac{d\ln K_p(T)}{dT} = \frac{1}{RT^2} \sum_i b_i h_i = \frac{\Delta H}{RT^2}.$$

8.17 Man nehme an, daß ν_0 Mole Wasserdampf, der als ideales Gas betrachtet wird, in einen Behälter mit dem konstanten Volumen V gefüllt werden, und zwar bei einer so niedrigen Temperatur, daß praktisch das gesamte Gas undissoziierter Wasserdampf bleibt. Bei höheren Temperaturen kann Dissoziation nach der Reaktion

$$2H_2O \rightarrow 2H_2 + O_2$$

stattfinden. ξ sei der Bruchteil der bei irgendeiner Temperatur T und dem entsprechenden Gesamtdruck p dissoziierten H_2O-Moleküle. Man gebe eine Beziehung zwischen ξ, p und $K_p(T)$ an.

8.17 Sei $\nu_{H_2O,\,diss}$ die Anzahl der dissoziierten Mole Wasserdampf und $\nu_{H_2O,\,undiss}$ die Anzahl der nicht dissoziierten bei irgendeiner Temperatur T. Dann ist der Dissoziationsgrad $\xi(T)$ bei dieser Temperatur

$$\xi = \frac{\nu_{H_2O,\,diss}}{\nu_0} = \frac{\nu_{H_2O,\,diss}}{\nu_{H_2O,\,diss} + \nu_{H_2O,\,undiss}} \tag{1}$$

da $\quad \nu_0 = \nu_{H_2O,\,diss} + \nu_{H_2O,\,undiss}$

sein muß. Aus der die Dissoziation beschreibenden stöchiometrischen Gleichung

$$-2H_2O + 2H_2 + O_2 = 0$$

folgt, daß bei der Dissoziation von einem Mol Wasserdampf ein Mol H_2 und ein halbes Mol O_2 entsteht. Daher gilt

$$\nu_{H_2O,\,diss} = \nu_{H_2} = 2\nu_{O_2}\,. \tag{2}$$

Da alle 3 Komponenten als ideale Gase betrachtet werden, die jeweils das ganze Volumen V ausfüllen, sind die Partialdrücke bei der Temperatur T:

$$p_{H_2O} = \nu_{H_2O,\,undiss}\,\frac{RT}{V} \tag{3 a}$$

$$p_{H_2} = \nu_{H_2}\,\frac{RT}{V} \tag{3 b}$$

$$p_{O_2} = \nu_{O_2}\,\frac{RT}{V}\,. \tag{3 c}$$

Wegen (2) gilt außerdem

$$p_{O_2} = \frac{1}{2}\,p_{H_2}\,. \tag{4}$$

Mit (2), (3 a), (3 b) kann man hier den Dissoziationsgrad (1) schreiben

$$\xi = \frac{p_{H_2}}{p_{H_2O} + p_{H_2}} \tag{5}$$

und mit (4) gilt für den Druck p

$$p = p_{H_2O} + p_{H_2} + p_{O_2} = p_{H_2O} + \frac{3}{2}\,p_{H_2}\,. \tag{6}$$

Aus (5), (6) erhält man das lineare Gleichungssystem

$$p_{H_2O} + \frac{3}{2}\, p_{H_2} = p$$

$$\xi\, p_{H_2O} + (\xi - 1)\, p_{H_2} = 0$$

dessen Lösung

$$p_{H_2O} = 2p\,\frac{(1-\xi)}{(2+\xi)} \tag{7 a}$$

$$p_{H_2} = 2p\,\frac{\xi}{(2+\xi)} \tag{7 b}$$

ist.

Die Gleichgewichtskonstante $K_p\,(T)$ der Dissoziation ist mit (4)

$$K_p(T) = \frac{p_{H_2}^2\, p_{O_2}}{p_{H_2O}^2} = \frac{1}{2}\,\frac{p_{H_2}^3}{p_{H_2O}^2}$$

woraus man mit (7 a), (7 b) den Zusammenhang

$$K_p(T) = \frac{p\,\xi^3}{(1-\xi)^2\,(2+\xi)}$$

zwischen Gleichgewichtskonstanter und Dissoziationsgrad erhält.

8.19 Die Zustandsumme eines idealenGases von Molekülen im Volumen V kann in der Form

$$Z = \frac{1}{N!}\,(V\zeta')^N$$

geschrieben werden, wobei $V\zeta'$ die Zustandsumme für ein einzelnes Molekül ist (unter Berücksichtigung seiner kinetischen Energie und seiner inneren Energie, falls es kein einatomiges Molekül ist) und ζ' nur von der absoluten Temperatur abhängt.

Wenn diese Moleküle zu einer Flüssigkeit kondensiert sind, besteht die gröbste Näherung darin, die Flüssigkeit so zu behandeln, als ob die Moleküle noch immer ein Gas von sich unabhängig bewegenden Molekülen darstellte, vorausgesetzt, daß

1. jedes Molekül die *konstante* potentielle Energie $-\eta$ aufgrund seiner gemittelten Wechselwirkung mit den restlichen Molekülen haben soll.

2. sich jedes Molekül durch ein Gesamtvolumen NV_0 frei bewegen kann, wobei V_0 das (konstante) Volumen ist, das jedem Molekül in der flüssigen Phase zur Verfügung steht.

a) Unter diesen Voraussetzungen schreibe man die Zustandsumme für eine Flüssigkeit aus N_l Molekülen an.

b) Man schreibe das chemische Potential μ_g für N_g Dampfmoleküle der Temperatur T an. Man behandle sie wie ein ideales Gas.

c) Man schreibe das chemische Potential μ_l für N_l Moleküle einer Flüssigkeit der Temperatur T an.

d) Durch Gleichsetzen der chemischen Potentiale finde man eine Relation zwischen dem Dampfdruck und der Temperatur T, bei welcher Gas und Flüssigkeit im Gleichgewicht sind.

e) Man berechne die molare Entropiedifferenz zwischen Gas und Flüssigkeit, wenn die beiden bei gleichem Druck und gleicher Temperatur im Gleichgewicht sind. Daraus berechne man die molare Verdampfungswärme L. Man zeige, daß $L = N_A \eta$ ist, wenn $\eta \gg kT$ ist.

8.19 a) Da die Energie der Moleküle in der Flüssigkeit

$$\epsilon_l = \frac{p^2}{2m} - \eta$$

um den konstanten Betrag η herabgesetzt ist, erhält man für die Zustandssumme der N_l Flüssigkeitsmoleküle ähnlich wie in Aufgabe 8.11

$$Z_l = \frac{1}{N_l!} (N_l V_0\ e^{\beta\eta}\ \zeta'(T))^{N_l}, \tag{1}$$

wobei $\zeta'(T)$ die Zustandssumme über die Translationsfreiheitsgrade und gegebenenfalls die inneren Freiheitsgrade eines Moleküls ist. Da außerdem jedem Molekül das temperatur- und druckunabhängige Eigenvolumen V_0 zur Verfügung steht, wird das Flüssigkeitsvolumen durch

$$V_l = N_l V_0 \tag{2}$$

ersetzt, d.h., die Flüssigkeit ist inkompressibel.

b) Das chemische Potential μ_g des Dampfes kann man wie üblich aus

$$\mu_g = \left(\frac{\partial F_g}{\partial N_g}\right)_{V,T} = -kT \frac{\partial}{\partial N_g} \ln Z_g$$

berechnen. Mit $\ln N! \approx N \ln N - N$ erhält man so

$$\mu_g(V,T) = -kT \ln \frac{V_g}{N_g} \zeta'(T)$$

bzw.
$$\mu_g(p,T) = -kT \ln \frac{kT}{p} \zeta' \tag{3}$$

wenn man die Zustandsgleichung

$$pV_g = N_g kT \tag{4}$$

berücksichtigt.

c) Das chemische Potential μ_l der Flüssigkeit kann man im Prinzip nicht über die freie Energie F berechnen, weil infolge der „Zustandsgleichung" (2) Volumen und Teilchenzahl einander proportional sind, so daß eine Teilchenzahländerung bei konstantem Volumen unmöglich ist. Daher geht man von der freien Enthalpie

$$G_l = F_l + pV_l = -kT \ln Z_l + N_l + N_l pV_0$$

aus und erhält mit (1)

$$\mu_l(p, T) = \left(\frac{\partial G}{\partial N_l}\right)_{p,T} = -kT\left(\ln V_0 \zeta' + \beta\eta + 1 - \frac{pV_0}{kT}\right). \tag{5}$$

d) Die Dampfdruckkurve $p = p(T)$ findet man aus der Gleichgewichtsbedingung

$$\mu_g(p, T) = \mu_l(p, T).$$

Da die Zustandssumme ζ' in beiden Phasen gleich ist, findet man mit (3), (5) zunächst die transzendente Gleichung

$$\frac{pV_0}{kT} = e^{-(\beta\eta + 1)}\, e^{\frac{pV_0}{kT}}$$

oder, wenn man sie nach Erweiterung mit der Avogadroschen Konstanten N_A auf molare Größen umschreibt:

$$\frac{pv_0}{RT} = e^{-\left(\frac{\bar{\eta}}{RT} + 1\right)}\, e^{\frac{pv_0}{RT}} \tag{6}$$

($v_0 = N_A V_0$: Molvolumen der flüssigen Phase, $\bar{\eta} = N_A \cdot \eta$: molare Bindungsenergie). Da andererseits wegen (4)

$$\frac{p}{RT} = \frac{1}{v_g}$$

(v_g: Molvolumen der Gasphase)

gilt und im allgemeinen $v_g \gg v_0$ ist, wird eine Lösung von (6) für $\frac{pv_0}{RT} \ll 1$ gesucht. Da man in diesem Falle

$$e^{\frac{pv_0}{RT}} \approx 1 + \frac{pv_0}{RT}$$

setzen kann, folgt aus (6)

$$\frac{pv_0}{RT} = \frac{e^{-\left(\frac{\bar{\eta}}{RT} + 1\right)}}{1 - e^{-\left(\frac{\bar{\eta}}{RT} + 1\right)}}.$$

Wie man sieht, ist diese Lösung von (6) nur dann in sich konsistent, wenn $e^{-(\frac{\bar{\eta}}{RT}+1)} \ll 1$. Eine zahlenmäßige Überprüfung zeigt, daß $\eta \gtrsim 3kT$ ($v_0/v_g \lesssim 0.02$) ausreicht, und daß man in diesem Falle mit ausreichender Genauigkeit auch

$$\frac{pv_0}{RT} = e^{-(\frac{\bar{\eta}}{RT}+1)}$$

als Lösung von (6) nehmen kann. Das hier betrachtete mikroskopische Modell liefert also unter der Voraussetzung, daß die Bindungsenergie η mindestens doppelt so groß ist wie die mittlere kinetische Energie der Teilchen in der Flüssigkeit, die Dampfdruckkurve

$$p(T) = \frac{RT}{V_0} e^{-\frac{(\bar{\eta}+RT)}{RT}}. \tag{7}$$

e) Um die molare Entropiedifferenz zu ermitteln, berechnet man das molare Gibbssche Potential $g_i(p, T)$ einer jeden Phase und erhält daraus (vgl. Aufgabe 8.15) die jeweilige molare Entropie

$$s_i = -\left(\frac{\partial g_i}{\partial T}\right)_p.$$

Da die beiden Phasen des Systems getrennte Partialvolumina einnehmen, enthalten die entsprechenden chemischen Potentiale keine Anteile, die von der Mischung der Komponenten des Systems herrühren. Daher stimmen sie, wie in Aufgabe 8.15 erläutert wurde, mit den Gibbsschen Potentialen überein, und man erhält aus (9) und (5) nach Multiplikation mit der Avogadroschen Konstanten

$$g_g(p, T) = -RT \ln \frac{kT}{p} \zeta'$$

und $$g_l(p, T) = -RT(\ln v_0 \zeta' + 1) - \bar{\eta} + pv_0.$$

Daraus folgt

$$s_g(p, T) = -\frac{1}{T} g_g + RT\left(\frac{d \ln \zeta'}{dT} + \frac{1}{T}\right)$$

$$s_l(p, T) = -\frac{1}{T} g_l - \frac{\bar{\eta}}{T} + \frac{pv_0}{T} + RT\frac{d \ln \zeta'}{dT}$$

und zusammen mit der Gleichgewichtsbedingung $g_g = g_l$,

$$\Delta s = s_g - s_l = R + \frac{1}{T}(\bar{\eta} - pv_0). \tag{8}$$

Die molare Verdampfungswärme L der Modellsubstanz ist folglich

$$L = T\Delta s = RT - pv_0 + \bar{\eta}. \tag{9}$$

Wenn man $RT = pv_g$ ersetzt, ist dieses Ergebnis leicht zu verstehen. Denn wie in Aufgabe 8.15 gezeigt wurde, ist

$$T\Delta s = \Delta h = h_g - h_e = p\Delta v + \Delta u$$

mit $\Delta v = v_g - v_0$ und $\Delta u = \bar{\eta}$, d.h., die Verdampfungswärme ist gleich der Arbeit Δu, die benötigt wird, um die Bindungskräfte der Teilchen in der Flüssigkeit zu überwinden, plus der Ausdehnungsarbeit $p\Delta v$.

Wenn die Bindungsenergie $\bar{\eta}$ sehr viel größer als die mittlere kinetische Energie $\frac{3}{2}$ RT pro Mol ist, dann kann man die Ausdehnungsarbeit vernachlässigen und die Verdampfungswärme

$$L = \bar{\eta} \tag{10}$$

ist alleine durch die Bindungsenergie gegeben.

9. Quantenstatistik idealer Gase

9.2 Die Zustandssumme eines idealen Gases ist in der Quantenstatistik durch

$$\ln Z = \alpha N \pm \sum_r \ln\left(1 \pm e^{-(\alpha+\beta\epsilon_r)}\right)$$

mit

$$\bar{n}_r = (e^{\alpha+\beta\epsilon_r} \pm 1)^{-1}$$

und $$\sum_r \bar{n}_r = N$$

gegeben, wobei das obere Vorzeichen für die Fermi-Dirac Statistik, das untere für die Bose-Einstein Statistik gilt.

a) Mit der Kenntnis der Zustandsumme Z schreibe man einen Ausdruck für die Entropie eines idealen FD-Gases an. In dem Ausdruck sollen nur die $\bar{n}_r$, die mittleren Teilchenzahlen im jeweiligen Zustand r, vorkommen.

b) Man schreibe einen ähnlichen Ausdruck für die Entropie eines BE-Gases an.

c) Was wird aus diesen Ausdrücken für S im klassischen Grenzfall, wenn $\bar{n}_r \ll 1$ ist?

9.2 a) Für ein ideales Fermi-Dirac Gas gilt

$$\ln Z = \alpha N + \sum_r \ln\left(1 + e^{-\alpha-\beta\epsilon_r}\right)$$

$$\bar{n}_r = (e^{\alpha+\beta\epsilon_r} + 1)^{-1}, \quad \sum_r \bar{n}_r = N.$$

Daher gilt

$$\begin{aligned} S &= k(\ln Z + \beta\bar{E}) \\ &= k\left[\alpha N + \sum_r \ln\left(1 + e^{-\alpha-\beta\epsilon_r}\right) + \beta \sum_r \bar{n}_r\epsilon_r\right] \\ &= k\left[\sum_r \ln\left(1 + e^{-\alpha-\beta\epsilon_r}\right) + \sum_r \bar{n}_r(\alpha + \beta\epsilon_r)\right]. \end{aligned}$$

Weiter ist

$$e^{\alpha+\beta\epsilon_r} = \frac{1}{\bar{n}_r} - 1 = \frac{1-\bar{n}_r}{\bar{n}_r}$$

und daher

$$\alpha + \beta\epsilon_r = \ln(1 - \bar{n}_r) - \ln\bar{n}_r$$

$$1 + e^{-\alpha-\beta\epsilon_r} = \frac{1}{1-\bar{n}_r}.$$

Für die Entropie erhält man so

$$S_{FD} = -k \sum_r [\bar{n}_r \ln \bar{n}_r + (1 - \bar{n}_r) \ln (1 - \bar{n}_r)]. \tag{1}$$

b) Für ein ideales Bose-Einstein Gas gilt

$$\ln Z = \alpha N - \sum_r \ln(1 - e^{-\alpha-\beta\epsilon_r})$$

$$\bar{n}_r = (e^{\alpha+\beta\epsilon_r} - 1)^{-1}; \quad \sum_r \bar{n}_r = N.$$

Aufgrund einer analogen Rechnung wie in a) erhält man

$$S_{BE} = -k \sum_r [\bar{n}_r \ln \bar{n}_r - (1 + \bar{n}_r) \ln (1 + \bar{n}_r)]. \tag{2}$$

c) Die Ergebnisse aus a) und b) kann man zusammenfassen in

$$S_{qm} = -k \sum_r [\bar{n}_r \ln \bar{n}_r \pm (1 \mp \bar{n}_r) \ln (1 \mp \bar{n}_r)]. \tag{3}$$

Im Grenzfall $n_r \ll 1$ erhält man daraus wegen

$$\ln (1 \mp \bar{n}_r) \cong \mp \bar{n}_r$$

unabhängig vom Vorzeichen

$$S_{klass} = -k \sum_r [\bar{n}_r \ln \bar{n}_r - \bar{n}_r]. \tag{4}$$

9.3 Man berechne die Zustandsumme eines einatomigen Gases im klassischen Grenzfall, indem man sich die Teilchen in einem quaderförmigen Behälter mit ideal reflektierenden Wänden eingeschlossen denkt und jedes Teilchen durch eine Wellenfunktion beschreibt, die an den Wänden verschwindet. Man zeige, daß das Resultat das gleiche ist, das man unter Verwendung von Wellenfunktionen erhält, die periodischen Randbedingungen genügen, nämlich

$$Z = \frac{\zeta^N}{N!}; \; \zeta = \frac{V}{h^3} \left(\frac{2\pi m}{\beta}\right)^{3/2}.$$

9.3 Die Zustandssumme eines idealen, einatomigen Gases lautet im klassischen Grenzfall

$$Z = \frac{\zeta^N}{N!} \tag{1}$$

wobei

$$\zeta = \sum_r e^{-\beta\epsilon_r} \tag{2}$$

die Zustandssumme eines Teilchens ist.

Das Teilchen befindet sich in einem quaderförmigen Kasten des Volumens $V = L_x L_y L_z$ mit den Kantenlängen L_x, L_y, L_z. Um das Teilchen auf dieses Volumen zu beschränken, führt man ein Potential U ein, das innerhalb des Kastens verschwindet und außerhalb unendlich groß ist:

$$U = \begin{cases} 0 & \text{für } 0 \leqslant x \leqslant L_x,\ 0 \leqslant y \leqslant L_y,\ 0 \leqslant z \leqslant L_z \\ \infty & \text{sonst .} \end{cases}$$

Infolgedessen muß die Wellenfunktion eines Teilchens außerhalb des Kastens und wegen der zu verlangenden Stetigkeit auch auf dem Rande des Kastens verschwinden, d.h., man hat im Volumen V die Eigenwertgleichung

$$\frac{\hbar^2}{2m} \Delta\psi = \epsilon\psi$$

mit der Randbedingung

$$\psi = 0 \text{ für } \begin{array}{l} x = 0,\ L_x \\ y = 0,\ L_y \\ z = 0,\ L_z \end{array}$$

zu lösen. Die Eigenwerte sind bekanntlich

$$\epsilon = \frac{\hbar^2}{2m} (\kappa_x^2 + \kappa_y^2 + \kappa_z^2) \tag{3}$$

und die Eigenfunktion kann man in der Form

$$\psi = A \sin(\kappa_x x) \sin(\kappa_y y) \sin(\kappa_z z) + B \cos(\kappa_x x) \cos(\kappa_y y) \cos(\kappa_z z) \tag{4}$$

wählen. Aus den Randbedingungen bei $x = 0$, $y = 0$, $z = 0$ folgt, daß $B = 0$ sein muß. Die Erfüllung der Randbedingungen bei $x = L_x$ usw. erfordert

$$\kappa_x = n_x \frac{\pi}{L_x},\ \kappa_y = n_y \frac{\pi}{L_y},\ \kappa_z = n_z \frac{\pi}{L_z}, \tag{5 a}$$

wobei n_x, n_y, n_z ganzzahlig und ungleich Null sind. Um einen eindeutigen Zusammenhang zwischen der Wellenfunktion und den n zu erhalten, werden die n positiv gewählt:

$$n_x,\ n_y,\ n_z = 1,\ 2,\ 3,\ \ldots \tag{5 b}$$

da sich beim Übergang von n zu (−n) lediglich das Vorzeichen der Wellenfunktion ändert, welches ohnehin willkürlich ist.

Mit (3) und (5 a), (5 b) läßt sich (2) als

$$\zeta = \sum_{\kappa_x, \kappa_y, \kappa_z > 0}^{\infty} e^{-\beta \frac{\hbar^2}{2m} (\kappa_x^2 + \kappa_y^2 + \kappa_z^2)} \tag{6}$$

$$= \left(\sum_{\kappa_x > 0}^{\infty} e^{-\beta \frac{\hbar^2}{2m} \kappa_x^2} \right) \left(\sum_{\kappa_y > 0}^{\infty} e^{-\beta \frac{\hbar^2}{2m} \kappa_y^2} \right) \left(\sum_{\kappa_z > 0}^{\infty} e^{-\beta \frac{\hbar^2}{2m} \kappa_z^2} \right)$$

schreiben. Zur Berechnung dieser Summen wird κ als kontinuierliche Variable behandelt, und die Summen werden mit der durch (5 a) vorgegebenen Intervallänge

$$\Delta\kappa = \frac{\pi}{L}\Delta n = \frac{\pi}{L};\ \Delta n = 1$$

erweitert:

$$\sum_{\kappa>0}^{\infty} e^{-\beta\frac{\hbar^2}{2m}\kappa^2} = \frac{L}{\pi}\sum_{\kappa>0}^{\infty} e^{-\beta\frac{\hbar^2}{2m}\kappa^2}\Delta\kappa.$$

Summen wie die auf der rechten Seite stehende sollten aus der Theorie des Riemannschen Integrals bekannt sein. Wenn die Intervallteilung $\Delta\kappa$ so klein ist, daß die Funktion $\exp(-\beta\frac{\hbar^2}{2m}\kappa^2)$ in diesen Intervallen praktisch als konstant angesehen werden kann, dann kann man die Summe durch das (Riemannsche) Integral ersetzen, und es gilt

$$\sum_{\kappa>0}^{\infty} e^{-\beta\frac{\hbar^2}{2m}\kappa^2} = \frac{L}{\pi}\int_0^{\infty} e^{-\beta\frac{\hbar^2}{2m}\kappa^2} d\kappa = \frac{L}{2\pi}\int_{-\infty}^{+\infty} e^{-\beta\frac{\hbar^2}{2m}\kappa^2} d\kappa$$

$$= \frac{L}{2\pi}\cdot\frac{1}{\hbar}\left(\frac{2m}{\beta}\right)^{1/2}\int_{-\infty}^{+\infty} e^{-x^2}dx$$

$$= \frac{L}{h}\left(\frac{2\pi m}{\beta}\right)^{1/2}.$$

Aus (6) folgt daher das gesuchte Ergebnis

$$\zeta = \frac{V}{h^3}\left(\frac{2\pi m}{\beta}\right)^{3/2}. \qquad (7)$$

9.4 a) Ein ideales Gas aus N Atomen der Masse m ist in einem Behälter des Volumens V bei der Temperatur T eingeschlossen. Man berechne das chemische Potential μ dieses Gases. Man kann die klassische Näherung für die Zustandsumme verwenden, bei der die Ununterscheidbarkeit der Teilchen berücksichtigt wird.

b) N' schwach wechselwirkende Teilchen sind an einer Oberfläche der Größe A adsorbiert, auf der sich die Teilchen frei bewegen können und somit ein ideales zweidimensionales Gas auf einer solchen Oberfläche darstellen. Die Energie eines adsorbierten Moleküls ist dann $(p^2/2m) - \epsilon_0$, wobei p der (zweidimensionale) Impulsvektor und ϵ_0 die Bindungsenergie des Moleküls an die Oberfläche ist. Man berechne das chemische Potential μ' dieses adsorbierten idealen Gases. Die Zustandsumme kann wieder in klassischer Näherung ausgewertet werden.

c) Bei der Temperatur T kann die Gleichgewichtsbedingung zwischen den an der Oberfläche adsorbierten Molekülen und dem umgebenden dreidimensionalen Gas durch die entsprechenden chemischen Potentiale ausgedrückt werden. Mit Hilfe dieser Bedingung suche man bei der Temperatur T die mittlere Zahl n' der pro

Flächeneinheit adsorbierten Moleküle, wenn der mittlere Druck des umgebenden Gases $\bar{p}$ ist.

9.4 a) Das chemische Potential μ kann man gemäß

$$\mu = \left(\frac{\partial F}{\partial N}\right)_{V,T} \tag{1}$$

aus der freien Energie

$$F = -\frac{1}{\beta}\ln Z \tag{2}$$

berechnen. In der klassischen Näherung gilt unter Berücksichtigung der Ununterscheidbarkeit der Teilchen

$$Z = \frac{\zeta^N}{N!}, \tag{3}$$

woraus man mit Hilfe der Stirlingschen Formel $\ln N! \approx N(\ln N - 1)$ für die freie Energie

$$F = -\frac{1}{\beta}(N\ln\zeta - N\ln N - N)$$

erhält, und für das chemische Potential ergibt sich

$$\mu = -\frac{1}{\beta}\ln\frac{\zeta}{N}. \tag{4}$$

Dabei ist

$$\zeta = \frac{V}{h^3}\left(\frac{2\pi m}{\beta}\right)^{3/2}, \tag{5}$$

die in der vorigen Aufgabe berechnete Zustandssumme eines freien Teilchens.

b) Das chemische Potential berechnet man analog wie unter a) aus der freien Energie

$$\mu' = -\frac{1}{\beta}\ln\frac{\zeta'}{N'}. \tag{6}$$

Die Zustandssumme ζ' eines adsorbierten Teilchens, das das Energiespektrum

$$\epsilon = \frac{\hbar^2}{2m}(\kappa_x^2 + \kappa_y^2) - \epsilon_0 \tag{7}$$

hat, berechnet man analog zu Aufgabe 8.11 und 9.3 und erhält

$$\zeta' = e^{\beta\epsilon_0}\frac{A}{h^2}\frac{2\pi m}{\beta}, \tag{8}$$

wobei A der Flächeninhalt der adsorbierenden Oberfläche ist.

c) Wenn die adsorbierten Teilchen mit dem Gas im Gleichgewicht sind, muß gelten

$$\mu' = \mu$$

bzw. $$\frac{\zeta}{N} = \frac{\zeta'}{N'}.$$

Mit $\bar{p}V = NkT$ und $n' = N'/A$ erhält man daraus unter Berücksichtigung von (5), (8) die Anzahl der bei der Temperatur T und dem Gasdruck $\bar{p}$ pro Flächeneinheit adsorbierten Teilchen

$$n' = \bar{p}\ (kT)^{-3/2}\ e^{\frac{\epsilon_0}{kT}} \left(\frac{h^2}{2\pi m}\right)^{1/2}. \tag{9}$$

9.5 Man betrachte ein nichtrelativistisches freies Teilchen in einem kubischen Behälter der Kantenlänge L und des Volumens $V = L^3$.

a) Jeder Quantenzustand r dieses Teilchens hat eine entsprechende kinetische Energie ϵ_r, die von V abhängt. Wie sieht $\epsilon_r(V)$ aus?

b) Man finde den Beitrag $p_r = -(\partial\epsilon_r/\partial V)$ eines Teilchens in diesem Zustand zum Gasdruck (Ergebnis durch ϵ_r und V ausdrücken).

c) Unter Benutzung dieses Ergebnisses zeige man, daß der mittlere Druck $\bar{p}$ irgendeines schwach wechselwirkenden idealen Gases stets mit der mittleren gesamten kinetischen Energie $\bar{E}$ durch $\bar{p} = 2/3\ \bar{E}/V$ verknüpft ist, unabhängig davon, ob das Gas der klassischen, der FD- oder BE-Statistik gehorcht.

d) Warum unterscheidet sich dieses Ergebnis von der für ein Photonengas gültigen Beziehung $\bar{p} = 1/3\ \bar{E}/V$?

9.5 a) Nach Aufgabe 9.3 ist die Energie eines freien Teilchens für $L_x = L_y = L_z = L = V^{-1/3}$ in dem durch die drei natürlichen Zahlen n_x, n_y, n_z gekennzeichneten Quantenzustand $r = (n_x, n_y, n_z)$

$$\epsilon_r(V) = \frac{\hbar^2\pi^2}{2m} V^{-2/3} (n_x^2 + n_y^2 + n_z^2). \tag{1}$$

b) Der Beitrag p_r eines einzelnen Teilchens im Quantenzustand r zum Gesamtdruck $\bar{p}$ ist

$$p_r = -\frac{\partial\epsilon_r}{\partial V} = \frac{2}{3} V^{-5/3} \frac{\hbar^2\pi^2}{2m} (n_x^2 + n_y^2 + n_z^2)$$

$$p_r = \frac{2}{3V}\epsilon_r. \tag{2}$$

c) Der mittlere Druck $\bar{p}$ setzt sich additiv aus den Beiträgen der einzelnen Teilchen zusammen

$$\bar{p} = \sum_r \bar{n}_r p_r = \frac{2}{3V} \sum_r \bar{n}_r \epsilon_r$$

$$\bar{p} = \frac{2}{3} \frac{\bar{E}}{V}. \tag{3}$$

Da diese Rechnung offensichtlich keine bestimmte Form der mittleren Teilchenzahl $\bar{n}_r$ im Zustand r eines Teilchens voraussetzt, ist das Ergebnis unabhängig von der Art der Statistik.

d) Die Resultate (2), (3) sind immer dann gültig, wenn $\epsilon_r \sim |\kappa|^2$. Für Photonen gilt jedoch $\epsilon_r \sim |\kappa|$, nämlich

$$\epsilon_r(V) = c\hbar|\kappa| = c\hbar\pi V^{-1/3} (n_x^2 + n_y^2 + n_z^2)^{1/2}. \tag{4}$$

Daraus folgt nach analoger Rechnung

$$p_r = \frac{1}{3} \frac{\epsilon_r}{V} \tag{5}$$

$$\bar{p} = \frac{1}{3} \frac{\bar{E}}{V}. \tag{6}$$

Der Unterschied zwischen (2), (3) und (5), (6) beruht also auf der unterschiedlichen Abhängigkeit der Energie vom Ausbreitungsvektor.

9.6' Man betrachte ein ideales Gas aus N schwach wechselwirkenden nichtrelativistischen gewöhnlichen Teilchen in einem Volumen V im Gleichgewicht bei der Temperatur T. Mit ähnlichen Begründungen wie in der vorherigen Aufgabe beweise man die folgenden Aussagen, egal, ob das Gas klassischer, FD- oder BE-Statistik gehorcht.

a) Man berechne das Schwankungsquadrat $\overline{(\Delta p)^2}$ des Druckes und zeige, daß es ganz allgemein mit dem Schwankungsquadrat $\overline{(\Delta E)^2}$ der Gesamtenergie des Gases verknüpft ist.

b) Werden $\bar{E}$ und $\overline{(\Delta E)^2}$ durch die Zustandsumme Z ausgedrückt, so ergeben sich $\bar{p}$ und $\overline{(\Delta p)^2}$ als Funktion von Z. Man zeige, daß gilt

$$\overline{(\Delta p)^2} = \frac{2kT^2}{3V} \frac{\partial \bar{p}}{\partial T}.$$

c) Für den klassischen Grenzfall berechne man explizit das relative Schwankungsquadrat des Druckes $\overline{(\Delta p)^2}/\bar{p}^2$.

9.6 a) Das Schwankungsquadrat des Druckes ist

$$\overline{(\Delta p)^2} = \overline{p^2} - \bar{p}^2.$$

Mit den Ergebnissen der Abschnitte b), c) der vorigen Aufgabe erhält man

$$\bar{p}^2 = \frac{4}{9}\,\frac{\bar{E}^2}{V^2}$$

und

$$\overline{p^2} = \sum_r \bar{n}_r\, p_r^{\,2} = \frac{4}{9V^2}\sum_r \bar{n}_r\, \epsilon_r^{\,2} = \frac{4}{9V^2}\,\overline{E^2}.$$

Daraus folgt

$$\overline{(\Delta p)^2} = \frac{4}{9V^2}\,\overline{(\Delta E)^2}. \qquad (1)$$

b) In einem kanonischen Ensemble ist die mittlere Energie durch

$$\bar{E} = -\frac{\partial \ln Z}{\partial \beta}$$

und das Schwankungsquadrat der Energie durch

$$\overline{(\Delta E)^2} = \frac{\partial^2 \ln Z}{\partial \beta^2} = -\frac{\partial \bar{E}}{\partial \beta}$$

gegeben. Folglich gilt

$$\bar{p} = -\frac{2}{3V}\,\frac{\partial \ln Z}{\partial \beta}$$

und $$\overline{(\Delta p)^2} = \frac{4}{9V^2}\,\frac{\partial^2 \ln Z}{\partial \beta^2}$$

sowie auch

$$\overline{(\Delta p)^2} = -\frac{2}{3V}\,\frac{\partial}{\partial \beta}\left(-\frac{2}{3V}\,\frac{\partial \ln Z}{\partial \beta}\right) = -\frac{2}{3V}\,\frac{\partial}{\partial \beta}\,\bar{p}.$$

Wegen $\beta = (kT)^{-1}$ folgt daraus

$$\overline{(\Delta p)^2} = \frac{2kT^2}{3V}\,\frac{\partial \bar{p}}{\partial T}. \qquad (2)$$

c) Mit $\bar{p} = NkT/V$ erhält man aus (2)

$$\overline{(\Delta p)^2}/\bar{p}^2 = \frac{2}{3N}. \qquad (3)$$

9.9 Man wende die thermostatische Beziehung $TdS = d\bar{E} + \bar{p}dV$ auf ein Photonengas an. Hierbei gilt $\bar{E} = V\bar{u}$, wobei $\bar{u}(T)$ die mittlere Energiedichte des Strahlungsfeldes ist, die unabhängig vom Volumen V ist. Der Strahlungsdruck ist $\bar{p} = 1/3\,\bar{u}$.

a) Man betrachte S als Funktion von T und V und drücke dS durch dT und dV aus. Man suche $(\partial S/\partial T)_V$ und $(\partial S/\partial V)_T$.

b) Man zeige, daß die mathematische Identität $(\partial^2 S/\partial V\,\partial T) = (\partial^2 S/\partial T\,\partial V)$ unmittelbar auf eine Differentialgleichung für $\bar{u}$ führt, aus der man durch Integration $\bar{u} \sim T^4$ erhält. Diese Beziehung führt unmittelbar auf das Stefan-Bolztmannsche Gesetz.

9.9 **a)** Setzt man in die thermostatische Beziehung

$$TdS = d\bar{E} + \bar{p}dV$$

die für ein Photonengas gültigen Gleichungen

$$\bar{E} = V\bar{u}$$

$$\bar{p} = \frac{1}{3}\bar{u}$$

$$\bar{u} = \bar{u}(T)$$

ein, so erhält man

$$TdS = \bar{u}dV + Vd\bar{u} + \frac{1}{3}\bar{u}dV$$

$$= \frac{4}{3}\bar{u}\,dV + V\frac{d\bar{u}}{dT}dT$$

oder

$$dS = \frac{4}{3}\frac{\bar{u}}{T}dV + \frac{V}{T}\frac{d\bar{u}}{dT}dT. \qquad (1)$$

Da andererseits

$$dS = \left(\frac{\partial S}{\partial V}\right)_T dV + \left(\frac{\partial S}{\partial T}\right)_V dT$$

gilt, ergibt sich durch Vergleich mit (1)

$$\left(\frac{\partial S}{\partial V}\right)_T = \frac{4}{3}\frac{\bar{u}}{T} \qquad (2\,a)$$

$$\left(\frac{\partial S}{\partial T}\right)_V = \frac{V}{T}\frac{d\bar{u}}{dT}. \qquad (2\,b)$$

b) Aus $\dfrac{\partial^2 S}{\partial V\partial T} = \dfrac{\partial^2 S}{\partial T\partial V}$ und (2 a), (2 b) folgt

$$\frac{d\bar{u}}{dT} = 4\frac{\bar{u}}{T}$$

und daraus

$$\bar{u}(T) = \text{const.}\ T^4. \qquad (3)$$

Da die pro Flächeneinheit von einem schwarzen Körper abgestrählte Leistung $\bar{P}_e$ proportional zu seiner mittleren Energiedichte $\bar{u}(T)$ ist, folgt aus (3) das Stefan-Boltzmannsche Gesetz

$$\bar{P}_e = \sigma T^4 .$$

9.14 Wie groß ist die Gesamtzahl N von Molekülen, die pro Zeit- und Flächeneinheit durch die Oberfläche einer Substanz (flüssig oder fest) der Temperatur T austreten können, deren Dampfdruck p ist? Man benutze dabei das Prinzip vom detaillierten Gleichgewicht, indem man einen Zustand betrachtet, bei dem die Flüssigkeit im thermischen Gleichgewicht mit ihrem Dampf bei dieser Temperatur und diesem Druck ist. Den Dampf behandle man wie ein ideales Gas und nehme an, daß die Moleküle, die auf die Flüssigkeitsoberfläche treffen, nicht merklich reflektiert werden. Man berechne die Zahl N der Moleküle, die aus der Oberflächeneinheit von einem Glas Wasser bei 25° C pro Zeiteinheit austreten. Der Dampfdruck von Wasser bei dieser Temperatur ist $3{,}17 \cdot 10^{-2}$ bar.

9.14 Der Dampfdruck einer Substanz ist ein Maß für deren Fähigkeit, Teilchen zu emittieren. Diese Fähigkeit ist wie der Dampfdruck im allgemeinen eine charakteristische Eigenschaft der Substanz alleine (siehe z.B. die Berechnung des Dampfdruckes einer Modellflüssigkeit in Aufgabe 8.19). Man kann daher eine spezielle Situation außerhalb der Substanz benutzen, um den allgmeinen Zusammenhang zwischen der Emissionsfähigkeit und dem Dampfdruck der Substanz zu ermitteln. Dazu verwendet man den Fall, in welchem sich die Substanz im thermischen Gleichgewicht mit dem Dampf befindet. Dann sind die Teilchenzahlen in beiden Phasen konstant und nach dem Prinzip vom detallierten Gleichgewicht müssen pro Zeit und Flächeneinheit genau so viele Teilchen die Phasengrenze von der Dampfseite her durchqueren wie von der Substanz emittiert werden, d.h., die Emissionsfähigkeit des Dampfes ist im Gleichgewicht gleich der Emissionsfähigkeit der Substanz.

Wenn man den Dampf als ideales Gas ansehen kann und die Teilchen an der Phasengrenze praktisch nicht reflektiert werden, dann ist die Stromdichte der aus der Dampfphase effundierenden Teilchen (s. Aufgabe 7.23)

$$N = \bar{p} \,/(2\pi m k T)^{1/2}. \tag{1}$$

Nach der vorangegangenen Diskussion ist dieses der allgemeine Zusammenhang zwischen dem Dampfdruck $p(T)$ einer Substanz der Temperatur T und der Anzahl der von ihr pro Zeit- und Flächeneinheit emittierten Moleküle.

Da die Masse eines Wassermoleküls

$$m = 18{,}2/N_A = 18{,}2/6{,}02 \cdot 10^{23} = 3{,}02 \cdot 10^{-23}\ \mathrm{g}$$

ist, gilt für Wasser bei 25° C mit dem angegebenen Dampfdruck

$$\begin{aligned} N_{H_2O} &= 3{,}17 \cdot 10^4/(\pi \cdot 6{,}04 \cdot 1{,}38 \cdot 298 \cdot 10^{-39})^{1/2} \\ &= 1{,}13 \cdot 10^{22}\ \mathrm{s^{-1}\,cm^{-2}}. \end{aligned}$$

9.16 Ein ideales Fermigas befinde sich am absoluten Nullpunkt und habe die Fermienergie μ. Die Geschwindigkeit eines Moleküls werde mit v bezeichnet. Man berechne $\overline{v_x}$ und $\overline{v_x^2}$. (Die Masse der Teilchen sei m).

9.16 Da die Fermi-Verteilung nur von dem Betrag der Geschwindigkeit abhängt, gilt aus Symmetriegründen

$$\overline{v_x} = 0. \tag{1}$$

Es ist

$$\overline{v_x^2} = \int d^3v\, f(|\mathbf{v}|)\, v_x^2 \Big/ \int d^3v\, f(|\mathbf{v}|). \tag{2}$$

Geht man zu Polarkoordinaten über, so kann man die Winkelintegrationen leicht ausführen, da f nur von $|\mathbf{v}| = v$ abhängt:

$$\overline{v_x^2} = \frac{1}{3} \int dv\, f(v)\, v^4 \Big/ \int dv\, f(v)\, v^2 \quad .$$

Bei T = 0 sind alle Niveaus bis zur Energie $\frac{1}{2} m v_F^2 = \mu$ besetzt, die mit Energien $\frac{1}{2} m v_F^2 > \mu$ unbesetzt, und f(v) ist für $v \leqslant v_F$ konstant. Daher gilt

$$\overline{v_x^2} = \frac{1}{3} \int_0^{v_F} v^4\, dv \Big/ \int_0^{v_F} v^2\, dv$$

$$= \frac{1}{5} v_F^2 = \frac{2}{5} \frac{\mu}{m}. \tag{3}$$

9.17 Man betrachte ein ideales Gas aus N Elektronen in einem Volumen V am absoluten Nullpunkt.

a) Man berechne die Fermienergie μ dieses Gases.

b) Man berechne die gesamte mittlere Energie $\bar{E}$ dieses Gases.

c) Man drücke $\bar{E}$ durch die Fermienergie μ aus.

d) Man zeige, daß $\bar{E}$ wirklich eine extensive Größe ist, daß aber für festes V $\bar{E}$ nicht proportional zur Zahl N der Teilchen im Behälter ist. Wie kann man sich dieses letzte Ergebnis erklären, trotz der Tatsache, daß es kein Wechselwirkungspotential zwischen den Teilchen gibt?

9.17 Der Mittelwert einer Größe A ist durch

$$\bar{A} = \sum_r \bar{n}_r A_r \tag{1}$$

gegeben, wobei $\bar{n}_r$ die mittlere Besetzungszahl eines durch die Quantenzahlen r gekennzeichneten Zustands eines Teilchens ist und A_r der Wert der Größe A in diesem Zustand. Die $\bar{n}_r$ müssen überdies (s. Aufgabe 9.2) der Bedingung

$$\overline{\sum_r} \bar{n}_r = N \tag{2}$$

genügen. Wie in Aufgabe 9.3 gezeigt wurde, wird der Zustand eines freien Teilchens im Volumen V durch die von den Translationsfreiheitsgraden herrührenden drei in dem Vektor $\boldsymbol{\kappa}$ zusammengefaßten Quantenzahlen $\kappa_x, \kappa_y, \kappa_z > 0$ und, wenn es sich um Elektronen handelt, zusätzlich durch die Spinquantenzahl $\sigma = \pm \frac{1}{2}$ beschrieben. Die Einteilchenenergien

$$\epsilon(\kappa, \sigma) = \frac{\hbar^2}{2m} \kappa^2 \tag{3}$$

hängen nicht von der Spinquantenzahl ab.

Wie in Aufgabe 9.3 erläutert wurde, kann man die Summe über die Vektoren $\boldsymbol{\kappa}$ durch ein Integral ersetzen und für den wichtigen Spezialfall, daß die Größe A wie $\bar{n}$ nur über die Energie ϵ von κ abhängt, erhält man anstelle von (1)

$$\bar{A} = \sum_\sigma \frac{V}{8\pi^3} \int d^3\boldsymbol{\kappa}\; \bar{n}(\epsilon(\kappa, \sigma))\; A(\epsilon(\kappa, \sigma), \sigma). \tag{4 a}$$

Wenn die Energie ϵ, wie es in (3) vorausgesetzt wurde, nicht von der Spinquantenzahl abhängt und die Form (3) hat, dann kann man das Integral über $d^3\boldsymbol{\kappa}$ nach Einführung von Polarkoordinaten

$$d^3\boldsymbol{\kappa} = \kappa^2 d\kappa \, \sin\theta \, d\theta \, d\varphi,$$

Ausführung der Winkelintegrationen und der aus (3) folgenden Substitution

$$\kappa^2 d\kappa = \frac{1}{2} \frac{(2m)^{3/2}}{\hbar^3} \sqrt{\epsilon}\, d\epsilon$$

in
$$\bar{A} = \sum_\sigma \int_0^\infty \bar{n}(\epsilon) A(\epsilon, \sigma) \rho(\epsilon) d\epsilon \tag{4 b}$$

mit
$$\rho(\epsilon) = \frac{V}{4\pi^2} \frac{(2m)^{3/2}}{\hbar^3} \epsilon^{1/2} \tag{4 c}$$

umformen.

Wenn die Temperatur T = 0 ist, so sind alle Zustände mit $\epsilon < \mu$ besetzt und alle mit $\epsilon > \mu$ unbesetzt, d.h.:

$$\bar{n}(\epsilon) = \begin{cases} 1 \text{ für } \epsilon < \mu \\ 0 \text{ für } \epsilon > \mu. \end{cases} \tag{5}$$

In diesem Falle kann man Integrale vom Typ (4 b) durch

$$\bar{A} = \sum_\sigma \int_0^\mu A(\epsilon, \sigma) \rho(\epsilon) d\epsilon \tag{6}$$

ersetzen.

a) Die Fermienergie μ bei T = 0 bestimmt man aus der entsprechend umgeformten Gleichung (2):

$$N = \sum_{\sigma} \int_0^{\mu} \rho(\epsilon)\, d\epsilon = 2 \int_0^{\mu} \rho(\epsilon)\, d\epsilon\,.$$

Die Summe über σ ergibt den Faktor 2, da ρ nicht von der Spinquantenzahl σ abhängt. Mit (4 c) erhält man so

$$\mu = \frac{\hbar^2}{2m}\left(3\pi^2 \frac{N}{V}\right)^{2/3}. \tag{7}$$

b) Für die mittlere Energie bei T = 0 erhält man mit $A(\epsilon, \sigma) = \epsilon$ aus (6)

$$\bar{E} = 2 \int_0^{\mu} \epsilon\, \rho(\epsilon)\, d\epsilon.$$

Mit (4 c) ergibt sich daher

$$\bar{E} = \frac{V}{5\pi^2} \frac{(2m)^{3/2}}{\hbar^3} \mu^{5/2}. \tag{8}$$

c) Wenn man das Volumen V in (8) mit Hilfe von (7) durch N ersetzt, so erhält man

$$\bar{E} = \frac{3}{5} N\mu. \tag{9}$$

d) Nach (7) hängt die Fermienergie μ nur von der Dichte N/V ab. Aus (8) folgt daher unmittelbar, daß $\bar{E} \sim V$ bei konstanter Dichte. Aus (9) und (7) folgt, daß $\bar{E} \sim N^{5/3}$ bei konstantem Volumen. Daher gibt es hier keine sinnvolle mittlere Energie $\bar{E}/N$ pro Teilchen, wie man es bei einem idealen Gas von nicht untereinander wechselwirkenden Teilchen eigentlich erwarten sollte. Der Grund dafür ist das Pauli-Verbot, welches insofern eine Wechselwirkung der Elektronen untereinander darstellt, als ein zu N Elektronen hinzugefügtes Elektron nur den niedrigsten nicht bereits besetzten Zustand einnehmen kann.

9.22 Ein Metall hat n Leitungselektronen pro Volumeneinheit, wobei jedes Elektron den Spin ½ und ein zugehöriges magnetisches Moment μ_m hat. Das Metall befinde sich bei T = 0 K in einem schwachen äußeren Magnetfeld H. Das chemische Potential muß auch in Anwesenheit des Feldes H für alle Leitungselektronen gleich sein. Man benutze diese Tatsache, um einen expliziten Ausdruck für die paramagnetische Suszeptibilität der magnetischen Momente der Spins dieser Leitungselektronen zu finden.

9.22 Wenn sich die Elektronen in einem Magnetfeld H befinden, dann liegt der in Aufgabe 9.17 nicht näher behandelte Fall vor, daß die Elektronenenergien von der Spinrichtung abhängen:

$$\epsilon_\pm(\kappa) = \frac{\hbar^2\kappa^2}{2m} \mp \mu_m H = \epsilon_0(\kappa) \mp \mu_m H. \qquad (1)$$

Dabei meint der Index „+“, daß der Spin des Elektrons parallel zum Magnetfeld H ist, und der Index „–“, daß er antiparallel ist. Wie man aus Aufgabe 9.17 ersehen kann, gelten mit (1) nunmehr die Beziehungen:

$$N = \int_{-\mu_m H}^{\infty} d\epsilon_+ \, \rho_+(\epsilon_+)\, \bar{n}(\epsilon_+) + \int_{+\mu_m H}^{\infty} d\epsilon_- \, \rho_-(\epsilon_-)\, \bar{n}(\epsilon_-) \qquad (2\,a)$$

$$\bar{A} = \int_{-\mu_m H}^{\infty} d\epsilon_+ \rho_+(\epsilon_+)\, \bar{n}(\epsilon_+)\, A_+(\epsilon_+) + \int_{+\mu_m H}^{\infty} d\epsilon_- \rho_-(\epsilon_-)\, \bar{n}(\epsilon_-)\, A_-(\epsilon_-). \qquad (2\,b)$$

Dabei ist

$$\rho_+(\epsilon_+) = \rho_-(\epsilon_-) = \frac{V}{4\pi^2} \frac{(2m)^{3/2}}{\hbar^3} \left(\frac{\hbar^2}{2m}\kappa^2\right)^{1/2} = \rho_0(\epsilon_0) \qquad (3)$$

und

$$\bar{n}(\epsilon_\pm) = (e^{-\beta(\epsilon_\pm - \mu)} + 1)^{-1} \qquad (4)$$
$$= (e^{-\beta(\epsilon_0 - [\mu \pm \mu_m H])} + 1)^{-1},$$

da alle Elektronen im Gleichgewicht das gleiche chemische Potential μ haben müssen. Die folgende Skizze veranschaulicht das durch die Gleichungen (1), (3), (4) beschriebene Verhalten der Leitungselektronen im Magnetfeld bei T = 0.

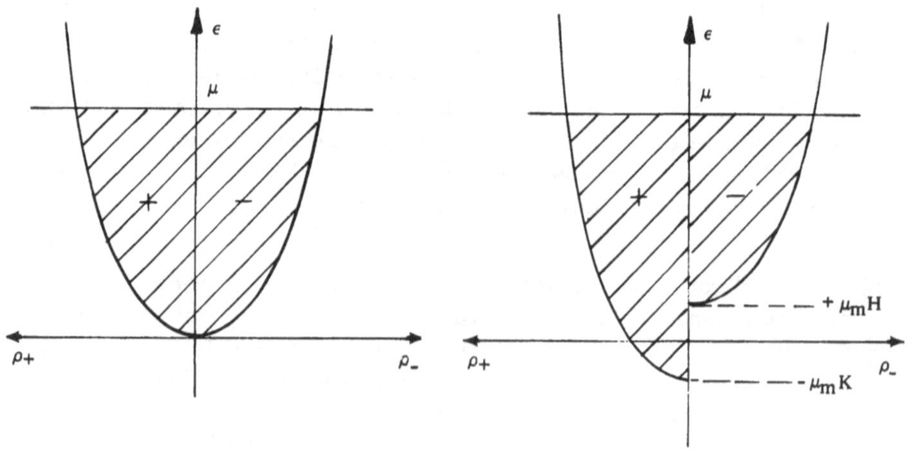

H = 0 H ≠ 0

In diesem Falle gilt analog zu (5) aus Aufgabe 9.17

$$\bar{n}(\epsilon_\pm) = \begin{cases} 1 \text{ für } \epsilon_\pm < \mu \\ 0 \text{ für } \epsilon_\pm > \mu \end{cases} \qquad (5)$$

und man kann, wenn man $\epsilon_\pm$ gemäß (1) durch ϵ_0 ersetzt, unter Beachtung von (3), (4), (5) für (2a), (2b) schreiben:

$$N = \int_0^{\mu+\mu_m H} d\epsilon_0\, \rho_0(\epsilon_0) + \int_0^{\mu-\mu_m H} d\epsilon_0 \rho_0(\epsilon_0) \tag{6a}$$

$$\overline{A} = \int_0^{\mu+\mu_m H} d\epsilon_0\, \rho_0(\epsilon_0)\, A_+(\epsilon_0 - \mu_m H) + \int_0^{\mu-\mu_m H} d\epsilon_0 \rho_0(\epsilon_0)\, A_-(\epsilon_0 + \mu_m H). \tag{6b}$$

Unter Berücksichtigung von (3) erhält man aus (6a):

$$N = \frac{V}{4\pi^2} \frac{(2m)^{3/2}}{\hbar^2} \frac{2}{3} \mu^{3/2} \left[\left(1 + \frac{\mu_m H}{\mu}\right)^{3/2} + \left(1 - \frac{\mu_m H}{\mu}\right)^{3/2}\right]$$

$$= \frac{V}{4\pi^2} \frac{(2m)^{3/2}}{\hbar^3} \frac{4}{3} \mu^{3/2},$$

da das Magnetfeld H so klein ist, daß $(\mu_m H/\mu)^2$ gegen 1 vernachlässigt werden kann. Das zeigt, daß das chemische Potential bzw. die Fermienergie nicht vom Magnetfeld abhängt:

$$\mu = \mu_0$$

und zugleich erhält man mit (3) und (1) die Beziehung

$$\rho_0(\mu_0) = \frac{3}{4} \frac{N}{\mu_0}. \tag{7}$$

Für die Magnetisierung

$$\overline{M}(H) = \frac{\overline{\mu}_m}{V}$$

erhält man nach einer analogen Rechnung aus (6b) mit $A_\pm = \pm\mu_m$

$$\overline{M}(H) = \frac{1}{V} \rho_0(\mu_0)\, 2\mu_m^2\, H$$

und daraus mit (7) die paramagnetische Suszeptibilität der Leitungselektronen

$$\chi_{el} = \frac{\overline{M}}{H} = \frac{3}{2} \frac{N}{V} \frac{\mu_m^2}{\mu_0}$$

oder, wenn man die Dichte $n = N/V$ und die Entartungstemperatur $kT_F = \mu_0$ einführt

$$\chi_{el} = \frac{3}{2} n \frac{\mu_m^2}{kT_F}. \tag{8}$$

9.23 Die niedrigstmögliche Energie eines Leitungselektrons in einem Metall ist $-V_0$ unterhalb der Energie eines freien Elektrons im Unendlichen. Die Leitungselektronen haben eine Fermienergie (oder chemisches Potential) μ. Die minimale Energie, die zur Entfernung eines Elektrons aus dem Metall nötig ist, beträgt dann $\phi = V_0 - \mu$ und heißt Austrittsarbeit des Metalls. Die Skizze stellt diese Beziehung in einem Diagramm der Energie als Funktion der Lage des Elektrons dar.

Man betrachte ein Elektronengas außerhalb des Metalls im thermischen Gleichgewicht mit den Elektronen im Metall bei der Temperatur T. Die Dichte der Elektronen außerhalb des Metalls ist bei allen Labortemperaturen (d.h. $kT \ll \phi$) ziemlich gering. Durch Gleichsetzen der chemischen Potentiale der Elektronen innerhalb und außerhalb des Metalls finde man die mittlere Anzahl von Elektronen (pro Volumeneinheit) außerhalb des Metalls.

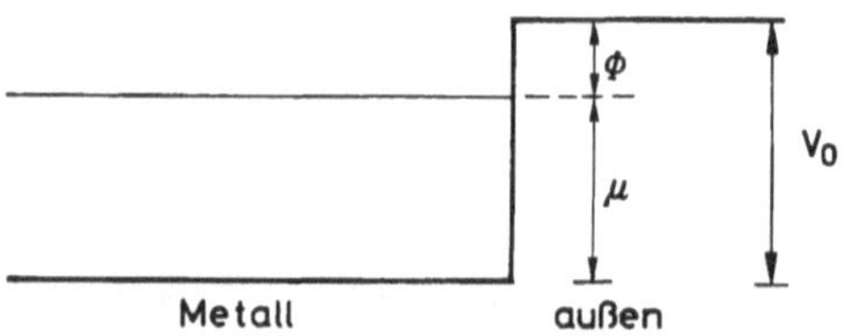

Abb. 9.23:

9.23 Wählt man die Energieskala so, daß der Zustand niedrigster Energie eines Elektrons im Metall die Energie 0 hat, so ist die Energie eines Elektrons außerhalb des Metalls:

$$\epsilon(\kappa) = \frac{\hbar\kappa^2}{2m} + V_0. \tag{1}$$

Ähnlich wie in Aufgabe 9.4 b berechnet man die Zustandssumme eines Elektrons außerhalb des Metalles zu

$$\zeta = 2\,\frac{V}{h^3}\,(2\pi mkT)^{3/2}\,e^{-V_0/kT}, \tag{2}$$

wobei der Faktor 2 von der Berücksichtigung des Elektronenspins herrührt. Aus (1) folgt $(\epsilon(\kappa) - \mu)/kT \geqslant (V_0 - \mu)/kT = \phi/kT$. Da die Austrittsarbeit $\phi \gg kT$, liegt der klassische Grenzfall vor. Infolgedessen ist das chemische Potential μ_a der Elektronen außerhalb des Metalles (siehe z.B. Aufgabe 9.4 a)

$$\mu_a = -kT\ln\frac{\zeta}{N} = -kT\ln\frac{2}{nh^3}\,(2\pi mkT)^{3/2}\,e^{-V_0/kT}, \tag{3}$$

wobei $n = N/V$ die Dichte der Elektronen außerhalb des Metalles ist.

Das chemische Potential μ_i innerhalb des Metalles ist (s. Skizze)

$$\mu_i = V_0 - \phi \tag{4}$$

und muß im Gleichgewicht gleich μ_a sein. Aus (3) und (4) folgt dann

$$e^{(\phi-V_0)/kT} = \frac{2}{nh^3}(2\pi mkT)^{3/2} e^{-V_0/kT}.$$

oder

$$n = \frac{2}{h^3}(2\pi mkT)^{3/2} e^{-\phi/kT}. \tag{5}$$

9.24 Man berechne die Zahl der Elektronen, die in der Sekunde aus einer Flächeneinheit der Oberfläche eines Metalls bei der Temperatur T emittiert werden. Damit berechne man die resultierende Elektronen-Stromdichte. Man betrachte die Situation, daß sich ein solches Metall im Gleichgewicht mit einem Elektronengas außerhalb des Metalls befindet – wie es in der letzten Aufgabe diskutiert wurde – und benutze das Prinzip vom detallierten Gleichgewicht.

9.24 Wie man den Fluß ϕ_{em} aus einer Substanz emittierter Teilchen unter Zuhilfenahme des Prinzips vom detaillierten Gleichgewicht berechnet, ist in Aufgabe 9.14 ausgiebig erläutert worden. Danach ist der Emissionsfluß des Metalles gleich dem des mit ihm im Gleichgewicht befindlichen Gases. Wie in der vorigen Aufgabe gezeigt wurden, kann dieses Gas klassisch behandelt werden und hat die Dichte

$$n = \frac{2}{h^3}(2\pi mkT)^{3/2} e^{-\phi/kT}.$$

Für dieses klassische Gas gilt (s. Aufgabe 7.23)

$$\phi_{em}^{(Gas)} = \frac{1}{4} n\bar{v}\,; \; \bar{v} = \left(\frac{8}{\pi}\frac{kT}{m}\right)^{1/2}.$$

Daher ist die Stromdichte der thermischen Emission (Richardson-Effekt)

$$J = e\,\phi_{em} = \frac{4\pi me}{h^3}(kT)^2 e^{-\phi/kT}.$$

9.27 Man betrachte ein Gas von schwach wechselwirkenden Teilchen bei einer Temperatur T. Die Gesamtzahl der Teilchen ist *nicht* genau festgelegt, nur die mittlere Gesamtzahl $\bar{N}$ ist gegeben. Das Gas kann dann durch die großkanonische Verteilung

$$P_R \sim e^{-\beta E_R - \alpha N_R}$$

beschrieben werden. $R = \{n_r(R)\}$ bezeichnet dabei einen Zustand des Gesamtsystems, der durch die Besetzungszahlen $n_r(R)$ der Einteilchenzustände gekennzeichnet ist.

a) Man zeige, daß man die mittlere Teilchenzahl $\bar{N}$ und die mittleren Besetzungszahlen $\bar{n}_s$ der Einteilchenzustände sowie die entsprechenden mittleren Schwankungsquadrate $\overline{(\Delta N)^2}$ und $\overline{(\Delta n_s)^2}$ durch partielle Ableitungen der großen Zustandssumme

$$Z = \sum_R e^{-\beta E_R - \alpha N_R}$$

ausdrücken kann und gebe den Zusammenhang zwischen der mittleren Teilchenzahl $\overline{N}$ und den mittleren Besetzungszahlen $\overline{n}_s$ an.

b) Man berechne die großen Zustandssummen für die BE- und FD-Statistik (man beachte: Die auftretenden Summationen über die Besetzungszahlen n_r der Einteilchenzustände sind in der großen Zustandssumme unabhängig voneinander) und berechne für beide Fälle sowie den klassischen Grenzfall der MB-Statistik die mittleren Besetzungszahlen $\overline{n}_s$.

c) Man gebe den Zusammenhang zwischen dem mittleren Schwankungsquadrat $\overline{(\Delta N)^2}$ der Teilchenzahl und denen der Besetzungszahlen $\overline{(\Delta n_s)^2}$ an.

9.27 a) Der Mittelwert einer Größe A über eine großkanonische Gesamtheit ist

$$\overline{A} = \sum_R A_R P_R$$

$$= \frac{1}{Z} \sum_R A_R e^{-\beta E_R - \alpha N_R}$$

mit
$$Z = \sum_R e^{-\beta E_R} e^{-\alpha N_R}. \tag{1}$$

Daraus folgt sofort

$$\overline{N} = \frac{1}{Z} \sum_R N_R e^{-\beta E_R - \alpha N_R} = -\frac{1}{Z} \frac{\partial Z}{\partial \alpha} = -\frac{\partial}{\partial \alpha} \ln Z. \tag{2}$$

Genauso ist

$$\overline{N^2} = \frac{1}{Z} \sum_R N_R^2 e^{-\beta E_R - \alpha N_R} = \frac{1}{Z} \frac{\partial^2 Z}{\partial \alpha^2}. \tag{3}$$

Infolgedessen gilt für das mittlere Schwankungsquadrat der Teilchenzahl N:

$$\overline{(\Delta N)^2} = \overline{N^2} - \overline{N}^2 = \frac{1}{Z} \frac{\partial^2 Z}{\partial \alpha^2} - \left(\frac{\partial}{\partial \alpha} \ln Z \right)^2$$

Wegen

$$\frac{d^2 \ln y}{dx} = \frac{1}{y} \frac{d^2 y}{dx^2} - \left(\frac{d \ln y}{dx} \right)^2$$

gilt schließlich

$$\overline{(\Delta N)^2} = \frac{\partial^2 \ln Z}{\partial \alpha^2} = -\frac{\partial \overline{N}}{\partial \alpha}. \tag{4}$$

Für ein System von schwach wechselwirkenden Teilchen gilt

$$E_R = \sum_r n_r(R)\,\epsilon_r \tag{5 a}$$

$$N_R = \sum_r n_r(R), \tag{5 b}$$

so daß man die große Zustandssumme in

$$Z = \sum_R \prod_r e^{-n_r(R)(\beta\epsilon_r + \alpha)} \tag{6}$$

umformen kann. Die mittlere Besetzungszahl $\bar{n}_s$ des Einteilchenzustandes s ist daher

$$\begin{aligned} \bar{n}_s &= \frac{1}{Z} \sum_R n_s(R) \prod_r e^{-n_r(R)(\beta\epsilon_r + \alpha)} \\ &= -\frac{1}{\beta}\frac{1}{Z}\frac{\partial Z}{\partial \epsilon_s} = -\frac{1}{\beta}\frac{\partial \ln Z}{\partial \epsilon_s}. \end{aligned} \tag{7}$$

Genauso zeigt man, daß

$$\begin{aligned} \overline{n_s^2} &= \frac{1}{Z} \sum_R n_s^2(R) \prod_r e^{-n_r(R)(\beta\epsilon_r + \alpha)} \\ &= \frac{1}{\beta^2}\frac{1}{Z}\frac{\partial^2 Z}{\partial \epsilon_s^2} \end{aligned}$$

gilt. Daraus folgt analog wie oben für das mittlere Schwankungsquadrat der Besetzung des Einteilchenzustandes s:

$$\overline{(\Delta n_s)^2} = \frac{1}{\beta^2}\frac{\partial^2 \ln Z}{\partial \epsilon_s^2} = -\frac{1}{\beta}\frac{\partial \bar{n}_s}{\partial \epsilon_s}. \tag{8}$$

Aus der Darstellung (6) der großen Zustandssumme ersieht man, daß

$$\frac{\partial Z}{\partial \alpha} = \frac{1}{\beta}\sum_r \frac{\partial Z}{\partial \epsilon_r}$$

gilt. Mit (2) und (7) folgt daraus

$$\bar{N} = \sum_r \bar{n}_r, \tag{9}$$

d.h., die für jedes Mitglied der kanonischen Gesamtheit zu erfüllende Bedingung $N = \sum_r n_r$ ist in der großkanonischen im Mittel erfüllt.

b) Geht man von der Darstellung (6) der großen Zustandssumme aus und beachtet, daß die Teilchenzahl N_R des Systems nicht beschränkt ist, dann kann man (6) in

$$Z = \prod_r \left(\sum_{n_r}{}^{*} e^{-n_r(\beta\epsilon_r + \alpha)} \right) \tag{10}$$

umformen, wobei der Stern an dem Summenzeichen bedeutet, daß sich die Summe über alle von der Statistik erlaubten Besetzungszahlen eines Einteilchenzustandes erstreckt.

Die Umformung von (6) nach (10) führt man am einfachsten schrittweise aus, indem man zunächst den Einteilchenzustand $r = 1$ gesondert betrachtet und die Menge $\{R\}$ aller Systemzustände im

$$\{R\} = \{n_1, \{n_r | r \geqslant 2\}\} = \{n_1, \{R'\}\}$$

mit $\quad \{R'\} = \{n_r(R') | r \geqslant 2\}$

zerlegt. Die Menge $\{R'\}$ ist unabhängig von n_1, da die Besetzungszahlen für verschiedene Zustände durch keine Nebenbedingung miteinander gekoppelt und die Summen $N_R - n_1 = \sum_{r \geqslant 2} n_r$ ebenfalls nicht eingeschränkt sind. Dann kann man (6) umformen in

$$Z = \sum_{n_1}^{*} \sum_{R'} e^{-n_1(\beta\epsilon_1 + \alpha)} \prod_{r \geqslant 2} e^{-n_r(\beta\epsilon_r + \alpha)}$$

$$= \left(\sum_{n_1}^{*} e^{-n_1(\beta\epsilon_1 + \alpha)}\right) \sum_{R'} \prod_{r \geqslant 2} e^{-n_r(\beta\epsilon_r + \alpha)}$$

und mit $\sum_{R'} \cdots$ die Prozedur wiederholen, was schließlich (vollständige Induktion nach der Anzahl der herausgegriffenen Einteilchenzustände) auf (10) führt.

Für die BE-Statistik sind die Besetzungszahlen der Einteilchenniveaus nicht beschränkt, daher gilt:

$$\sum_{n}^{BE} e^{-n(\beta\epsilon + \alpha)} = \sum_{n=0}^{\infty} e^{-n(\beta\epsilon + \alpha)} = \left(1 - e^{-(\beta\epsilon + \alpha)}\right)^{-1} \tag{11 a}$$

wenn $\beta\epsilon + \alpha > 0$. Für die FD-Statistik gilt dagegen wegen des Pauli-Verbotes:

$$\sum_{n}^{FD} e^{-n(\beta\epsilon + \alpha)} = \sum_{n=0,1} e^{-n(\beta\epsilon + \alpha)} = \left(1 + e^{-(\beta\epsilon + \alpha)}\right). \tag{11 b}$$

Mit (10), (11 a), (11 b) erhält man daher

$$Z = \prod_{r} \left(1 \pm e^{-(\beta\epsilon_r + \alpha)}\right)^{\pm 1} \tag{12}$$

(+: FD; –: BE)

und

$$\ln Z = \pm \sum_{r} \ln\left(1 \pm e^{-(\beta\epsilon_r + \alpha)}\right). \tag{13 a}$$

Im klassischen Grenzfall $e^{-(\beta\epsilon_r + \alpha)} \ll 1$ folgt daraus durch Entwicklung des Logarithmus ($\ln(1 \pm x) \approx 1 \pm x$) in beiden Fällen:

$$\ln Z = \sum_{r} e^{-(\beta\epsilon_r + \alpha)}. \tag{13 b}$$

Aus (13 a), (13 b) erhält man mit (7) die mittleren Besetzungszahlen der Einteilchenniveaus:

$$\bar{n}_s = (e^{(\beta\epsilon_s+\alpha)} \pm 1)^{-1} \qquad (14\,a)$$

(+: FD; –: BE)

und im klassischen Grenzfall

$$\bar{n}_s = e^{-(\beta\epsilon_s+\alpha)}. \qquad (14\,b)$$

c) Aus (9) und (4) folgt

$$\overline{(\Delta N)^2} = -\frac{\partial \bar{N}}{\partial \alpha} = -\sum_r \frac{\partial}{\partial \alpha}\bar{n}_r$$

und wegen (14 a), (14 b) und (8) gilt

$$\frac{\partial}{\partial \alpha}\bar{n}_r = \frac{1}{\beta}\frac{\partial}{\partial \epsilon_r}\bar{n}_r = -\overline{(\Delta n_r)^2}.$$

Daraus folgt, daß sich das mittlere Schwankungsquadrat der Teilchenzahl additiv aus den Schwankungsquadraten der Besetzungszahlen der Einteilchenniveaus zusammensetzt:

$$\overline{(\Delta N)^2} = \sum_r \overline{(\Delta n_r)^2}. \qquad (15)$$

Dieses Ergebnis war zu erwarten, da insbesondere bei der Umformung (6) in (10) der großen Zustandssumme vorausgesetzt wurde, daß die Besetzungszahlen der Einteilchenniveaus in einem System schwach wechselwirkender Teilchen unabhängig voneinander sind. (M.a.W., die Korrelationen der Besetzungszahlen $\overline{n_s n_{s'}} - \bar{n}_s \bar{n}_{s'}$ verschwinden für $s \neq s'$, so daß in (15) nur die Selbstkorrelationen $\overline{n_s^2} - \bar{n}_s^2$ auftreten.)

9.28 Die kanonische und die großkanonische Gesamtheit sind äquivalent, d.h., Mittelwerte stimmen praktisch überein, wenn die relative Schwankung $\Delta N^* = (\overline{N^2} - \bar{N}^2)^{1/2}/\bar{N}$ der Gesamtteilchenzahl in der letzteren sehr viel kleiner als eins ist. Man überlege sich mit Hilfe der Ergebnisse der vorigen Aufgabe, daß das für Fermionensysteme und im klassischen Grenzfall bei hinreichend großer mittlerer Teilchenzahl $\bar{N}$ stets zutrifft, daß es aber bei Bosonen zumindest dann nicht mehr gilt, wenn sich nahezu alle Teilchen im tiefsten Einteilchenzustand befinden (Bose-Einstein Kondensation).

9.28 Bei der Behandlung des vorhergehenden Problems ist gezeigt worden, daß das Schwankungsquadrat der Gesamtteilchenzahl in Systemen von schwach wechselwirkenden Teilchen gleich der Summe der Schwankungsquadrate der Besetzungszahlen der Einteilchenniveaus ist:

$$\overline{(\Delta N)^2} = \sum_r \overline{(\Delta n_r)^2}. \qquad (1)$$

Dabei ist (s. vorige Aufgabe)

$$\overline{(\Delta n_r)^2} = -\frac{1}{\beta}\frac{\partial}{\partial \epsilon_r}\bar{n}_r, \tag{2}$$

woraus mit

$$\bar{n}_r = (e^{(\beta\epsilon_r+\alpha)} \pm 1)^{-1} \tag{3 a}$$

(+: FD; –: BE)

sowie

$$\bar{n}_r = e^{-(\beta\epsilon_r+\alpha)} \tag{3 b}$$

(klass. Grenzfall)

$$\overline{(\Delta n_r)^2} = \bar{n}_r(1 \mp \bar{n}_r) \tag{4 a}$$

(–: FD; +:BE)

und

$$\overline{(\Delta n_r)^2} = \bar{n}_r \tag{4 b}$$

(klass. Grenzfall)

folgt.

Aus (4 b) und (1) erhält man unter Berücksichtigung von

$$\bar{N} = \sum_r \bar{n}_r \tag{5}$$

$$\overline{(\Delta N)^2}_{klass} = \bar{N}. \tag{6}$$

Für die relative Schwankung

$$\Delta N^* = [\overline{(\Delta N)^2}/\bar{N}^2]^{1/2}$$

ergibt sich daher im klassischen Grenzfall

$$\Delta N^*_{klass.} = (\bar{N})^{-1/2} \ll 1, \tag{7}$$

wenn $\bar{N} \gg 1$.

Aus (4 a) und (1) ergibt sich

$$\overline{(\Delta N)^2_{FD}} = \sum_r \bar{n}_r(1 - \bar{n}_r). \tag{8}$$

Wegen $0 \leqslant \bar{n}_r \leqslant 1$ und (5), (6) erhält man daraus die Abschätzung

$$\overline{(\Delta N)^2_{FD}} < \overline{(\Delta N)^2_{klass.}}$$

und entsprechend

$$\Delta N^*_{FD} < \Delta N^*_{klass.}. \tag{9}$$

Für Bosonen ergibt sich aus (4 a) und (1)

$$\overline{(\Delta N)^2_{BE}} = \sum_r \bar{n}_r (1 + \bar{n}_r). \tag{10}$$

Hier können sich nahezu alle Teilchen im tiefsten Einteilchenzustand r = 0 befinden (Bose-Einstein Kondensation). Aus (5) folgt dann

$$\bar{n}_0 \approx \bar{N}$$

und aus (10)

$$\overline{(\Delta N)^2_{BE}} \approx \bar{N} (1 + \bar{N}).$$

Für die relative Schwankung gilt in diesem Falle

$$\Delta N^*_{BE} \approx 1. \tag{11}$$

10. Systeme wechselwirkender Teilchen

10.2 Unter Verwendung der Debyeschen Näherung finde man die folgenden thermodynamischen Funktionen eines Festkörpers in Abhängigkeit von der absoluten Temperatur T:

a) $\ln Z$, wobei Z die Zustandsumme ist,

b) die mittlere Energie $\overline{E}$,

c) die Entropie S.

Man stelle die Lösungen durch die Funktion

$$D(y) \equiv \frac{3}{y^3} \int_0^y \frac{x^3\,dx}{e^x - 1}$$

und durch die Debye-Temperatur $\theta_D = \hbar\omega_{max}/k$ dar.

10.2 a) Für die Zustandsumme eines Kristalls gilt

$$\ln Z = \beta N\eta - \int_0^\infty \ln(1 - e^{-\beta\hbar\omega})\,\sigma(\omega)\,d\omega, \tag{1}$$

wobei in der Debyeschen Näherung als Frequenzdichte

$$\sigma(\omega) = \sigma_D(\omega) = \begin{cases} \dfrac{3V}{2\pi^2 c^3}\,\omega^2 & \text{falls } \omega < \omega_D \\ 0 & \text{falls } \omega > \omega_D \end{cases} \tag{2}$$

gewählt wird. Aus der Bedingung

$$\int_0^\infty \sigma_D(\omega)\,d\omega = 3N \tag{3}$$

folgt mit (2)

$$V = 6\pi^2 N \left(\frac{c}{\omega_D^3}\right)^3, \tag{4}$$

so daß (1) auch in die Form

$$\ln Z = \beta N\eta - \frac{9N}{\omega_D^3} \int_0^{\omega_D} \ln(1 - e^{-\beta\hbar\omega})\,\omega^2\,d\omega \tag{5}$$

bzw., mit den dimensionslosen Variablen $x = \beta\hbar\omega$, $y = \beta\hbar\omega_D$,

$$\ln Z = \frac{yN\eta}{\hbar\omega_D} - \frac{9N}{y^3} \int_0^y \ln(1 - e^{-x})\,x^2\,dx \tag{6}$$

gebracht werden kann. Durch partielle Integration läßt sich das Integral auf der rechten Seite von (6) auf die in der Aufgabenstellung angegebene Funktion

$$D(y) = \frac{3}{y^3} \int_0^y \frac{x^3}{e^x - 1}\, dx \tag{7}$$

zurückführen. Man erhält

$$\begin{aligned} \ln Z &= y \frac{N\eta}{\hbar\omega_D} - \frac{9N}{y^3} \left\{ \left[\ln(1 - e^{-x}) \frac{x^3}{3} \right]_0^y - \frac{1}{3} \int_0^y \frac{x^3 dx}{e^x - 1} \right\} \\ &= y \frac{N\eta}{\hbar\omega_D} - 3N \ln(1 - e^{-y}) + ND(y) \\ &= \frac{N\eta}{kT} - 3N \ln(1 - e^{-\theta_D/T}) + ND(\theta_D/T), \end{aligned} \tag{8}$$

wobei θ_D die durch

$$k\theta_D = \hbar\omega_D \tag{9}$$

definierte Debye-Temperatur ist.

b) Für die mittlere Energie gilt mit

$$y = \beta\hbar\omega_D$$

$$\bar{E} = -\frac{\partial}{\partial\beta} \ln Z = -\hbar\omega_D \frac{\partial}{\partial y} \ln Z, \tag{10}$$

so daß man mit (8) erhält

$$\begin{aligned} \bar{E} &= -N\eta + \frac{3N\hbar\omega_D\, e^{-y}}{1 - e^{-y}} + \frac{9N\hbar\omega_D}{y^4} \int_0^y \frac{x^3 dx}{e^x - 1} - \frac{3N\hbar\omega_D}{y^3} \frac{y^3}{e^y - 1} \\ &= -N\eta + \frac{3N}{\beta} D(y) = -N\eta + 3NkT\, D(\theta_D/T). \end{aligned} \tag{11}$$

c) Für die Entropie gilt

$$S = k[\ln Z + \beta\bar{E}], \tag{12}$$

so daß man mit den Ergebnissen (8) und (11) erhält

$$\begin{aligned} S &= Nk\, [-3 \ln(1 - e^{-y}) + 4D(y)] \\ &= Nk\, [-3 \ln(1 - e^{-\theta_D/T}) + 4D(\theta_D/T)]. \end{aligned} \tag{13}$$

10.3 Man werte die Funktion D(y) (vgl. Aufgabe 10.2) für die Grenzfälle $y \gg 1$ und $y \ll 1$ aus. Man benutze die Ergebnisse, um die in der vorigen Aufgabe berechneten thermodynamischen Funktionen $\ln Z$, $\bar{E}$ und S für die Grenzfälle $T \ll \theta_D$ und $T \gg \theta_D$ anzugeben.

10.3 Für $y \gg 1$ kann die obere Grenze in dem die Funktion $D(y)$ definierenden Integral (näherungsweise) ins Unendliche verlegt werden, so daß man (unter Zuhilfenahme einer Integraltafel) erhält

$$\begin{aligned} D(y) &= \frac{3}{y^3} \int_0^\infty \frac{x^3\,dx}{e^x - 1} \\ &= \frac{3}{y^3} \cdot \frac{\pi^4}{15} \\ &= \frac{\pi^4}{5y^3}, \; y \gg 1. \end{aligned} \tag{1}$$

Für $y \ll 1$ ($\Rightarrow x \ll 1$) kann die Näherung

$$e^x \approx 1 + x$$

benutzt werden, so daß man erhält

$$\begin{aligned} D(y) &= \frac{3}{y^3} \int_0^y x^2\,dx \\ &= 1, \; y \ll 1. \end{aligned} \tag{2}$$

Mit (1) und (2) erhält man wegen

$$y = \beta\hbar\omega_D = \theta_D/T \tag{3}$$

aus den allgemeinen Ergebnissen der Aufgabe 10.2 Aussagen über das Grenzverhalten bei hohen bzw. niedrigen Temperaturen (gemessen an der Debye-Temperatur θ_D).

a) Für $y \gg 1$, bzw. $T \ll \theta_D$ findet man

$$\begin{aligned} \ln Z &= \frac{N\eta}{kT} + \frac{N\pi^4 T^3}{5\theta_D{}^3} \\ \bar{E} &= -N\eta + \frac{3\pi^4}{5}\,\frac{NkT^4}{\theta_D{}^3} \\ S &= \frac{4\pi^4}{5}\,Nk\left(\frac{T}{\theta_D}\right)^3. \end{aligned} \tag{4}$$

b) Für $y \ll 1$ bzw. $T \gg \theta_D$ findet man

$$\begin{aligned} \ln Z &= \frac{N\eta}{kT} - 3N \ln \theta_D/T + N \\ \bar{E} &= -N\eta + 3NkT \\ S &= Nk\,[-3 \ln\theta_D/T + 4]. \end{aligned} \tag{5}$$

10.7 Man zeige, daß die molare Entropie eines klassischen monoatomaren und nichtidealen Gases mit einer Dichte von n Atomen pro Volumeneinheit bei der absoluten Temperatur T in erster Näherung in folgender Form geschrieben werden kann:

$$S(T, n) = S_0(T, n) + A(T)\,n.$$

Dabei ist $S_0(T, n)$ die Entropie des entsprechenden idealen Gases, welches vorläge, wenn das zwischenmolekulare Wechselwirkungspotential u(R) identisch Null wäre. Man zeige, daß der Koeffizient A(T) stets negativ ist (wie erwartet, da die Korrelationen den Grad der Unordnung im Gas vermindern sollten) und drücke A(T) explizit durch u aus.

10.7 Die Zustandssumme eines nichtidealen klassischen Gases ist durch

$$\ln Z = \ln \frac{1}{N!}\left(\frac{2\pi m}{h^2\beta}\right)^{3/2\,N} + N \ln V + \frac{1}{2} N n I(\beta), \quad n = \frac{N}{V} \tag{1}$$

gegeben, wobei $I(\beta)$ ein Funktional des zwischen den Molekülen wirksamen Wechselwirkungspotentials u ist und durch

$$I(\beta) = \int_0^\infty (e^{-\beta u} - 1)\, 4\pi R^2 dR \tag{2}$$

definiert wird. Da bei fehlender Wechselwirkung $I(\beta) \equiv 0$, drückt sich nach (1) der Einfluß der Wechselwirkung auf den Logarithmus der Zustandssumme durch das Auftreten eines additiven Terms, nämlich $1/2\, N n I(\beta)$, aus. Wegen

$$S = k\left[\ln Z - \beta \frac{\partial}{\partial\beta} \ln Z\right] \tag{3}$$

muß sich dann auch bezüglich der Entropie der Einfluß der Wechselwirkung im Auftreten eines die Abweichung vom idealen Gas beschreibenden additiven Terms bemerkbar machen, so daß man für die molare Entropie schreiben kann

$$S(T, n) = S_0(T, n) + S'(T, n), \tag{4}$$

wobei der von der Wechselwirkung herrührende Beitrag durch

$$\begin{aligned} S'(T, n) &= N_A k \cdot \left[\frac{1}{2} n\, I(\beta) - \beta \frac{\partial}{\partial\beta}\left(\frac{1}{2} n\, I(\beta)\right)\right] \\ &= n\left(-\frac{N_A k}{2}\, \beta^2\, \frac{\partial}{\partial\beta}\, \frac{I(\beta)}{\beta}\right) \\ &= n A(T) \end{aligned} \tag{5}$$

gegeben ist. Mit der Definition (2) erhält man für die hier eingeführte Größe A(T)

$$\frac{2A(T)}{N_A k} = -\beta^2 \frac{\partial}{\partial\beta} \int_0^\infty \frac{(e^{-\beta u}-1)}{\beta} 4\pi R^2 dR$$

$$= -\beta^2 \int_0^\infty \frac{-\beta u e^{-\beta u} - (e^{-\beta u} - 1)}{\beta^2} 4\pi R^2 dR \tag{6}$$

$$= -\int_0^\infty [1 - e^{-\beta u}(1+\beta u)] 4\pi R^2 dR.$$

Da $(1 + \beta u)$ die Summe der ersten beiden Terme in der Entwicklung von $e^{\beta u}$ darstellt, gilt

$$1 - \frac{1+\beta u}{e^{\beta u}} > 0, \tag{7}$$

so daß das letzte Integral in (6) positiv und folglich – wie zu zeigen war – die Größe $A(T)$ negativ ist.

10.8 Eine adsorbierte Oberflächenschicht der Fläche A besteht aus N Atomen, die sich frei über die Oberfläche bewegen und wie ein klassisches zweidimensionales Gas behandelt werden können. Die Atome wechselwirken über ein Potential $u(R)$ miteinander, das nur von ihrem gegenseitigen Abstand R abhängt. Man finde den Druck dieses Gas-Filmes, d.h., die mittlere Kraft pro Längeneinheit (bis zu Termen, die den zweiten Virialkoeffizienten enthalten).

10.8 Die Zustandssumme eines nichtidealen klassischen Gases ist im zweidimensionalen Fall (siehe Aufgabe 10.7, wo der dreidimensionale Fall behandelt wird) durch

$$\ln Z = \ln \frac{1}{N!}\left(\frac{2\pi m}{h^2\beta}\right)^N + N \ln A + \frac{1}{2}\frac{N^2}{A} I(\beta) \tag{1}$$

gegeben, wobei

$$I(\beta) = \int_0^\infty (e^{-\beta u} - 1)\, 2\pi R\, dR. \tag{2}$$

Für den durch

$$p_f = \frac{1}{\beta}\frac{\partial}{\partial A} \ln Z \tag{3}$$

gegebenen Druck (der zum Druck p_f gehörende äußere Parameter ist hier der Flächeninhalt A!) ergibt sich dann mit (1)

$$\frac{p_f}{kT} = \frac{N}{A} - \frac{1}{2}\frac{N^2}{A^2} I \tag{4}$$

$$= n + B_2(T) n^2, \quad n = N/A, \quad B_2(T) = -\frac{1}{2} I.$$

10.9 Betrachtet werde ein System von N magnetischen Atomen mit dem Spin S in Abwesenheit eines äußeren Magnetfeldes. Mit Hilfe der Weiss'schen Molekularfeld-Näherung berechne man

a) das Verhalten der mittleren Energie dieses Systems in den Grenzfällen: $T \ll T_c$, $T \approx T_c$ und $T \gg T_c$. T_c bezeichnet die Curietemperatur.

b) das Verhalten der Wärmekapazität für die gleichen drei Grenzfälle.

c) Man skizziere näherungsweise die Temperaturabhängigkeit der Wärmekapazität dieses Systems.

10.9 a) In der Weiss'schen Molekularfeld-Näherung wird der die Austauschwechselwirkung beschreibende Hamiltonoperator – nach Einführung eines zunächst unbekannten, für jedes einzelne Atom gleichermaßen wirksamen und jeweils den Einfluß der n Nachbaratome pauschal wiedergebenden effektiven Magnetfeldes H_m – durch den wechselwirkungsfreien Hamiltonoperator

$$H' = -g\mu_0 H_m \sum_{j=1}^{N} S_{jz} \tag{1}$$

approximiert. Da die Eigenwerte der Spinoperatoren S_{jz} durch

$$m_{jz} = -S, -(S-1), \cdots, S-1, S, \quad j = 1, 2, \cdots N \tag{2}$$

gegeben sind, lautet die Zustandssumme

$$Z = \prod_{\alpha=1}^{N} Z_\alpha = \left[\sum_{m=-S}^{+S} e^{\beta g\mu_0 H_m m}\right]^N$$

$$= \left[\frac{\sinh\,(S+\frac{1}{2})\,\beta g\mu_0 H_m}{\sinh\,\frac{1}{2}\,\beta g\mu_0 H_m}\right]^N \tag{3}$$

Daraus erhält man dann unter Benutzung der durch (siehe Aufgabe 7.13)

$$B_S(x) = \frac{1}{S}\left[(S+\frac{1}{2})\coth\,(S+\frac{1}{2})\,x - \frac{1}{2}\coth\,\frac{1}{2}\,x\right] \tag{4}$$

definierten Brillouin-Funktion für die mittlere Energie

$$\overline{E} = -\frac{\partial \ln Z}{\partial \beta} = -NS\,kT\,x\,B_S(x); \quad x = \frac{g\mu_0 H_m}{kT}. \tag{5}$$

Die hier eingehende und bislang noch unbekannte Größe x bzw. H_m bestimmt sich aus der an das Verfahren zu stellenden Forderung nach Selbstkonsistenz, d.h., aus der Bedingung

$$B_S(x) = \frac{kT}{2n\,JS}\,x, \tag{6}$$

in der J die Austauschenergie und n die Anzahl der „wirksamen" Nachbaratome bedeutet. Zur Lösung der Gleichung (6) für die drei in Frage stehenden Temperaturbereiche wird an die Fig. 1 angeknüpft, in der die Kurven

$$y = \frac{kT}{2nJS}\, x \text{ und } y = B_S(x) \tag{7}$$

eingezeichnet sind.

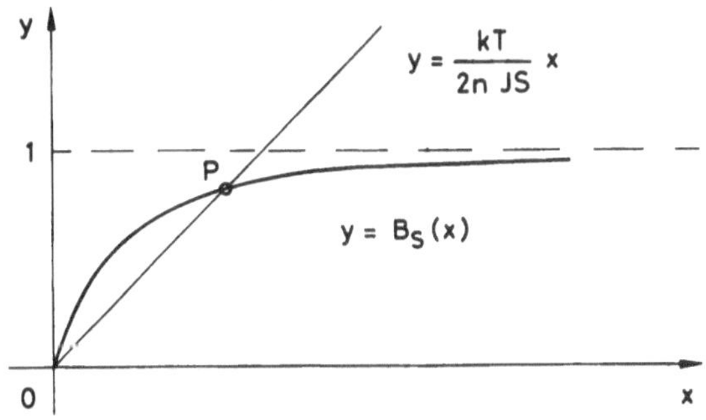

Abb. 10.9.1

$\boxed{T \ll T_c}$:

Die Curie-Temperatur T_c ist dadurch definiert, daß für sie die beiden Kurven in Fig. 1 im Ursprung dieselbe Steigung haben und damit außer 0 keinen weiteren Schnittpunkt besitzen. Für $T \ll T_c$ ist deshalb die Steigung $kT/2nJS$ der Geraden so klein, daß die x-Koordinate des Schnittpunktes P und damit die Lösung von (6) sehr groß ($x \gg 1$) ist. In diesem Fall gilt aber

$$B_S(x) \approx 1, \tag{8}$$

so daß man aus (6) die Näherungslösung

$$1 = \frac{kT}{2nJS}\, x$$

bzw.
$$x = \frac{2nJS}{kT} \tag{9}$$

erhält. Damit wird aus (5)

$$\bar{E} = -NS\, kT\, \frac{2nJS}{kT} = -2nNS^2J,\; T \ll T_c. \tag{10}$$

$\boxed{T \approx T_c}$:

In diesem Temperaturbereich hat der Schnittpunkt P eine sehr kleine x-Koordinate ($x \ll 1$), so daß in (6) $B_S(x)$ nach Potenzen von x entwickelt und diese Entwicklung nach einem der ersten Glieder abgebrochen werden kann. Da die linearisierte Näherungsform

$$B_S(x) = \frac{1}{3}(S + 1)\,x \tag{11}$$

eine durch den Ursprung gehende Gerade darstellen und damit keinen Schnittpunkt $P \neq 0$ mit der Geraden $y = (kT/2nJS)\,x$ ergeben würde, muß in der Entwicklung von $B_S(x)$ noch ein weiterer Term mitgenommen werden. Mit

$$\coth x \to \frac{1}{x} + \frac{x}{3} - \frac{x^3}{45} \quad \text{für } x \ll 1 \tag{12}$$

erhält man so aus (4) die Näherungsform

$$\begin{aligned} B_S(x) &\approx \frac{1}{S}\left\{\left(S + \frac{1}{2}\right)\left[\frac{1}{\left(S + \frac{1}{2}\right)x} + \frac{1}{3}\left(S + \frac{1}{2}\right)x - \frac{1}{45}\left(S + \frac{1}{2}\right)^3 x^3\right] - \right. \\ &\qquad \left. - \frac{1}{2}\left[\frac{2}{x} + \frac{x}{6} - \frac{x^3}{360}\right]\right\} \\ &\approx \frac{1}{3}(S + 1)\,x - \left(S^2 + S + \frac{1}{2}\right)\frac{(S + 1)}{45}\,x^3, \end{aligned} \tag{13}$$

mit der (6) dann (näherungsweise) übergeht in

$$\frac{kT}{2n\,JS}\,x = \frac{1}{3}(S + 1)\,x - \left(S^2 + S + \frac{1}{2}\right)\frac{(S + 1)}{45}\,x^3$$

oder

$$x^2 = \frac{45}{S^2 + S + \frac{1}{2}}\left[\frac{1}{3} - \frac{kT}{2n\,JS\,(S + 1)}\right]. \tag{14}$$

Berücksichtigt man bei der Energieberechnung nur Potenzen in x bis zur 2. Ordnung, so erhält man aus (5) mit (13) und (14)

$$\begin{aligned} \bar{E} &= -NS\,kT\,x\,B_S(x) = -\frac{1}{3}NS\,(S + 1)\,kT\,x^2 \\ &= -\frac{5NS(S + 1)\,kT}{S^2 + S + \frac{1}{2}}\left[1 - \frac{3\,kT}{2n\,JS\,(S + 1)}\right] \quad T \approx T_c. \end{aligned} \tag{15}$$

$\boxed{T \gg T_c}$:

In diesem Fall haben die beiden Kurven in Fig. 1 nur den Ursprung als Schnittpunkt, so daß (6) nur die Lösung $x = 0$ besitzt und (5) somit

$$\bar{E} = 0, \quad T \gg T_c \tag{16}$$

liefert.

b) Aus den Ergebnissen (10), (15) und (16) folgt

$$C = \frac{\partial \overline{E}}{\partial T} = \begin{cases} \to 0 & T \ll T_c \\ \dfrac{15 N k^2 T}{nJ(S^2 + S + \frac{1}{2})} \left[1 - \dfrac{1}{3} \dfrac{S(S+1)\, nJ}{kT}\right] & T \approx T_c \\ 0 & T > T_c \end{cases} \qquad (17)$$

c) Das Ergebnis (17) lautet graphisch:

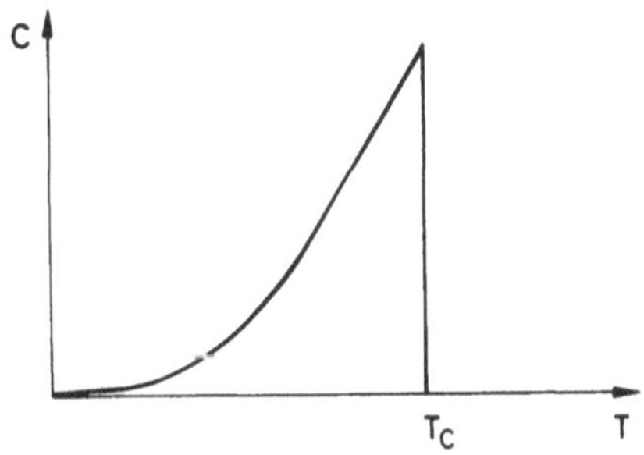

Abb. 10.9.2

11. Magnetismus und tiefe Temperaturen

11.2 Die magnetische Suszeptibilität pro Volumeneinheit eines magnetischen Festkörpers ist durch $\chi = A/(T - \theta)$ gegeben, wobei A und θ vom Magnetfeld unabhängige Konstanten sind. Um wieviel ändert sich die Entropie dieses Festkörpers pro Volumeneinheit, wenn das Magnetfeld bei der Temperatur T von H = 0 auf $H = H_0$ erhöht wird?

11.2 Für die Änderung der Entropie S(T, H) bei konstanter Temperatur T gilt

$$\Delta S = \int_0^{H_0} \left(\frac{\partial S}{\partial H}\right)_T dH. \tag{1}$$

Der hier auftretende unbekannte Integrand läßt sich mit Hilfe der aus der Grundgleichung

$$d\bar{E} = T\,dS - \overline{M_0}\,dH \tag{2}$$

resultierenden Maxwellschen Relation

$$\left(\frac{\partial S}{\partial H}\right)_T = \left(\frac{\partial \overline{M}_0}{\partial T}\right)_H \tag{3}$$

auf Bekanntes zurückführen, da für die rechte Seite von (3) aus

$$\overline{M}_0 = \chi H \tag{4}$$

und dem angegebenen Zusammenhang

$$\chi = A/(T - \theta) \tag{5}$$

folgt

$$\left(\frac{\partial \overline{M}_0}{\partial T}\right)_H = -\frac{AH}{(T - \theta)^2}. \tag{6}$$

Damit erhält man aus (1) und (3)

$$\Delta S = -\int_0^{H_0} \frac{AH}{(T - \theta)^2}\, dH = -\frac{A}{(T - \theta)^2}\,\frac{H_0^2}{2}. \tag{7}$$

11.3 Die magnetische Suszeptibilität pro Mol einer Substanz, die wechselwirkende magnetische Atome enthält, ist nach dem Curie-Weiss'schen Gesetz durch $\chi = A/(T - \theta)$ gegeben, in dem A und θ von der Temperatur und dem Magnetfeld unabhängige Konstanten sind. Der Parameter θ hängt jedoch noch vom Druck p gemäß $\theta = \theta_0(1 + \alpha p)$ ab, wobei θ_0 und α wiederum Konstanten sind. Man berechne die Änderung des molaren Volumens dieser Substanz, wenn bei einer festen Temperatur und festem Druck das Magnetfeld von $H = 0$ auf den Wert $H = H_0$ erhöht wird.

11.3 Im Gegensatz zu Aufgabe 11.2 geht es hier um *molare* Größen, so daß das Volumen als weiterer äußerer Parameter hinzukommt. Für die Änderung des molaren Volumens gilt dann zunächst

$$\Delta v = \int_0^{H_0} \left(\frac{\partial v}{\partial H}\right)_{T,\bar{p}} dH. \tag{1}$$

Aus der jetzt anzusetzenden Grundgleichung

$$d\bar{E} = TdS - \bar{p}dv - \bar{M}dH \tag{2}$$

folgt mit

$$G(T, \bar{p}, H) = \bar{E} - TS + \bar{p}V \tag{3}$$

die äquivalente Form

$$dG = -SdT + vd\bar{p} - \bar{M}dH, \tag{4}$$

aus der man die Maxwellsche Relation

$$\left(\frac{\partial v}{\partial H}\right)_{T,\bar{p}} = -\left(\frac{\partial \bar{M}}{\partial \bar{p}}\right)_{T,H} \tag{5}$$

und damit eine Beziehung erhält, die es ähnlich wie in Aufgabe 11.2 erlaubt, den unbekannten Integranden in (1) auf bekannte Größen zurückzuführen. Aus

$$\bar{M} = \chi H \tag{6}$$

und

$$\chi = A/[T - \theta_0(1 + \alpha\bar{p})] \tag{7}$$

folgt

$$\left(\frac{\partial \bar{M}}{\partial \bar{p}}\right)_{T,H} = \frac{A\theta_0\,\alpha H}{[T - \theta_0(1 + \alpha\bar{p})]^2}, \tag{8}$$

so daß man aus (1) erhält

$$\Delta v = -\int_0^{H_0} \frac{A\theta_0\,\alpha H dH}{[T - \theta_0(1 + \alpha\bar{p})]^2} = -\frac{A\theta_0\,\alpha}{[T - \theta_0(1 + \alpha\bar{p})]^2}\,\frac{H_0^2}{2}. \tag{9}$$

11.4 a) Man zeige, daß bei fester Temperatur die Entropie eines Metalls sowohl im normalleitenden als auch im supraleitenden Zustand vom Magnetfeld unabhängig ist. (Die magnetische Suszeptibilität ist im normalleitenden Zustand vernachlässigbar klein.)

b) Gegeben sei die kritische Kurve $H = H(T)$ für einen Supraleiter. Man finde einen allgemeinen Ausdruck für die Differenz $(C_s - C_n)$ der Wärmekapazitäten des Metalls im supraleitenden und normalleitenden Zustand bei derselben Temperatur T.

c) Wie lautet die Antwort in Teil b) für die Übergangstemperatur $T = T_c$?

11.4 a) Aus der Grundgleichung

$$d\bar{E} = TdS - \bar{p}dV - \bar{M}dH \tag{1}$$

bzw.

$$dF = -SdT - \bar{p}dV - \bar{M}dH \tag{2}$$

mit $F(T, V, H) = \bar{E} - TS$

folgt

$$\left(\frac{\partial S}{\partial H}\right)_{V,T} = \left(\frac{\partial \bar{M}}{\partial T}\right)_{V,H}. \tag{3}$$

Da im normalleitenden Zustand

$$\chi \approx 0 \Rightarrow \bar{M} = V\chi H \approx 0 \tag{4}$$

gilt, folgt aus (3)

$$(\partial S/\partial H)_{V,T} \approx 0. \tag{5}$$

Im supraleitenden Zustand gilt

$$B = H + \frac{4\pi\bar{M}}{V} = 0$$

bzw.

$$\bar{M} = -\frac{V}{4\pi}H, \tag{6}$$

so daß hier aus (3) folgt

$$(\partial S/\partial H)_{V,T} = 0. \tag{7}$$

b) Aus der Bedingung für das Gleichgewicht zwischen der normal- und supraleitenden Phase folgt die Beziehung

$$S_s - S_n = \frac{V}{4\pi} H \frac{dH}{dT}. \tag{8}$$

Da die spezifische Wärme bzw. die Wärmekapazität durch

$$C = T(\partial S/\partial T) \tag{9}$$

gegeben ist, folgt aus (8)

$$C_s - C_n = T\frac{\partial}{\partial T}(S_s - S_n) = \frac{VT}{4\pi}\left(\frac{dH}{dT}\right)^2 + \frac{VTH}{4\pi}\left(\frac{d^2H}{dT^2}\right), \tag{10}$$

wobei H(T) das kritische Magnetfeld ist.

c) Die kritische Temperatur T_c ist durch das Eintreten des supraleitenden Zustands bei abwesendem Magnetfeld definiert. Aus (10) folgt daher für H = 0

$$C_s - C_n = \frac{VT_c}{4\pi}\left(\frac{dH}{dT}\right)^2_{T_c} . \tag{11}$$

11.6 Man betrachte ein Metall bei nicht vorhandenem Magnetfeld und bei atmosphärischem Druck. Die Wärmekapazität des Metalls im normalleitenden Zustand ist $C_n = \gamma T$; im supraleitenden Zustand ist sie näherungsweise $C_s = \alpha T^3$. Hier sind γ und α Konstanten und T ist die absolute Temperatur.

a) Man drücke α durch γ und die kritische Temperatur T_c aus.

b) Man bestimme die Differenz der inneren Energien des Metalls im normalleitenden und supraleitenden Zustand bei T = 0. Man drücke das Ergebnis durch γ und T_c aus. (Man denke daran, daß die Entropien des normalleitenden und des supraleitenden Zustandes sowohl bei T = 0 als auch bei $T = T_c$ gleich groß sind.)

11.6 a) Die Entropie ist mit der Wärmekapazität (gemeint ist hier die Wärmekapazität bei konstantem Druck und konstantem Magnetfeld H = 0) gemäß

$$C = T\left(\frac{\partial S}{\partial T}\right) \tag{1}$$

verknüpft. Für die zum Übergang $0 \to T_c$ gehörende Entropieänderung gilt daher im normalleitenden Zustand

$$S_n(T_c) - S_n(0) = \int_0^{T_c}\left(\frac{\partial S_n}{\partial T}\right)dT = \int_0^{T_c}\frac{C_n}{T}\,dT \tag{2}$$

und im supraleitenden Zustand

$$S_s(T_c) - S_s(0) = \int_0^{T_c}\left(\frac{\partial S_s}{\partial T}\right)dT = \int_0^{T_c}\frac{C_s}{T}\,dT. \tag{3}$$

Da nach der Phasengleichgewichtsbedingung (siehe Aufgabe 11.4 (8)) einerseits

$$S_n(T_c) = S_s(T_c) \tag{4}$$

und nach dem 3. Hauptsatz andererseits

$$S_n(0) = S_s(0) \tag{5}$$

gilt, ergibt sich aus (2) und (3) mit

$$\begin{aligned} C_n &= \gamma T \\ C_s &= \alpha T^3 \end{aligned} \tag{6}$$

der Zusammenhang

$$\int_0^{T_c} \gamma dT = \int_0^{T_c} \alpha T^2 \, dT \tag{7}$$

oder $\alpha = 3\gamma/T_c^2.$ (8)

b) Die innere Energie ist mit der Wärmekapazität ($C_p \cong C_V = C$) gemäß

$$C = \left(\frac{\partial E}{\partial T}\right) \tag{9}$$

verknüpft, so daß man für die zum Übergang $0 \rightarrow T_c$ gehörende Energieänderung mit (6) erhält

$$E_n(T_c) - E_n(0) = \int_0^{T_c} \gamma T \, dT = \frac{\gamma T_c^2}{2} \tag{10}$$

bzw. $E_s(T_c) - E_s(0) = \int_0^{T_c} \alpha T^3 \, dT = \frac{\alpha T_c^4}{4}.$ (11)

Da die Wärmekapazität, d.h. die 1. Ableitung der inneren Energie bei $T = T_c$ einen links- und rechtsseitigen Grenzwert besitzt, ist die Energie selbst dort stetig, so daß

$$E_n(T_c) = E_s(T_c). \tag{12}$$

Damit folgt dann aus (10) und (11) unter Benutzung von (8)

$$E_s(0) - E_n(0) = -\frac{\gamma T_c^2}{4}. \tag{13}$$

12. Elementare kinetische Theorie der Transportvorgänge

12.1 Mit einem einzigen Würfel wird eine große Anzahl von Würfen ausgeführt.

a) Wie groß ist die mittlere Anzahl der Würfe zwischen zwei Sechsen? Wie groß ist für irgendeinen Wurf die mittlere Anzahl von Würfen

b) bis die nächste Sechs fällt;

c) seit die letzte Sechs gefallen ist?

12.1 Bei einem regulären Würfel ist die Wahrscheinlichkeit p, eine bestimmte Zahl von Augen zu werfen, für alle Zahlen gleich und außerdem unabhängig von dem Ergebnis aller vorhergehenden Würfe. Die Wahrscheinlichkeit, bei einem Wurf eine bestimmte Zahl – z.B. die Sechs – zu werfen, ist daher stets

$$p = \frac{1}{6} \tag{1 a}$$

und die Wahrscheinlichkeit, eine bestimmte Zahl – z.B. die Sechs – *nicht* zu werfen, ist stets

$$q = 1 - p = \frac{5}{6}. \tag{1 b}$$

a) Die Wahrscheinlichkeit eine Sechs zu würfeln, anschließend n mal keine Sechs zu würfeln und dann wieder eine Sechs zu würfeln, ist

$$\tilde{P}_n = pq^n p. \tag{2}$$

Die mittlere Anzahl von Würfen zwischen zwei Sechsen ist daher

$$\bar{n} = (\sum_{n=0}^{\infty} \tilde{P}_n)^{-1} \; (\sum_{n=0}^{\infty} n\tilde{P}_n) \tag{3}$$

$$\bar{n} = (\sum_{n=0}^{\infty} q^n)^{-1} \; (\sum_{n=0}^{\infty} n q^n)$$

$$= (\sum_{n=0}^{\infty} q^n)^{-1} \; (q \sum_{n=1}^{\infty} n q^{n-1})$$

$$= (\sum_{n=0}^{\infty} q^n)^{-1} \; (q \frac{\partial}{\partial q} \sum_{n=0}^{\infty} q^n).$$

Nun ist

$$\sum_{n=0}^{\infty} q^n = (1 - q)^{-1} = p^{-1} \tag{4 a}$$

und daher

$$\frac{\partial}{\partial q} \sum_{n=0}^{\infty} q^n = (1-q)^{-2} = p^{-2}. \tag{4 b}$$

Damit erhält man für die mittlere Anzahl von Würfen zwischen zwei Sechsen:

$$\bar{n} = q\,p^{-1} = (\frac{1}{p} - 1) = 5. \tag{5}$$

b) Die Wahrscheinlichkeit, genau im n-ten Wurf eine Sechs zu würfeln, ist gleich der Wahrscheinlichkeit, (n – 1)mal keine und dann eine Sechs zu würfeln:

$$P_n = q^{n-1}\,p. \tag{6}$$

Die mittlere Anzahl von Würfen bis zur nächsten Sechs ist daher

$$\bar{n} = (\sum_{n=1}^{\infty} P_n)^{-1} (\sum_{n=1}^{\infty} n P_n). \tag{7}$$

Nach einer analogen Rechnung wie unter a) erhält man

$$\bar{n} = p^{-1} = 6. \tag{8}$$

c) Die Wahrscheinlichkeit, erst eine Sechs und dann (n – 1)mal keine zu werfen, ist

$$P_n' = p q^{n-1}, \tag{9}$$

d.h., wegen der Unabhängigkeit von vorangegangenen Spielausgängen ist die Wahrscheinlichkeit (9) dafür, daß im n-ten vorhergehenden Wurf die letzte Sechs gefallen ist, gleich der Wahrscheinlichkeit (6), im n-ten Wurf eine Sechs zu würfeln. Die mittlere Anzahl von Würfen, seit die letzte Sechs gefallen ist, berechnet sich daher wie unter b) zu

$$\bar{n}' = p^{-1} = 6. \tag{10}$$

12.2 Die mittlere freie Weglänge eines Gasmoleküls sei l. Man nehme an, daß das Molekül gerade einen Stoß erlitten hat. Wie groß ist der mittlere Weg,

a) den es bis zum nächsten Stoß zurücklegt;

b) den es seit dem letzten Stoß zurückgelegt hat?

c) Welchen Weg legt ein Molekül im Mittel zwischen zwei Stößen zurück?

12.2 Die Wahrscheinlichkeit dafür, daß ein Teilchen im Zeitintervall Δt einen Stoß erleidet, ist

$$p = w\Delta t = \frac{\Delta t}{\tau}, \tag{1}$$

wobei $\tau = w^{-1}$ die Stoßzeit ist. Unter der Annahme, daß sich die Geschwindigkeit eines Teilchens innerhalb der Stoßzeit τ praktisch nicht ändert, kann man (1) mit der Geschwindigkeit v erweitern und p durch die freie Weglänge $l = \tau v$ ausdrücken:

$$p = \frac{\Delta s}{l}. \tag{2}$$

Nun zerlegt man den Weg s eines Teilchens in ν gleichlange Intervalle Δs. Das Schicksal des Teilchens entspricht dann dem eines Würfelspielers mit einem regulären ν-flächigen Würfel: Das Durchqueren eines Intervalls Δs entspricht einem Wurf, das Erscheinen einer bestimmten Zahl von Augen einem Stoß.

a) Diese Frage entspricht Problem b) aus Aufgabe 12.1. Danach ist die Anzahl der bis zum nächsten Stoß im Mittel durchquerten Intervalle Δs:

$$\bar{n} = \frac{1}{p} = \frac{l}{\Delta s}$$

und dem entsprechend das bis zum nächsten Stoß im Mittel durchlaufene Wegstück:

$$\bar{s} = \bar{n}\,\Delta s = \frac{\Delta s}{p} = l. \tag{3}$$

b) Analog zu Problem c) aus Aufgabe 12.1 ergibt sich

$$\bar{s} = \bar{n}\Delta s = l. \tag{4}$$

c) Analog zu Problem a) aus Aufgabe 12.1 ergibt sich für die Anzahl der im Mittel zwischen zwei Stößen durchquerten Intervalle

$$\bar{n} = (\frac{1}{p} - 1).$$

Für den zwischen zwei Stößen im Mittel durchlaufenden Weg ergibt sich unter Berücksichtigung von (3)

$$\bar{s} = (l - \Delta s) = l(1 - \frac{\Delta s}{l}). \tag{5 a}$$

Macht man die Unterteilung des Weges beliebig fein, so gilt wie unter a) und b)

$$\lim_{\Delta s \to 0} \bar{s} = l \tag{5 b}$$

12.4 Man berechne den differentiellen Streuquerschnitt für die Streuung einer harten Kugel mit dem Radius a_1 an einer ruhenden harten Kugel mit dem Radius a_2. Wie hängt das Ergebnis vom Streuwinkel θ' ab? (Man rechne nach der klassischen Mechanik.)

12.4 Der differentielle Streuquerschnitt $\sigma(\Omega)$ ist definitionsgemäß der durch das Raumwinkelelement $d\Omega$ dividierte Bruchteil dM/F_i der pro Flächen- und Zeiteinheit einfallenden Teilchen F_i, die in das Raumwinkelelement $d\Omega = \sin\theta' d\theta' d\varphi$ gestreut werden:

$$\sigma(\Omega, V) = \frac{1}{F_i} \frac{dM}{d\Omega}. \tag{1}$$

Die folgende Überlegung führt in der klassischen Mechanik auf den für die Berechnung wesentlichen Zusammenhang zwischen dem Stoßparameter b (d.i. der Abstand, in welchem das Teilchen am Streuzentrum vorbeifliegen würde, wenn keine Wechselwirkung zwischen beiden vorhanden wäre) und dem differentiellen Streuquerschnitt σ.

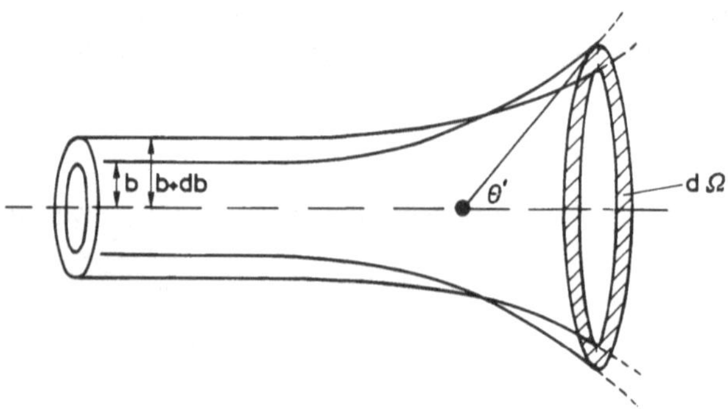

Abb. 12.4.1

Wie in der Skizze dargestellt ist, werden alle Teilchen, die mit einer festen Geschwindigkeit V auf das Streuzentrum zufliegen und deren Stoßparameter zwischen b und b + db liegt, in ein Raumwinkelelement $d\Omega$ gestreut, da die Bahnen der Teilchen stetig von ihren Anfangsbedingungen abhängen. Infolgedessen ist die Anzahl dM der Teilchen, die in ein bestimmtes Raumwinkelelement $d\Omega$ fliegen, gleich der Anzahl derjenigen Teilchen, die durch den Kreisring mit den Radien b und b + db auf das Streuzentrum zufliegen. Bei konstanter Stromdichte F_i ist diese Anzahl daher

$$dM = F_i 2\pi b\, db \tag{2}$$

woraus mit (1)

$$\sigma(\Omega, V) = 2\pi b \left| \frac{db}{d\Omega} \right| \tag{3}$$

folgt. Die Betragsstriche müssen eingeführt werden, weil $\frac{db}{d\Omega}$ im allgemeinen negativ ist. (Da die Wechselwirkung mit wachsendem Abstand schwächer wird, wird die Ablenkung, d.h., θ' mit wachsendem b im allgemeinen kleiner.)

Bei einem Stoß zwischen harten Kugeln ist der Zusammenhang zwischen b und θ' rein geometrisch bestimmbar und von der Geschwindigkeit der einfallenden Teilchen unabhängig.

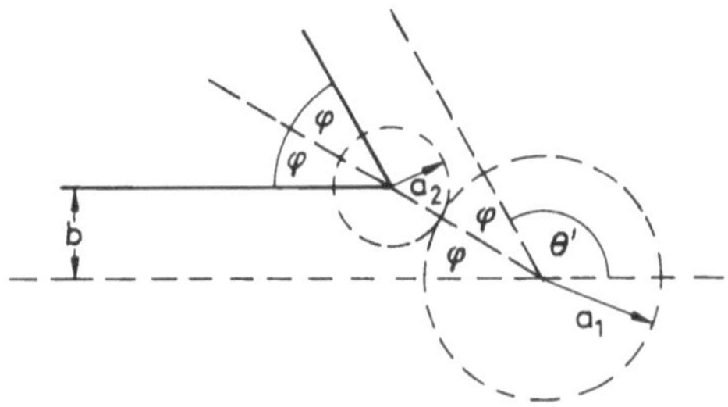

Abb. 12.4.2

Aus der Skizze ist zu ersehen, daß

$$\theta' + 2\varphi = \pi \tag{4 a}$$

und folglich

$$b = (a_1 + a_2)\sin\varphi = (a_1 + a_2)\cos {}^{\theta'}\!/_2. \tag{4 b}$$

Mit $d\Omega = 2\pi \sin\theta' d\theta'$ folgt daraus

$$\frac{db}{d\Omega} = \frac{(a_1 + a_2)}{2\pi \sin\theta'} \frac{d\cos {}^{\theta'}\!/_2}{d\theta'} = -\frac{(a_1 + a_2)}{4\pi} \frac{\sin {}^{\theta'}\!/_2}{\sin\theta'}.$$

Wegen $0 \leqslant \theta' \leqslant \pi$ ist dieser Ausdruck stets negativ, und man erhält nach Einsetzen in (3) für den differentiellen Wirkungsquerschnitt

$$\sigma(\theta') = -2\pi b \frac{db}{d\Omega} = \frac{(a_1 + a_2)^2}{4}. \tag{5}$$

12.5 Der totale Streuquerschnitt für die Streuung von Elektronen an Luftmolekülen ist etwa 10^{-15} cm^2. Bei welchem Luftdruck erreichen 90 Prozent der von der Kathode emittierten Elektronen bei Zimmertemperatur eine 20 cm entfernte Anode? (Man nehme dabei an, daß jedes gestreute Elektron die Anode nicht erreicht, d.h., man vernachlässige Mehrfachstreuung.)

12.5 Die Wahrscheinlichkeit P(t) (Überlebenschance), daß ein Teilchen während der Zeitspanne t keinen Stoß erleidet, ist

$$P(t) = e^{-t/\tau} \tag{1}$$

wenn τ die Stoßzeit ist. Analog wie in Aufgabe 12.2 erhält man daraus nach Erweitern des Exponenten mit der als langsam veränderlich angenommenen Geschwindigkeit v des Teilchens die Wahrscheinlichkeit

$$P(s) = e^{-\frac{s}{l}} \tag{2}$$

dafür, daß ein Teilchen die Strecke s ohne Stoß durchläuft, wobei $l = \tau v$ die mittlere freie Weglänge des Teilchens ist.

Sollen 90 % der von der Kathode emittierten Elektronen die Strecke s_0 ohne Stoß durchlaufen, so muß

$$P(s_0) = e^{-\frac{s_0}{l}} = 0{,}9$$

gelten. Nach Logarithmieren und Auflösen nach l erhält man daraus

$$l = \frac{s_0}{-\ln(0{,}9)} = 9{,}49\, s_0, \qquad (3)$$

d.h., die mittlere freie Weglänge muß rund zehnmal so lang sein wie die zu durchlaufende Strecke.

Allgemein gilt für die mittlere freie Weglänge

$$l = \frac{\bar{v}_{el}}{\bar{V}} \frac{1}{n\sigma_0}. \qquad (4)$$

Dabei ist $\bar{v}_{el}$ die mittlere Geschwindigkeit der Elektronen, $\bar{V} \approx (\bar{v}_{el}^2 + \bar{v}_{Luft}^2)^{1/2}$ die mittlere Relativgeschwindigkeit zwischen den Elektronen und den Luftteilchen, n deren Dichte und $\sigma_0 \approx 10^{-15}$ cm^2 der totale Streuquerschnitt für die Streuung von Elektronen an den Luftpartikeln. Wegen des großen Masseunterschiedes zwischen Elektronen und Stickstoffmolekülen ($m/M_{N_2} \approx 10^{-4}$) ist bereits die thermische Geschwindigkeit der Elektronen sehr viel größer als die der Luftpartikel, so daß stets

$$\bar{V} \approx \bar{v}_{el}$$

gilt. Daher folgt aus (4)

$$l = (n\sigma_0)^{-1}. \qquad (5)$$

Ersetzt man hier die Dichte gemäß p = nkT durch den Druck, so erhält man aus (3) die Bedingung (T ≈ 300 k)

$$p \approx \frac{kT}{10 s_0 \sigma_0} \approx 2 \cdot 10^{-7} \text{ bar}$$

12.10 Durch ein Rohr der Länge L mit dem Radius a, an dessen Enden jeweils die Drucke p_1 und p_2 herrschen, fließt infolge der Druckdifferenz eine Flüssigkeit mit der Viskosität η. Man gebe die notwendigen Bedingungen dafür an, daß sich ein zylinderförmiger Ausschnitt der Flüssigkeit (Radius r) unter dem Einfluß der Druckdifferenz und der wegen der Viskosität vorhandenen Schubspannungen gleichförmig – d.h. nicht beschleunigt – bewegt. Ferner gebe man in den folgenden beiden Fällen einen Ausdruck für die Masse der Flüssigkeit $\dot{M}$ an, die pro Sekunde durch das Rohr strömt:

a) Die Flüssigkeit ist inkompressibel und hat die Dichte ρ.

b) Die Flüssigkeit ist ein ideales Gas und hat das Molgewicht μ.

(Die Ergebnisse sind die Formeln für die Poisseuille-Strömung.) Man nehme an, daß die Flüssigkeitsschicht, die mit den Rohrwänden in Berührung steht, sich in Ruhe befindet. Man beachte, daß pro Zeiteinheit durch jeden Rohrquerschnitt die gleiche Masse strömen muß.

12.10 Der betrachtete zylinderförmige Flüssigkeitsausschnitt (Radius r, Höhe Δz s. Skizze) bewegt sich gleichförmig in z-Richtung, wenn die Summe der z-Kompo-

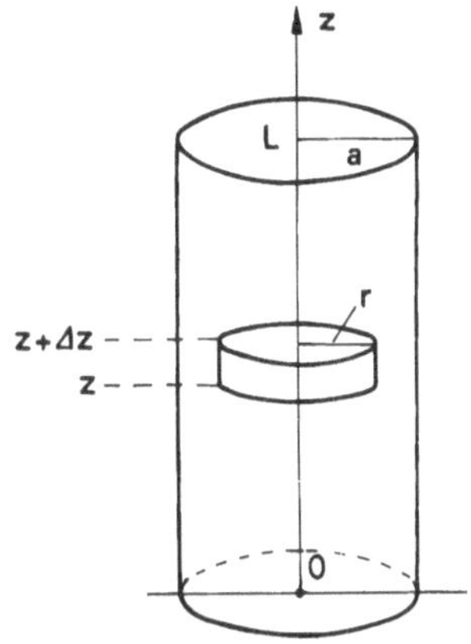

Abb. 12.10

nenten der durch die Stirnflächen und die Mantelfläche übertragenen Kräfte verschwindet. Die durch die Stirnflächen übertragenen Kraftkomponenten sind:

$$K_z^{(s)}(r, z + \Delta z) = -\pi r^2 p(z + \Delta z) \;;\; K_z^{(s)} = \pi r^2 p(z). \tag{1}$$

Die durch die Mantelfläche von der Flüssigkeit außerhalb auf die Flüssigkeit innerhalb des Zylinders übertragene Kraftkomponente entsteht beim vorliegenden Problem durch das Gefälle der z-Komponente der Strömungsgeschwindigkeit $\mathbf{u}$ in radialer Richtung. Allgemein gilt in Zylinderkoordinaten für die pro Flächenelement $r\Delta z\, d\varphi$ des Mantels übertragene Kraftkomponente*

$$\begin{aligned} dK_z^{(M)} &= -P_{rz}\, r\Delta z\, d\varphi \\ &= \eta \left(\frac{\partial u_z}{\partial r} + \frac{\partial u_r}{\partial z} \right) r\Delta z\, d\varphi, \end{aligned} \tag{2}$$

wobei η die Viskosität der Flüssigkeit ist. Da die Strömungsgeschwindigkeit $\mathbf{u}$ im vorliegenden Problem aus Symmetriegründen nur eine von r und z abhängige z-Komponente $u(r, z)$ haben kann, ergibt sich aus (2) nach Integration über die Mantelfläche des Zylinders:

$$K_z^{(M)}(r, z) = \eta\, 2\pi r \frac{\partial u(r, z)}{\partial r} \Delta z. \tag{3}$$

* Die Herleitung von (2) wäre zu platzraubend. Eine sehr ausführliche Behandlung der Transformation auf krummlinige Koordinaten und Zusammenfassung der Ergebnisse in Tabellen findet man z.B. in: R.E. Bird, W.E. Stewart, E.N. Lightfoot; Transportphenomena (Wiley & Sons, 1960).

Die Bedingung für die gleichförmige Bewegung des betrachteten Flüssigkeitsausschnittes lautet mit (3) und (1) daher im limes $\Delta z \to 0$:

$$- r \frac{dp(z)}{dz} + 2\eta \frac{\partial u(r, z)}{\partial r} = 0. \tag{4}$$

Durch Integration über den Radius r erhält man aus (4) –

$$\int_r^a \frac{\partial u(r', z)}{\partial r'} dr' = u(a, z) - u(r, z) = \frac{1}{2\eta} \frac{dp}{dz} \int_r^a r' dr'$$

– unter Berücksichtigung der Randbedingung $u(a, z) = 0$

$$u(r, z) = -\frac{1}{4\eta} \frac{dp}{dz} (a^2 - r^2). \tag{5}$$

Die pro Zeiteinheit in z-Richtung durch einen Rohrquerschnitt z = const. strömende Masse $\dot{M}$ erhält man durch Integration der Stromdichte $j_z = \rho u$ über den Querschnitt. Da $\rho = \rho(z)$ wie der Druck p nur von z abhängen kann, ergibt sich:

$$\dot{M}(z) = -\frac{\pi}{2\eta} \rho(z) \frac{dp}{dz} \int_0^a dr\, r(a^2 - r^2) = -\frac{\pi}{8\eta} a^4 \rho(z) \frac{dp}{dz}. \tag{6}$$

Da durch jeden Rohrquerschnitt z = const. die gleiche Masse pro Zeiteinheit strömen muß, folgt aus (6) bei konstantem Rohrquerschnitt:

$$\rho(z) \frac{dp}{dz} = \text{const.} \tag{7}$$

a) Für eine inkompressible Flüssigkeit gilt

$$\rho(z) = \rho = \text{const.} \tag{8}$$

Damit wird (7) zu dp/dz = const. und es ist

$$p(z) = a + bz.$$

Aus den Randbedingungen $p(L) = p_2$, $p(0) = p_1$ folgt

$$b = \frac{dp}{dz} = \frac{p_2 - p_1}{L}.$$

Mit (9), (8), (7) folgt aus (6) für eine inkompressible Flüssigkeit:

$$\dot{M} = \frac{\pi a^4 \rho (p_1 - p_2)}{8\eta L}. \tag{10}$$

b) Für ein ideales Gas mit dem Molgewicht μ gilt

$$p = \frac{RT}{\mu} \rho. \tag{11}$$

Aus (7) erhält man daher

$$\frac{\mu}{RT}\,p\,\frac{dp}{dz} = \frac{\mu}{2\,RT}\,\frac{dp^2}{dz} = \text{const.} \tag{12}$$

Aus dp^2/dz = const. folgt nach analoger Rechnung wie unter a) für ein ideales Gas

$$\dot{M} = \frac{\mu}{RT}\,\frac{\pi a^4\,(p_1^2 - p_2^2)}{16\eta L}. \tag{13}$$

12.11 Die Temperatur T einer Substanz sei eine Funktion der Zeit t und der Raumkoordinate z. Die Dichte der Substanz sei ρ, die spezifische Wärme pro Masseneinheit c und die Wärmeleitfähigkeit κ. Man betrachte ein Volumenelement dV = dAdz und stelle eine Bilanz für die zeitliche Änderung der darin enthaltenen Wärmemenge auf. Daraus leite man die partielle Differentialgleichung ab, der die Temperatur T(z, t) genügen muß.

12.11 Wenn man voraussetzt, daß sich in dem Volumenelement dV keine Wärmequellen oder -senken (z.B. Erzeugung oder Verbrauch von Wärme durch chemische Reaktionen) befinden, dann kann sich die in dem Volumenelement dV befindliche Wärmemenge dQ = qdV nur dadurch ändern, daß Wärme durch die Oberfläche des Volumenelementes transportiert wird. Da die Temperatur nur von z abhängen soll, kann es nur einen Wärmestrom in z-Richtung Q_z geben, und die Wärmebilanz lautet: Die [zeitliche Änderung der in dV enthaltenen Wärmemenge $d\dot{Q} = \dot{q}dV$] ist gleich der [durch das Oberflächenelement dA bei z in das Volumenelement dV = dA dz pro Zeiteinheit hereinströmende Wärme Q_z dA] minus der [durch das Oberflächenelement dA bei z + dz aus dem Volumenelement dV pro Zeiteinheit herausströmenden Wärme Q_z dA]:

$$\begin{aligned}\dot{q}dV &= (Q_z(z, T) - Q_z(z + dz, t))\,dA \\ &= -\frac{\partial Q_z(z, t)}{\partial z}\,dA\,dz.\end{aligned}$$

Als Formel ergibt sich also

$$\dot{q}(z, t) = -\frac{\partial Q_z(z, t)}{\partial z}. \tag{1}$$

Die Wärmemenge q pro Volumeneinheit ist durch

$$q(z, t) = c\rho\,T(z, t) \tag{2}$$

und der Wärmestrom in z-Richtung durch die Wärmeleitungsgleichung

$$Q_z(z, t) = -\kappa\,\frac{\partial T(z, t)}{\partial z} \tag{3}$$

mit der Temperatur T(z, t) verknüpft. Durch Einsetzen von (3) und (2) in die Bilanzgleichung (1) erhält man die gesuchte partielle Differentialgleichung

$$\frac{\partial T(z,t)}{\partial t} = \frac{\kappa}{\rho c}\,\frac{\partial^2 T(z,t)}{\partial z^2} \tag{4}$$

für die Temperatur, wenn diese nur von z abhängt.

12.12 Längs der Achse eines langen zylindrischen Behälters (Radius b) ist ein langer zylindrischer Draht (Radius a) aufgespannt, der den Widerstand R pro Längeneinheit hat. Der Behälter ist mit einem Gas der Wärmeleitfähigkeit κ gefüllt und wird auf der konstanten Temperatur T_0 gehalten. Man berechne die Temperaturdifferenz ΔT zwischen dem Draht und den Gefäßwänden, wenn ein kleiner, konstanter elektrischer Strom I durch den Draht fließt. Man nehme an, daß das System einen stationären Zustand erreicht hat, so daß die Temperatur T überall zeitunabhängig ist. (Hinweis: Man suche die Bedingung, die von jeder hohlzylinderförmigen Gasschicht zwischen den Radien r und r + dr erfüllt sein muß.)

12.12 Zur Untersuchung des radialen Wärmestromes $\mathcal{Q}_r$ zwischen dem Draht und der Wand betrachtet man zwei Zylinder der Länge L mit den Radien r und r + dr mit $a \leqslant r < b$ und stellt eine ähnliche Bilanz wie in der vorigen Aufgabe auf: Da sich im stationären Zustand die Wärmemenge, die in dem von den beiden Hohlzylindern gebildeten Volumenelement $2\pi rL\,dr$ enthalten ist, mit der Zeit nicht ändern darf, muß durch jeden Zylindermantel die gleiche Wärmemenge pro Zeiteinheit transportiert werden. Daraus folgt, da die Radialkomponente $\mathcal{Q}_r$ des Wärmestromes aus Symmetriegründen nur von r abhängen kann,

$$2\pi L(r+dr)\mathcal{Q}_r(r+dr) - 2\pi L r\mathcal{Q}_r(r) = 2\pi L\,d(r\mathcal{Q}_r) = 2\pi L\,dr\,\frac{d}{dr}(r\mathcal{Q}_r) = 0$$

oder $$r\mathcal{Q}_r = \text{const.} \tag{1 a}$$

bzw. $$\mathcal{Q}_r = -\kappa\frac{dT}{dr} = \frac{\text{const.}}{r}. \tag{1 b}$$

Zur Bestimmung der Konstanten benutzt man die Randbedingung an der Drahtoberfläche r = a, die man wieder durch eine Wärmebilanz erhält: Infolge des Stromes I wird im Draht pro Zeit- und Längeneinheit die Wärmemenge $\dot{Q} = IR^2$ erzeugt. Da sich im stationären Zustand die Temperatur des Drahtes mit der Zeit nicht ändern darf, muß diese Wärmemenge pro Zeit- und Längeneinheit durch die Drahtoberfläche abgeführt werden. Unter Berücksichtigung von (1 a) muß daher gelten

$$\dot{Q} = IR^2 = 2\pi a\,\mathcal{Q}_r\big|_{r=a} = 2\pi\,\text{const.} \tag{2}$$

Damit ergibt sich aus (1 b)

$$\kappa\frac{dT}{dr} = -\frac{IR^2}{2\pi r}. \tag{3}$$

Wenn die Temperaturdifferenz

$$\Delta T = T(a) - T(b)$$

klein gegen $T_0 = T(b)$ ist und die Wärmeleitfähigkeit κ bei T_0 nicht sehr stark von der Temperatur abhängt, so daß man κ im Temperaturbereich ΔT um T_0 praktisch als konstant ansehen kann, dann ergibt sich aus (3) nach Integration über r von a bis b:

$$\Delta T = \frac{IR^2}{2\pi\kappa} \ln \frac{b}{a}. \tag{4}$$

12.15 Um ein Isotopengemisch von N_2-Gas herzustellen, wird in einen kugelförmigen Behälter von 1 m Durchmesser der N_2^{14}-Gas bei Zimmertemperatur unter Normaldruck enthält, ein wenig N_2^{15}-Gas durch ein Ventil eingelassen. Unter der Voraussetzung, daß es keine Konvektion in dem Gas gibt, schätze man grob ab, wie lange man warten muß, bis man einigermaßen sicher sein kann, daß die N_2^{14}- und N_2^{15}-Moleküle gleichmäßig in dem Behälter verteilt sind.

12.15 Ein für eine grobe Abschätzung ausreichendes Kriterium für die vollständige Durchmischung der beiden Isotope ist, daß die Wurzel aus dem mittleren Verschiebungsquadrat $\overline{z^2}(t)$ eines Teilchens in einer Richtung gleich den linearen Abmessungen (hier der Durchmesser d) des Behälters sein soll:

$$\overline{z^2}(t) \approx d^2 = 10^4\,\text{cm}^2. \tag{1}$$

Das mittlere Verschiebungsquadrat eines Teilchens während der Zeit t ergibt sich im eindimensionalen Fall aus der Diffusionsgleichung

$$\frac{\partial n}{\partial t} = D\,\frac{\partial^2 n}{\partial z^2}$$

für die Dichte $n(z, t)$ der N_2^{15}-Moleküle. Wegen

$$\overline{z^2}(t) = \frac{1}{N} \int_{-\infty}^{+\infty} z^2 n\,dz; \qquad N = \int_{-\infty}^{+\infty} n\,dz = \text{const.}$$

erhält man, wenn man die Diffusionsgleichung mit z^2 multipliziert und über z integriert

$$\int_{-\infty}^{+\infty} z^2 \frac{\partial n}{\partial t}\,dz = \frac{\partial}{\partial t} \int_{-\infty}^{+\infty} z^2 n\,dz = N \frac{\partial}{\partial t}\overline{z^2} = D \int_{-\infty}^{+\infty} z^2 \frac{\partial^2 n}{\partial z^2}\,dz.$$

Nach zweimaliger partieller Integration ergibt sich

$$\frac{\partial}{\partial t}\overline{z^2} = 2D,$$

woraus mit der Anfangsbedingung $\overline{z^2}(0) = 0$ und ohne Konvektion

$$\overline{z^2}(t) = 2Dt \tag{2}$$

folgt.

Mit $\sigma_0 \approx 10^{-15}$ cm², $T \approx 300$ K, $p \approx 1$ bar ist die Diffusionskonstante von N_2^{15} in N_2^{14}

$$D = \frac{1}{3\sqrt{2}} \frac{kT\bar{v}}{p\sigma_0} \approx 0{,}45 \text{ cm}^2 \text{s}^{-1}.$$

Danach ist mit (1), (2) die Größenordnung der Zeit t_0, nach der die beiden Isotope vollständig durchmischt sein werden

$$t_0 \approx 10^4 \text{ s}$$

also etwa drei Stunden.

12.16 Ein würfelförmiger Satellit (Kantenlänge L, Masse M) bewegt sich parallel zu einer seiner Kanten mit der Geschwindigkeit V außerhalb der Erdatmosphäre. Das ihn umgebende Gas habe die Temperatur T und bestehe aus Molekülen der Masse m, deren Anzahl n pro Volumeneinheit sehr klein sein soll, so daß ihre mittlere freie Weglänge sehr viel größer als die Kantenlänge L des Satelliten ist. Man berechne die mittlere (bremsende) Kraft, die das interplanetare Gas auf den Satelliten ausübt, und nehme dabei an, daß die Stöße zwischen den Molekülen und dem Satelliten elastisch sind, und daß die Geschwindigkeit V im Vergleich zur mittleren Geschwindigkeit der Moleküle klein ist. Nach welcher Zeit ist die Geschwindigkeit des Satelliten auf die Hälfte des ursprünglichen Wertes zurückgegangen, wenn sonst keine Kraft auf ihn wirkt?

12.16 Die prinzipiellen Überlegungen zur Berechnung der Reibungskraft sind die gleichen wie bei der Berechnung der inneren Reibung (Viskosität) von Gasen. Dementsprechend wird die Kraft, die das Gas auf den makroskopischen Körper ausübt, nach dem 2. Newtonschen Axiom aus dem pro Zeiteinheit von dem Gas auf den Satelliten übertragenen Impuls berechnet.

Der Satellit bewege sich mit der Geschwindigkeit V in x-Richtung. Nach dem Gleichverteilungssatz bewegen sich im Mittel jeweils $\frac{1}{6}$n Gaspartikel von rechts und links mit der Geschwindigkeit $\bar{v}$ auf den Satelliten zu (s. Skizze). Da die Re-

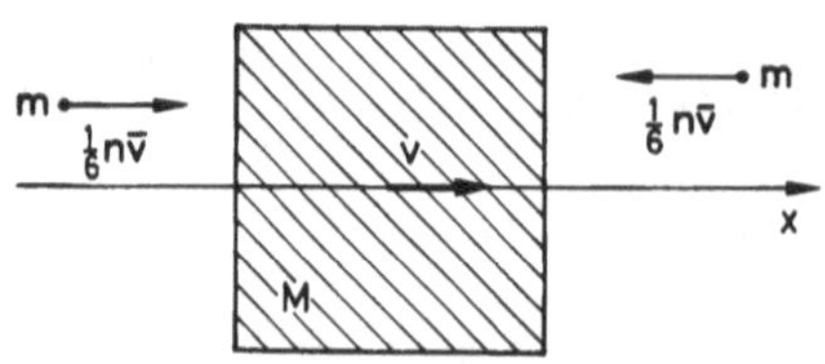

Abb. 12.16

lativgeschwindigkeit zwischen dem Satelliten und den von rechts nach links fliegenden Teilchen größer ist als die zwischen dem Satelliten und den von links nach rechts liegenden Teilchen, stoßen rechts mehr Teilchen pro Zeiteinheit mit größerer Geschwindigkeit auf den Satelliten als links. Daher wird durch die rechte Wand des Satelliten mehr Impuls übertragen als durch die linke, woraus eine von der Geschwindigkeit des Satelliten abhängige und gegen die Bewegungsrichtung gerichtete Kraft resultiert.

Nach den obigen Überlegungen ist die Anzahl j der pro Zeit- und Flächeneinheit auftreffenden Teilchen

$$j = \begin{cases} \frac{1}{6} n (\bar{v} + V) & \text{rechts} \\ \frac{1}{6} n (\bar{v} - V) & \text{links} \end{cases} \tag{1}$$

Bei einem zentralen, elastischen Stoß zweier Teilchen 1 und 2 ist die Impulsänderung des Teilchens 2 durch

$$\Delta p_2 = 2\mu(v_1 - v_2); \quad \mu = \frac{m_1 m_2}{m_1 + m_2} \tag{2}$$

gegeben. Daher ist die Impulsänderung des Satelliten (Teilchen 2, $m_2 = M$) beim Stoß mit einem von rechts bzw. links kommenden Teilchen 1 ($m_1 = m$):

$$\Delta p_x = \begin{cases} -2m(\bar{v} + V) & \text{rechts} \\ +2m(\bar{v} - V) & \text{links} \end{cases} \tag{3}$$

wobei $\mu \approx m$ wegen $M \gg m$ berücksichtigt wurde. Aus (1) und (3) erhält man den pro Zeit- und Flächeneinheit übertragenen Impuls

$$\begin{cases} -\frac{1}{3} nm(\bar{v} + V)^2 & \text{rechts} \\ +\frac{1}{3} nm(\bar{v} - V)^2 & \text{links} \end{cases} \tag{4}$$

Nach Multiplikation mit der Wandfläche L^2 und Summation über die Anteile (4) der beiden Wände erhält man die Impulsänderung des Satelliten pro Zeiteinheit durch Stöße, die gleich der Reibungskraft ist:

$$K_{R,x} = -\frac{4}{3} nm L^2 \bar{v} V. \tag{5}$$

Da nach Voraussetzung keine andere Kraft auf den Satelliten wirken soll, lautet seine Bewegungsgleichung

$$M \frac{dV}{dt} = -\frac{4}{3} nm\, L^2 \bar{v} V. \tag{6}$$

Die hat die Lösung

$$V(t) = V_0 \exp\left(-\frac{4}{3} \frac{m}{M} nL^2 \bar{v} t\right). \tag{7}$$

Daraus ergibt sich für die Zeit τ, nach der die Geschwindigkeit auf die Hälfte des Anfangswertes V_0 abgefallen ist, die Bestimmungsgleichung

$$\frac{V(\tau)}{V_0} = \frac{1}{2} = \exp\left(-\frac{4}{3}\frac{m}{M}nL^2\bar{v}\tau\right) \tag{8}$$

mit der Lösung

$$\tau = \frac{3\ln 2}{4}\frac{M}{mnL^2\bar{v}}. \tag{9}$$

13. Transporttheorie in der Relaxationszeit-Näherung

13.1 Da die Relaxationszeit τ von $|\mathbf{v}|$ (oder $\epsilon = \frac{1}{2} mv^2$) abhängt, zeige man durch Ausführung der Winkelintegration, daß sich die elektrische Leitfähigkeit

$$\sigma_{el} = -e^2 \int d^3 v \frac{dg}{d\epsilon} \tau v_z^2$$

alternativ in der Form

$$\sigma_{el} = -\frac{1}{3} e^2 \int \frac{dg}{d\epsilon} \tau v^2 d^3 v$$

oder $$\sigma_{el} = -\frac{4\pi}{3} e^2 \int_0^\infty \frac{dg}{d\epsilon} \tau v^4 dv$$

schreiben läßt. Dabei ist $g = g(\epsilon) = g(\frac{1}{2} mv^2)$ die Gleichgewichtsverteilung.

13.1 Die folgende Überlegung zeigt, daß das Integral

$$\sigma_{el} = -e^2 \int \frac{dg}{d\epsilon} \tau v_z^2 d^3 v \tag{1}$$

unabhängig von der speziellen Richtung ist, in die die Komponente der Geschwindigkeit gelegt wird, wenn g und τ nur vom Betrag der Geschwindigkeit abhängen: Führt man nämlich Polarkoordinaten ein und legt die Polarachse in die beliebig gewählte Richtung, so ist der einzige winkelabhängige Term im Integranden stets $\cos^2 \vartheta$, wobei ϑ der Winkel zwischen der Geschwindigkeit und der Polarachse ist. Die Ausführung der Winkelintegration ergibt daher stets den Faktor:

$$\int_0^{2\pi} \int_0^{\pi} \cos^2 \vartheta \sin\vartheta \, d\vartheta \, d\varphi = \frac{4\pi}{3}. \tag{2}$$

Daher läßt sich (1) unabhängig von der gewählten Richtung der Geschwindigkeitskomponenten in

$$\sigma_{el} = -\frac{4\pi}{3} \int_0^\infty \frac{dg}{d\epsilon} \tau v^4 dv \tag{3}$$

umformen.

Nach den bisherigen Überlegungen gilt speziell auch

$$\sigma_{el} = -e^2 \int \cdots v_z^2 d^3 v = -e^2 \int \cdots v_x^2 d^3 v = -e^2 \int \cdots v_y^2 d^3 v$$

und daher folgt aus (1)

$$\sigma_{el} = -\frac{e^3}{3} \int \frac{dg}{d\epsilon} \tau (v_x^2 + v_y^2 + v_z^2) d^3 v = -\frac{e^2}{3} \int \frac{dg}{d\epsilon} \tau v^2 d^3 v. \tag{4}$$

13.6 Ein verdünntes Gas von monoatomaren Molekülen der Masse m befindet sich in einem Behälter. In z-Richtung herrscht ein schwaches Temperaturgefälle $\partial T/\partial z$. Gesucht ist ein Ausdruck für die Wärmeleitfähigkeit dieses Gases bei der Temperatur T. Unter der Voraussetzung, daß die Maxwell-Boltzmann-Statistik gültig ist, ermittle man in erster Näherung die Verteilungsfunktion f der Moleküle in Gegenwart dieses Temperaturgradienten nach der Bahnintegral-Methode. Die Stoßzeit der Moleküle soll dabei als geschwindigkeitsunabhängig angenommen werden.

Vorschlag: Man nehme an, daß die lokale Gleichgewichtsverteilung die Form

$$g = n\left(\frac{\beta m}{2\pi}\right)^{3/2} \exp\left(-\frac{1}{2}\beta m v^2\right)$$

habe, wobei $\beta = (kT)^{-1}$ und die lokale Dichte n beide von z abhängen. Da die experimentellen Bedingungen eine makroskopische Bewegung (Strömung) des Gases verbieten, liefert die Bedingung $\bar{v}_z = 0$ eine Beziehung zwischen n und β. Was sagt diese Beziehung über den Gasdruck aus?

13.6 Wenn die Relaxationszeit τ nicht von v abhängt, so ist die Verteilungsfunktion nach der Bahnintegralmethode

$$f(\mathbf{r}, \mathbf{v}, t) = g(\mathbf{r}(t), \mathbf{v}(t), t) + \int_0^\infty \left[\frac{d}{dt'} g(\mathbf{r}(t-t'), \mathbf{v}(t-t'), t-t')\right] e^{-\frac{t'}{\tau}} dt'. \quad (1)$$

Dabei ist

$$g(\mathbf{r}, \mathbf{v}, t) = n\left(\frac{m\beta}{2\pi}\right)^{3/2} e^{-\frac{1}{2}\beta m v^2} \quad (2)$$

die lokale Gleichgewichtsverteilung, bei der n und β orts- und zeitabhängig, aber nicht geschwindigkeitsabhängig sein dürfen. Dann erhält man für die totale Ableitung nach der Zeit t' in (1) allgemein:

$$\begin{aligned} \frac{dg}{dt'} &= -\frac{\partial g}{\partial \mathbf{r}} \cdot \frac{d\mathbf{r}}{dt} - \frac{\partial g}{\partial \mathbf{v}} \cdot \frac{d\mathbf{v}}{dt} - \frac{\partial g}{\partial t} \\ &= -\frac{\mathbf{F}}{m} \cdot \frac{\partial g}{\partial \mathbf{v}} - \mathbf{v} \cdot \left(\frac{\partial g}{\partial n}\frac{\partial n}{\partial \mathbf{r}} + \frac{\partial g}{\partial \beta}\frac{\partial \beta}{\partial \mathbf{r}}\right) \\ &\quad -\left(\frac{\partial g}{\partial n}\frac{\partial n}{\partial t} + \frac{\partial g}{\partial \beta}\frac{\partial \beta}{\partial t}\right). \end{aligned}$$

Für das vorliegende Problem gilt speziell

$$\frac{dg}{dt'} = -v_z\left(\frac{\partial g}{\partial n}\frac{\partial n}{\partial z} + \frac{\partial g}{\partial \beta}\frac{\partial \beta}{\partial z}\right), \quad (3)$$

da keine äußeren Kräfte vorhanden sind ($\mathbf{F} = 0$) und n sowie β nur von z abhängen sollen.

Es ist nun eine wesentliche Grundannahme der (linearen) Transporttheorie stationärer Prozesse – und zwar auf jeder Verfeinerungsstufe der Theorie –, daß das System nur schwach inhomogen ist, d.h., daß man nur die in den ersten Ableitungen nach dem Ort aller auftretenden Größen linearen Terme berücksichtigen muß*. Man setzt dabei m.a.W. voraus, daß Änderungen des Temperatur- und Dichtegradienten innerhalb von Gebieten, deren lineare Ausdehnung von der Größenordnung der mittleren freien Weglänge ist, vernachlässigbar sind und daß die Änderungen von Temperatur und Dichte selbst innerhalb solcher Gebiete so klein sind, daß man nur lineare Terme zu berücksichtigen braucht.

Unter dieser Voraussetzung erhält man für den zweiten Term in (1) nach partieller Integration

$$\int_0^\infty \frac{dg}{dt'} e^{-\frac{t'}{\tau}} dt' = -\tau \frac{dg}{dt'} e^{-\frac{t'}{\tau}} \Big|_0^\infty + \tau \int_0^\infty \frac{d^2g}{dt'^2} e^{-\frac{t'}{\tau}} dt'$$

$$\approx \tau \frac{dg}{dt'} \Big|_{t'=0}$$

und mit (3) schließlich aus (1) die Verteilungsfunktion

$$f(\mathbf{r}, \mathbf{v}, t) = g(\mathbf{r}, \mathbf{v}, t) - v_z \tau \left(\frac{\partial g}{\partial n} \frac{\partial n}{\partial z} + \frac{\partial g}{\partial \beta} \frac{\partial \beta}{\partial z} \right). \tag{4}$$

Für die lokale Verteilung (2) gilt außerdem

$$\frac{\partial g}{\partial n} = \frac{g}{n}; \quad \frac{\partial g}{\partial \beta} = \frac{g}{\beta} \left(\frac{3}{2} - \beta \frac{m}{2} v^2 \right),$$

so daß man anstelle von (4)

$$f = g - g v_z \tau \left[\frac{1}{n} \frac{\partial n}{\partial z} + \left(\frac{3}{2} - \beta \frac{m}{2} v^2 \right) \frac{1}{\beta} \frac{\partial \beta}{\partial z} \right] \tag{5}$$

schreiben kann.

Die Bedingung

$$\bar{v}_z = \int d^3v\, v_z f = 0$$

führt mit (5) und bei konstanter Relaxationszeit auf

$$\int d^3v\, v_z^2 g \left[\frac{1}{n} \frac{\partial n}{\partial z} + \left(\frac{3}{2} - \beta \frac{m}{2} v^2 \right) \frac{1}{\beta} \frac{\partial \beta}{\partial z} \right] = 0. \tag{6}$$

* Denn nur dann sind die Ströme oder Flüsse proportional zu den entsprechenden Kräften (Temperaturgefälle, Dichtegefälle etc.).

Der erste Term in (5) – die lokale Gleichgewichtsverteilung – taucht hier nicht mehr auf, da g eine gerade Funktion in v_z ist. Führt man in das Integral v^2 anstelle von v_z^2 ein (vgl. Aufgabe 13.1), substituiert $s = v/\bar{v} = v(\beta\frac{m}{2})^{1/2}$ und berücksichtigt, daß n und β nicht von der Geschwindigkeit abhängen dürfen, dann erhält man nach Ausführung der Winkelintegrationen und Herauskürzen gemeinsamer Faktoren aus (6)

$$\left(\frac{1}{n}\frac{\partial n}{\partial z} + \frac{3}{2\beta}\frac{\partial \beta}{\partial z}\right)\int_0^\infty s^4 e^{-s^2}\,ds - \frac{1}{\beta}\frac{\partial \beta}{\partial z}\int_0^\infty s^6 e^{-s^2}\,ds = 0.$$

Die Werte der Integrale sind $\frac{3}{8}\sqrt{\pi}$ bzw. $\frac{15}{16}\sqrt{\pi}$. Setzt man sie ein, so ergibt sich schließlich

$$\frac{1}{n}\frac{\partial n}{\partial z} - \frac{1}{\beta}\frac{\partial \beta}{\partial z} = 0. \tag{7}$$

Mit der Zustandsgleichung $n = p/kT = p\beta$ folgt daraus

$$\frac{\partial p}{\partial z} = 0, \tag{8}$$

d.h., der Druck muß konstant sein.

Die der Nebenbedingung $\bar{v}_z = 0$ genügende Verteilungsfunktion ergibt sich aus (7) und (5) zu

$$\begin{aligned} f &= g - g v_z \tau \frac{\partial \beta}{\partial z}\left(\frac{5}{2\beta} - \frac{m}{2}v^2\right) \\ &= g - \frac{g v_z \tau}{T}\left(\frac{5}{2} - \frac{mv^2}{2kT}\right)\frac{\partial T}{\partial z}. \end{aligned} \tag{9}$$

13.7 Man berechne die Verteilungsfunktion aus der vorhergehenden Aufgabe aus der Boltzmann-Gleichung in der Relaxationszeitnäherung.

13.7 In der Relaxationszeitnäherung lautet die Boltzmanngleichung

$$\frac{\partial f}{\partial t} + \mathbf{v}\cdot\frac{\partial f}{\partial \mathbf{r}} + \frac{\mathbf{F}}{m}\cdot\frac{\partial f}{\partial \mathbf{v}} = -\frac{f - f^{(0)}}{\tau}, \tag{1}$$

wobei $f^{(0)}$ die lokale Gleichgewichtsverteilung ist. Wenn wie im vorliegenden Falle keine äußeren Kräfte vorhanden sind, die gesuchte Verteilungsfunktion nicht explizit von der Zeit abhängt und es nur eine Inhomogenität (Temperaturgefälle) in z-Richtung gibt, dann wird aus (1)

$$v_z\frac{\partial f}{\partial z} = -\frac{f-g}{\tau}, \tag{2}$$

wobei $f^{(0)} = g$ wie in der vorhergehenden Aufgabe die Maxwell-Boltzmannsche Verteilung sein soll. Ähnlich wie dort wird die Gleichung (2) mit der Annahme gelöst, daß für die Verteilungsfunktion

$$f = g + f^{(1)} \text{ mit } f^{(1)} \ll g \tag{3}$$

gilt, und daß man die Ortsabhängigkeit von $f^{(1)}$ vernachlässigen kann, d.h., daß die Ortsabhängigkeit praktisch durch die lokale Gleichgewichtsverteilung mit ortsabhängiger Temperatur und Teilchendichte gegeben ist. Unter dieser Annahme wird (2) näherungsweise durch die Verteilung

$$f = g - v_z \tau \frac{\partial g}{\partial z} \tag{4}$$

gelöst. Mit

$$\frac{\partial g}{\partial z} = \left(\frac{\partial g}{\partial n} \frac{\partial n}{\partial z} + \frac{\partial g}{\partial \beta} \frac{\partial \beta}{\partial z} \right)$$

folgt daraus

$$f = g - v_z \tau \left(\frac{\partial g}{\partial n} \frac{\partial n}{\partial z} + \frac{\partial g}{\partial \beta} \frac{\partial \beta}{\partial z} \right), \tag{5}$$

also genau die Formel (4) der vorigen Aufgabe, der man den Rest der Rechnung entnehmen kann.

13.8 Unter Benutzung der Ergebnisse der beiden vorhergehenden Aufgaben berechne man die Wärmeleitfähigkeit eines idealen Gases. Man zeige, daß sie in der Form

$$\kappa = \frac{5}{2} \frac{nk^2T}{m} \tau$$

geschrieben werden kann, wobei τ die konstante Stoßzeit ist.

13.8 Der Wärmestrom Q_z in z-Richtung, d.h. die pro Zeit- und Flächeneinheit durch eine Fläche z = const. transportierte Energie ist

$$Q_z = \int d^3v\, f\, v_z \left(\frac{1}{2} mv^2\right). \tag{1}$$

Dabei ist f die sich unter dem Einfluß eines Temperaturgefälles $\partial T/\partial z$ in z-Richtung einstellende stationäre Verteilung der Teilchen, die keinen Massentransport (Konvektion) hervorruft. Nach Aufgabe 13.6, Formel (9) also

$$f = g + g \frac{v_z \tau}{T} \left(\frac{5}{2} - \frac{mv^2}{2kT} \right) \frac{\partial T}{\partial z}. \tag{2}$$

Setzt man diese Verteilung in (1) ein und beachtet, daß der von der lokalen Gleichgewichtsverteilung g herrührende Anteil des Integranden eine in v_z ungerade Funktion ist und daher verschwindet, so ergibt sich für den Wärmestrom

$$Q_z = \left[k \int d^3v \; g v_z^2 \tau \left(\frac{5}{2} - \frac{mv^2}{2kT} \right) \frac{mv^2}{2kT} \right] \frac{\partial T}{\partial z}$$

und der Vergleich mit der Definitionsgleichung

$$Q_z = - \kappa \frac{\partial T}{\partial z}$$

für die Wärmeleitfähigkeit κ zeigt, daß diese durch

$$\kappa = - k \int d^3v \; g \, v_z^2 \tau \left(\frac{5}{2} - \frac{mv^2}{2kT} \right) \frac{mv^2}{2kT} \tag{3}$$

gegeben ist.

Setzt man in (3) die lokale Gleichgewichtsverteilung aus Aufgabe 13.6 ein, formt das Integral geeignet um und substituiert $s = v/\tilde{v} = v \left(\frac{m}{2kT}\right)^{1/2}$, so erhält man bei konstanter Relaxationszeit τ

$$\kappa = - \frac{8}{3\sqrt{\pi}} \frac{k^2 T n \tau}{m} \left(\frac{5}{2} \int_0^\infty ds \, s^6 e^{-s^2} - \int_0^\infty ds \, s^8 e^{-s^2} \right).$$

Der Wert des ersten Integrales wurde in Aufgabe 13.6 angegeben, und der Wert des zweiten ist:

$$\int_0^\infty ds \, s^8 e^{-s^2} = \frac{1}{2} \Gamma \left(\frac{9}{2} \right) = \frac{105}{32} \sqrt{\pi}.$$

Damit ergibt sich für die Wärmeleitfähigkeit in der Relaxationszeitnäherung:

$$\kappa = \frac{5}{2} \frac{nk^2T}{m} \tau. \tag{4}$$

13.10 In einem Metall wird der Wärmetransport überwiegend von den Leitungselektronen besorgt. Unter Berücksichtigung der Tatsache, daß die Leitungselektronen ein stark entartetes Fermi-Dirac-Gas bilden, berechne man die Wärmeleitfähigkeit κ des Metalls. Bei der Berechnung (entweder nach der Bahnintegral-Methode oder mit der Boltzmann-Gleichung) ist zu beachten, daß bei der Messung der Wärmeleitfähigkeit kein Strom fließen darf. Daher muß sich das in der lokalen Gleichgewichtsverteilung auftretende chemische Potential μ der Elektronen so im Ortsraum ändern, daß die Driftgeschwindigkeit $\bar{v}$ der Elektronen verschwindet. Man drücke das Ergebnis für κ durch die Temperatur T des Metalls, die Anzahl n der Elektronen pro Volumeneinheit, ihre Masse m und die Stoßzeit τ_F der Elektronen aus, deren Energie nahezu gleich der Fermi-Energie ist.

13.10 Zur Bestimmung der Verteilungsfunktion f in der Relaxationszeitnäherung geht man zunächst genau wie in Aufgabe 13.7 vor und erhält

$$f = g - v_z \tau \frac{\partial g}{\partial z}. \tag{1}$$

Die lokale Gleichgewichtsverteilung ist hier allerdings die Fermi-Verteilung

$$g = 2\left(\frac{m}{2\pi\hbar}\right)^3 (e^{\beta(\epsilon-\mu)} + 1)^{-1}. \tag{2}$$

Dabei dürfen β und μ (bei der Maxwell-Boltzmann-Verteilung β und n*) vom Ort und der Zeit, nicht aber von der Geschwindigkeit abhängen. Da hier ein stationärer Vorgang untersucht wird und ein Temperaturgefälle nur in z-Richtung vorhanden ist, hängen β und μ nur von z ab. Dementsprechend gilt

$$\frac{\partial g}{\partial z} = \frac{\partial g}{\partial \beta}\frac{\partial \beta}{\partial z} + \frac{\partial g}{\partial \mu}\frac{\partial \mu}{\partial z}$$

und wegen (2)

$$\frac{\partial g}{\partial \beta} = \frac{\epsilon-\mu}{\beta}\frac{\partial g}{\partial \epsilon}\,;\quad \frac{\partial g}{\partial \mu} = -\frac{\partial g}{\partial \epsilon}$$

$$\frac{\partial g}{\partial z} = \frac{\partial g}{\partial \epsilon}\left(\frac{1}{\beta}\frac{\partial \beta}{\partial z}(\epsilon-\mu) - \frac{\partial \mu}{\partial z}\right).$$

Für die Verteilungsfunktion (1) folgt daher

$$f = g - \tau v_z \frac{\partial g}{\partial \epsilon}\left(\frac{1}{\beta}\frac{\partial \beta}{\partial z}(\epsilon-\mu) - \frac{\partial \mu}{\partial z}\right). \tag{3}$$

Für die folgenden Rechnungen ist es günstiger, anstelle von ϵ die dimensionslose Größe

$$x = \beta(\epsilon-\mu) = \beta(\frac{m}{2}v^2 - \mu) \tag{4}$$

zu verwenden. Damit wird

$$f = g - \tau v_z \frac{\partial g}{\partial x}\left(\frac{1}{\beta}\frac{\partial \beta}{\partial z}x - \beta\frac{\partial \mu}{\partial z}\right). \tag{3 a}$$

Da die Funktion

$$\frac{\partial g}{\partial x} = 2\left(\frac{m}{2\pi\hbar}\right)^3 \frac{d}{dx}(e^x+1)^{-1} = -2\left(\frac{m}{2\pi\hbar}\right)^3 e^x(e^x+1)^{-2}$$

---

* Wegen des Zusammenhanges zwischen dem chemischen Potential und der Teilchendichte (siehe z.B. Aufgabe 9.17) hängt natürlich auch bei Fermionensystemen die Dichte vom Ort und der Zeit ab.

eine mit wachsendem $|x|$ rasch abfallende Funktion mit einer Halbwertsbreite von etwa 4 ist, weicht die Verteilung f nur im Bereich $|\epsilon - \mu| \lesssim 2\,kT$ um die Fermi-Energie von der lokalen Gleichgewichtsverteilung g ab. Dieser Bereich ist auf der Energieskala der Elektronen wegen $\mu \gg 2\,kT$ sehr klein. In diesem kleinen Bereich kann man daher die Relaxationszeit τ durch den konstanten Wert τ_F ersetzen, wenn man voraussetzt, daß sich die Relaxationszeit in der Umgebung der Fermi-Energie nicht sehr stark ändert. Man ersetzt daher (3 a) durch

$$f = g - \tau_F\, v_z\, \frac{\partial g}{\partial x} \left(\frac{1}{\beta} \frac{\partial \beta}{\partial z}\, x - \beta\, \frac{\partial \mu}{\partial z} \right). \tag{3 b}$$

Die Ortsabhängigkeit des chemischen Potentials, mit der man erreicht, daß kein Strom fließt, wird aus der Bedingung

$$\bar{v}_z = \int d^3v\, f\, v_z = 0 \tag{5}$$

bestimmt. Mit der Verteilung (3 b) folgt daraus:

$$\frac{1}{\beta} \frac{\partial \beta}{\partial z} \int d^3v\ \ v_z^2\, x\, \frac{\partial g}{\partial x} - \beta\, \frac{\partial \mu}{\partial z} \int d^3v\, v_z^2\, \frac{\partial g}{\partial x} = 0. \tag{6}$$

Das zweite Integral läßt sich bequem berechnen, da wegen (4)

$$\frac{\partial g}{\partial v_z} = m\beta\, v_z\, \frac{\partial g}{\partial x}$$

gilt, so daß man das Integral über v_z durch partielle Integration in

$$\int_{-\infty}^{+\infty} dv_z\, v_z^2\, \frac{\partial g}{\partial x} = \frac{1}{m\beta} \int_{-\infty}^{+\infty} dv_z\, v_z\, \frac{\partial g}{\partial v_z} = \frac{1}{m\beta} \left(v_z g \Big|_{-\infty}^{+\infty} - \int_{-\infty}^{+\infty} dv_z\, g \right)$$

$$= -\frac{1}{m\beta} \int_{-\infty}^{+\infty} dv_z\, g$$

umformen kann. Infolgedessen ist

$$\int d^3v\, v_z^2\, \frac{\partial g}{\partial x} = -\frac{1}{m\beta} \int d^3v\, g = -\frac{n}{m\beta}. \tag{7}$$

Wenn man in dem ersten Integral in (6) Polarkoordinaten einführt, so erhält man nach der Ausführung der Winkelintegrationen unter Berücksichtigung von (4)

$$\frac{4\pi}{3} \int_0^\infty dv\, v^4\, x\, \frac{\partial g}{\partial x} = \frac{2\pi}{3} \left(\frac{2}{m} \right)^{5/2} \int_0^\infty d\epsilon\, \epsilon^{3/2}\, x\, \frac{\partial g}{\partial x}$$

$$= \frac{2\pi}{3} \left(\frac{2}{m\beta} \right)^{5/2} \int_{-\mu\beta}^{\infty} dx\, x\, (x + \mu\beta)^{3/2}\, \frac{\partial g}{\partial x}.$$

Da $\mu\beta \gg 1$ und $\frac{\partial g}{\partial x}$ mit wachsendem $|x|$ rasch kleiner wird, kann man im Integranden

$$x(x + \mu\beta)^{3/2} \approx (\mu\beta)^{3/2} \left(x + \frac{3}{2}\frac{x^2}{\mu\beta}\right)$$

und die untere Grenze durch $-\infty$ ersetzen, und erhält mit (2)

$$\frac{4\pi}{3}\int_0^\infty dv\, v^4 x \frac{\partial g}{\partial x} = -\frac{m^{1/2}(2\mu)^{3/2}}{3\pi^2\hbar^3\beta}\left(\int_{-\infty}^{+\infty} dx\, x \frac{e^x}{(e^x+1)^2} + \frac{3}{2\mu\beta}\int_{-\infty}^{+\infty} dx\, x^2 \frac{e^x}{(e^x+1)^2}\right)$$

Integrale des Typs $I_n = \int_{-\infty}^{+\infty} dx\, x^n \frac{e^x}{(e^x+1)^2}$ findet man tabelliert. Danach verschwindet I_1 und I_2 hat den Wert $\frac{\pi^2}{3}$. Daher wird

$$\int d^3v\, v_z^2\, x \frac{\partial g}{\partial x} = -\frac{1}{3}\frac{(2m\mu)^{1/2}}{\hbar^3\beta^2}. \tag{8}$$

Mit (7) und (8) ergibt sich aus (6) und mit

$$\mu = (\hbar^2/2m)(3\pi^2 n)^{2/3} \tag{9}$$

(vgl. Aufgabe 9.17) für den Gradienten des chemischen Potentiales, der den Ladungstransport unterbindet:

$$\frac{\partial\mu}{\partial z} = \frac{\pi^2}{2\mu\beta^2}\frac{1}{\beta}\frac{\partial\beta}{\partial z} \tag{10}$$

und die entsprechende Verteilungsfunktion ist mit (3 b):

$$f = g - \tau_F v_z \frac{\partial g}{\partial x}\left(x - \frac{\pi^2}{2\mu\beta}\right)\frac{1}{\beta}\frac{\partial\beta}{\partial z}. \tag{11}$$

Nach einer analogen Rechnung wie in Aufgabe 13.8 erhält man mit (11) für die Wärmeleitfähigkeit

$$\kappa = -k\tau_F\beta \int d^3v\, v_z^2\, \epsilon \frac{\partial g}{\partial x}\left(x - \frac{\pi^2}{2\mu\beta}\right) \tag{12}$$

oder nach Ausführung der Winkelintegrationen und mit den gleichen Substitutionen, Näherungen und Umformungen wie oben

$$\kappa = -\frac{2\pi}{3} k\tau_F \left(\frac{2\mu}{m}\right)^{5/2} \int_{-\mu\beta}^{\infty} dx \,(1 + \frac{x}{\mu\beta})^{5/2} (x - \frac{\pi^2}{2\mu\beta}) \frac{\partial g}{\partial x}$$

$$= \frac{k\tau_F n}{m} \mu \int_{-\infty}^{+\infty} dx \left[-\frac{\pi^2}{2\mu\beta} + x(1 - \frac{5}{4}\frac{\pi^2}{\mu^2\beta^2}) + \frac{5}{2}\frac{x^2}{\mu\beta} \right] \frac{e^x}{(e^x + 1)^2}.$$

Zur Auswertung benötigt man die oben erwähnten Integrale $I_0 = 1$, $I_1 = 0$, $I_2 = \frac{\pi^2}{3}$ und erhält damit

$$\kappa = \frac{\pi^2}{3} \frac{nk^2 T}{m} \tau_F. \tag{13}$$

14. Die fast exakte Form der Transporttheorie

14.2 Man untersuche den bereits in Aufgabe 13.6 beschriebenen Fall, in welchem sich ein einatomiges, verdünntes Gas mit der Temperatur T in einem Behälter befindet und ein schwaches Temperaturgefälle in z-Richtung vorliegt. Die Masse der Moleküle ist m und der differentielle Streuquerschnitt für die Stöße zwischen den Molekülen ist $\sigma(V, \theta')$.

a) Man stelle einen einfachen Ansatz für die Verteilungsfunktion auf. Dazu greife man den Vorschlag aus Aufgabe 13.6 auf und beachte, daß $\bar{v}_z = 0$, weil es keinen Massentransport (Konvektion) geben darf.

b) Man löse mit diesem Ansatz näherungsweise die linearisierte Boltzmann-Gleichung und berechne mit dieser Näherungslösung die Wärmeleitfähigkeit des Gases. Man drücke das Ergebnis durch T, m und den mittleren effektiven Streuquerschnitt

$$\bar{\sigma}_\eta (T) \equiv \frac{1}{3} \int_0^\infty ds\, e^{-s^2} s^7 \sigma_\eta \left(\frac{2s}{\sqrt{m\beta}}\right)$$

aus, wobei $s = V/\tilde{V}$ die auf den wahrscheinlichsten Wert $\tilde{V} = \sqrt{m\beta}/2$ bezogene Relativgeschwindigkeit der Teilchen und

$$\sigma_\eta(V) \equiv 2\pi \int_0^\pi \sigma(V, \theta') \sin^3 \theta' \, d\theta'$$

der totale effektive Streuquerschnitt ist.

c) Man berechne die Wärmeleitfähigkeit des Gases unter der Annahme, daß sich die Moleküle beim Stoß wie harte Kugeln verhalten und drücke das Ergebnis durch den entsprechenden totalen Streuquerschnitt σ_0 aus. Außerdem vergleiche man das Ergebnis mit der in Aufgabe 13.8 in der Relaxationszeitnäherung berechneten Wärmeleitfähigkeit.

14.2 Schreibt man die Verteilungsfunktion in der Form

$$f = f^{(0)} (1 + \phi), \tag{1}$$

wobei $f^{(0)}$ die lokale Gleichgewichtsverteilung ist, so kann man die Verteilungsfunktion für kleine Abweichungen vom lokalen Gleichgewicht ($\phi \ll 1$) aus der linearisierten Boltzmann-Gleichung

$$D f^{(0)} = \mathcal{L}\phi \tag{2}$$

mit

$$\mathcal{L}\phi = \iint d^3v_1 \, d\Omega' f^{(0)} f_1^{(0)} V \sigma(V, \theta') \Delta\phi \Big|_{\substack{c' = c \\ V' = V}}$$

$$\Delta\phi = \phi' + \phi_1' - \phi - \phi_1$$

bestimmen. Dabei sind c und **V** die Schwerpunkts- und Relativgeschwindigkeit der Stoßpartner vor dem Stoß, und der Wert einer Größe nach dem Stoß ist durch einen Strich gekennzeichnet.

Bei einem Temperaturgefälle nur in z-Richtung und im stationären Fall ist die lokale Gleichgewichtsverteilung

$$f^{(0)} = n(z)\left(\frac{m\beta(z)}{2\pi}\right)^{3/2} e^{-\beta(z)\frac{m}{2}v^2} \tag{3}$$

und $$Df^{(0)} = v_z f^{(0)}\left(\frac{1}{n}\frac{\partial n}{\partial z} + \left(\frac{3}{2} - \beta\,\frac{m}{2}v^2\right)\frac{1}{\beta}\frac{\partial\beta}{\partial z}\right) \tag{4}$$

(siehe Aufgaben 13.6 und 13.7).

a) Der günstigste einfache, d.h., einparametrige Ansatz für ϕ ist in der Regel

$$\phi \sim \frac{1}{f^{(0)}}\,Df^{(0)} = \varphi \tag{5 a}$$

hier also

$$\phi = A\varphi = Av_z\left(\frac{1}{n}\frac{\partial n}{\partial z} + \left(\frac{3}{2} - \beta\,\frac{m}{2}\,v^2\right)\frac{1}{\beta}\frac{\partial\beta}{\partial z}\right). \tag{5 b}$$

Dieser Ansatz hat außerdem die Nebenbedingung $\bar{v}_z = 0$ zu erfüllen. Mit (1) und (5 b) also

$$\bar{v}_z = \int d^3v\, v_z\, f = A\int d^3v\, f^{(0)}\, v_z^2\left(\frac{1}{n}\frac{\partial n}{\partial z} + \left(\frac{3}{2} - \beta\,\frac{m}{2}\,v^2\right)\frac{1}{\beta}\frac{\partial\beta}{\partial z}\right) = 0.$$

Mit (3) folgt daraus wie in Aufgabe 13.6

$$\frac{1}{n}\frac{\partial n}{\partial z} = \frac{1}{\beta}\frac{\partial\beta}{\partial z}.$$

Setzt man dieses ein, so wird

$$\varphi = v_z\left(\frac{5}{2} - \beta\,\frac{m}{2}\,v^2\right)\frac{1}{\beta}\frac{\partial\beta}{\partial z} \tag{6}$$

und $$Df^{(0)} = v_z\, f^{(0)}\left(\frac{5}{2} - \beta\,\frac{m}{2}\,v^2\right)\frac{1}{\beta}\frac{\partial\beta}{\partial z}. \tag{7}$$

b) Das optimale A in (5 b) ist nach dem Variationsverfahren (oder der Momentenmethode)

$$A = \int d^3v\,\varphi\, Df^{(0)} \Big/ \int d^3v\,\varphi\,\mathcal{L}\varphi. \tag{8}$$

Das Integral im Zähler ist mit (3), (6), (7)

$$\int d^3v\,\varphi\, Df^{(0)} = \left(\frac{1}{\beta}\frac{\partial\beta}{\partial z}\right)^2 n\int d^3v\left(\frac{m\beta}{2\pi}\right)^{3/2} e^{-\beta\frac{m}{2}v^2}\, v_z^2\left(\frac{5}{2} - \beta\,\frac{m}{2}\,v^2\right)^2.$$

Nach Einführung von Polarkoordinaten und Integration über die Winkel erhält man mit der Substitution $s = \sqrt{m\beta/2}\, v$

$$\int d^3v\, \varphi\, D f^{(0)} = \left(\frac{1}{\beta} \frac{\partial\beta}{\partial z}\right)^2 \frac{8}{3\sqrt{\pi}} \frac{n}{m\beta} \int_0^\infty ds\, e^{-s^2} \left(\frac{25}{4} s^4 - 5s^6 + s^8\right).$$

Die Werte der Integrale wurden in den Aufgaben 13.6, 13.8 angegeben. Damit ergibt sich schließlich

$$\int d^3v\, \varphi\, D f^{(0)} = \left(\frac{1}{\beta} \frac{\partial\beta}{\partial z}\right)^2 \frac{5}{2} \frac{n}{m\beta}. \tag{9}$$

Das Integral im Nenner von (8) hat mit (2), (3) und (6) die Form

$$\int d^3v \varphi \mathcal{L} \varphi = \left(\frac{1}{\beta} \frac{\partial\beta}{\partial z}\right)^2 n^2 \left(\frac{m\beta}{2\pi}\right)^3 \cdot$$

$$\cdot \iint d^3v\, d^3v_1\, e^{-\beta \frac{m}{2}(v_1^2 + v^2)}\, V\, v_z \left(\frac{5}{2} - \beta \frac{m}{2} v^2\right) J_z \tag{10a}$$

mit

$$J_z = \int d\Omega' \sigma(V, \theta') \Delta\left[v_z \left(\frac{5}{2} - \beta \frac{m}{2} v^2\right)\right]\Big|_{\substack{c' = c\\ V' = V}}$$

$$= \left(\int d\Omega' \sigma(V,\theta') \Delta\left[\mathbf{v}\left(\frac{5}{2} - \beta \frac{m}{2} v^2\right)\right]\Big|_{\substack{c' = c\\ V' = V}}\right)_z. \tag{10b}$$

Zur weiteren Auswertung geht man zur Schwerpunktsgeschwindigkeit

$$\mathbf{c} = \frac{m\mathbf{v} + m_1 \mathbf{v}_1}{m_1 + m}$$

und zur Relativgeschwindigkeit

$$\mathbf{V} = \mathbf{v} - \mathbf{v}_1$$

über.

Dann gilt unter Berücksichtigung von $m_1 = m_2$

$$\frac{m}{2}(v^2 + v_1^2) = mc^2 + \frac{m}{4} V^2 \tag{11a}$$

$$\mathbf{v}\left(\frac{5}{2} - \beta \frac{m}{2} v^2\right) = \left(\mathbf{c} + \frac{1}{2}\mathbf{V}\right)\left(\frac{5}{2} - \beta \frac{m}{2}\left[c^2 + \mathbf{c} \cdot \mathbf{V} + \frac{1}{4} V^2\right]\right) \tag{11b}$$

$$\Delta \left[\mathbf{v}\left(\frac{5}{2} - \beta \frac{m}{2} v^2\right)\right]\Big|_{\substack{c' = c\\ V' = V}} = \beta \frac{m}{2} \left[\mathbf{V}(\mathbf{c} \cdot \mathbf{V}) - \mathbf{V}'(\mathbf{c} \cdot \mathbf{V}')\right]\Big|_{V' = V}. \tag{11c}$$

Nun wird (11c) in (10b) eingesetzt und anstelle der z-Komponente alleine der ganze Vektor

$$
\begin{aligned}
\mathbf{J} &= \beta \frac{m}{2} \int d\Omega' \sigma(V, \theta') \left[\mathbf{V}(\mathbf{c} \cdot \mathbf{V}) - \mathbf{V}'(\mathbf{c} \cdot \mathbf{V}')\right] \Big|_{V' = V} \\
&= \beta \frac{m}{2} \int_0^{\pi} \sin\theta' \, d\theta' \, \sigma(V, \theta') \int_0^{2\pi} d\varphi' \left[\mathbf{V}(\mathbf{c} \cdot \mathbf{V}) - \mathbf{V}'(\mathbf{c} \cdot \mathbf{V}')\right] \Big|_{V' = V}
\end{aligned} \tag{12}
$$

betrachtet.

Die Definition des differentiellen Streuquerschnittes $\sigma(V, \theta')$ verlangt, daß $\mathbf{V}'$ in einem Koordinatensystem dargestellt wird, dessen Polarachse parallel zu $\mathbf{V}$ ist. Zur endgültigen Festlegung dieses Koordinatensystems braucht man neben $\mathbf{V}$ noch einen zweiten, linear unabhängigen Vektor. Es liegt nahe, dafür die Schwerpunktsgeschwindigkeit $\mathbf{c}$ zu nehmen, über die anschließend ebenfalls noch integriert werden muß. (Man kann allerdings für spezielle Probleme manchmal eine geschicktere Wahl treffen, so daß die Rechnung etwas kürzer wird.)

Wenn $\mathbf{c}$ und $\mathbf{V}$ (oder $\mathbf{v}$ und $\mathbf{v}_1$) nicht parallel oder antiparallel sind, dann kann man aus diesen beiden Vektoren die folgende Basis mit den Einheitsvektoren $\hat{\xi}$, $\hat{\eta}$, $\hat{\zeta}$ konstruieren* (s. Skizze).

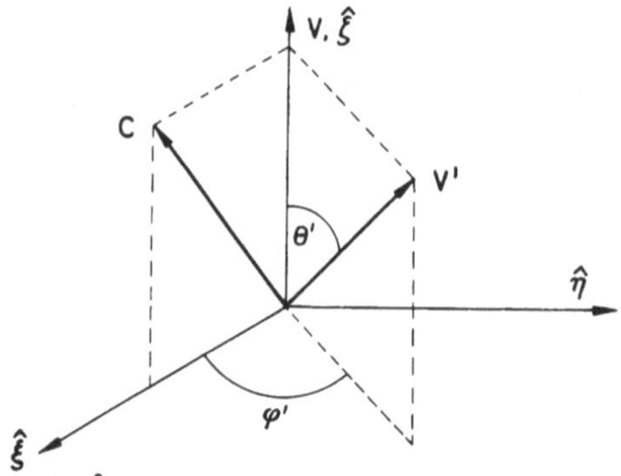

Abb. 14.2

$$\hat{\zeta} = \mathbf{V}/V \tag{13 a}$$

$$\hat{\eta} = \mathbf{V} \times \mathbf{c}/|\mathbf{V} \times \mathbf{c}| \tag{13 b}$$

$$
\begin{aligned}
\hat{\xi} = \hat{\eta} \times \hat{\zeta} &= (\mathbf{V} \times \mathbf{c}) \times \mathbf{V}/V|\mathbf{V} \times \mathbf{c}| \\
&= \mathbf{V} \times (\mathbf{c} \times \mathbf{V})/V\,|\mathbf{V} \times \mathbf{c}|.
\end{aligned} \tag{13 c}
$$

Der Vektor $\mathbf{V}'$ mit dem Betrag V hat in dieser Basis und Polarkoordinaten die Darstellung

$$
\begin{aligned}
\mathbf{V}'\big|_{V'=V} &= \cos\varphi' \sin\theta' \; \mathbf{V} \times (\mathbf{c} \times \mathbf{V})/|\mathbf{V} \times \mathbf{c}| \\
&\quad + \sin\varphi' \sin\theta' \, V \; \mathbf{V} \times \mathbf{c}/|\mathbf{V} \times \mathbf{c}| + \cos\theta' \mathbf{V} \\
&= (\cos\varphi' \sin\theta' V^2/|\mathbf{V} \times \mathbf{c}|)\mathbf{c} \\
&\quad + (\cos\theta' - \cos\varphi' \sin\theta' (\mathbf{V} \cdot \mathbf{c})/|\mathbf{V} \times \mathbf{c}|)\mathbf{V} \\
&\quad + (\sin\varphi' \sin\theta' V/|\mathbf{V} \times \mathbf{c}|)\, \mathbf{V} \times \mathbf{c}.
\end{aligned} \tag{14}
$$

---

* Der Beitrag der Mannigfaltigkeit zum Integral $\iint d^3c\, d^3V \ldots$ (oder $\iint d^3v\, d^3v_1 \ldots$ in (10a)), auf der $\mathbf{c}$ und $\mathbf{V}$ (oder $\mathbf{v}$ und $\mathbf{v}_1$) parallel oder antiparallel sind, ist vernachlässigbar. Daher braucht dieser Fall nicht extra untersucht zu werden.

Das Integral über φ' in (12) wird in zwei Anteile zerlegt. Die Integration des ersten ergibt

$$\int_0^{2\pi} d\varphi' \, \mathbf{V}(\mathbf{c} \cdot \mathbf{V}) = 2\pi \mathbf{V}(\mathbf{c} \cdot \mathbf{V}). \tag{15}$$

Zur Auswertung des zweiten berechnet man mit (14) zunächst das Skalarprodukt $\mathbf{c} \cdot \mathbf{V}'|v' = v$. Mit (Lagrangesche Identität)

$$|\mathbf{V} \times \mathbf{c}|^2 = (\mathbf{V} \times \mathbf{c}) \cdot (\mathbf{V} \times \mathbf{c}) = (\mathbf{V} \cdot \mathbf{V})\,(\mathbf{c} \cdot \mathbf{c}) - (\mathbf{V} \cdot \mathbf{c})^2$$

erhält man aus (14)

$$\mathbf{c} \cdot \mathbf{V}'\big|_{V' = V} = |\mathbf{V} \times \mathbf{c}| \cos\varphi' \sin\theta' + (\mathbf{V} \cdot \mathbf{c}) \cos\theta' \tag{16}$$

und mit (14) und (16)

$$\int_0^{2\pi} d\varphi' \, \mathbf{V}'(\mathbf{c} \cdot \mathbf{V}')\big|_{V' = V} = \pi \sin^2\theta' (\mathbf{c} V^2 - \mathbf{V}(\mathbf{V} \cdot \mathbf{c})) + 2\pi \cos^2\theta' \mathbf{V}(\mathbf{V} \cdot \mathbf{c}) \tag{17}$$

Mit (17) und (15) erhält man nach geeigneter Umformung für (12)

$$\mathbf{J} = \beta \frac{m}{4} [3\,\mathbf{V}(\mathbf{c} \cdot \mathbf{V}) - \mathbf{c} V^2]\, \sigma_\eta(V), \tag{18}$$

wobei

$$\sigma_\eta(V) \equiv 2\pi \int_0^{\pi} \sigma(V, \theta') \sin^3\theta' \, d\theta' \tag{19}$$

der totale effektive Streuquerschnitt * ist.

Setzt man die z-Komponente von (18) in (10 a) ein, transformiert unter Berücksichtigung von (11 a), (11 b) auf Schwerpunkts- und Relativgeschwindigkeit und beachtet von vorneherein, daß alle diejenigen Terme keinen Beitrag zum Integral liefern, die mindestens eine der Komponenten von $\mathbf{V}$ oder $\mathbf{c}$ in ungerader Potenz enthalten, dann wird aus (10 a)

$$\begin{aligned} \int d^3 v \, \varphi \mathcal{L} \varphi = {} & \left(\frac{1}{\beta} \frac{\partial\beta}{\partial z}\right)^2 n^2 \left(\frac{m\beta}{2\pi}\right)^3 \frac{m\beta}{4} \iint d^3 c \, d^3 \mathbf{V} \, V \sigma_\eta(V) e^{-m\beta c^2} e^{-\beta \frac{m}{4} V^2} \cdot \\ & \cdot \left\{ \left[\frac{5}{2} - \frac{\beta m}{2} (c^2 + \frac{1}{4} V^2)\right] [-c_z^2 V^2 + 3 c_z^2 V_z^2] + \right. \\ & \left. + \frac{\beta m}{4} [c_z^2 V_z^2 V^2 - 3 V_z^2 (c_x^2 V_x^2 + c_y^2 V_y^2 + c_z^2 V_z^2]\right\}. \end{aligned} \tag{20}$$

* Der Index η deutet an, daß er auch bei der Viskosität auftritt, wenn man sie analog wie hier berechnet.

Ersetzt man nun in der geschweiften Klammer (s. Aufgabe 13.1)

$$c_x^2 = c_y^2 = c_z^2 = \frac{1}{3} c^2 \; ; \; V_x^2 = V_y^2 = V_z^2 = \frac{1}{3} V^2$$

(im zweiten Summanden zuerst bezüglich c!)

dann sieht man leicht, daß der erste Summand verschwindet, und der zweite wird $-(m\beta/18) \cdot V^4 c^2$. Geht man zu Polarkoordinaten für c und V über, führt die Winkelintegration aus und integriert über c (vergl. Aufgabe 13.6), so ergibt sich

$$\int d^3 v \varphi \mathcal{L} \varphi = -\left(\frac{1}{\beta}\frac{\partial\beta}{\partial z}\right)^2 n^2 \frac{1}{\sqrt{\pi}} \left(\frac{m\beta}{4}\right)^{5/2} \frac{1}{3} \int_0^\infty dV \sigma_\eta(V) V^7 e^{-\frac{m\beta}{4} V^2} . \quad (21)$$

Bezieht man die Relativgeschwindigkeit auf ihren wahrscheinlichsten Wert $\tilde{V} = \sqrt{2}\,\tilde{v} = 2(m\beta)^{-1/2}$, indem man in (21)

$$s = \frac{1}{2}(m\beta)^{1/2} V \quad (22)$$

substituiert, und führt den mittleren effektiven Streuquerschnitt

$$\bar{\sigma}_\eta = \frac{1}{3}\int_0^\infty ds\, e^{-s^2} s^7 \sigma_\eta\left(\frac{2s}{\sqrt{m\beta}}\right) \quad (23)$$

ein, so wird damit aus (21)

$$\int d^3 v \varphi \mathcal{L} \varphi = -\left(\frac{1}{\beta}\frac{\partial\beta}{\partial z}\right)^2 n^2 \frac{8}{\sqrt{\pi}} (m\beta)^{-3/2} \bar{\sigma}_\eta . \quad (24)$$

Aus (24), (9) und (8) ergibt sich schließlich die gesuchte Konstante A für die optimale Verteilungsfunktion der Form (5 b) und (6):

$$A = -\frac{5}{16}\sqrt{\pi}\,\frac{(m\beta)^{1/2}}{n\bar{\sigma}_\eta} . \quad (25)$$

Die hier berechnete Verteilungsfunktion hat die gleiche Form wie die in Aufgabe 13.6 berechnete; daher kann man die Berechnung der Wärmeleitfähigkeit wie in Aufgabe 13.8 durchführen und erhält so

$$\kappa = -\frac{5}{2}\frac{knA}{m\beta} ,$$

woraus mit (25)

$$\kappa = \frac{25}{32}\sqrt{\pi}\left(\frac{kT}{m}\right)^{1/2}\frac{k}{\bar{\sigma}_\eta} \quad (26)$$

folgt.

c) Der differentielle Streuquerschnitt für harte Kugeln ist nach Aufgabe 12.4 konstant

$$\sigma(V,\theta') = \frac{1}{4\pi}\sigma_0 .$$

Für den in (19) definierten totalen effektiven Streuquerschnitt ergibt sich damit

$$\sigma_\eta(V) = \frac{1}{2}\sigma_0 \int_0^\pi \sin^3\theta' d\theta' = \frac{2}{3}\sigma_0 . \tag{27}$$

Da dieser Streuquerschnitt nicht von V abhängt, gilt für den mittleren effektiven Streuquerschnitt (23) ebenfalls

$$\bar{\sigma}_\eta = \frac{2}{3}\sigma_0 , \tag{28}$$

so daß man für die Wärmeleitfähigkeit eines Gases von harten Kugeln

$$\kappa = \frac{75}{64}\sqrt{\pi}\left(\frac{kT}{m}\right)^{\frac{1}{2}}\frac{k}{\sigma_0} \tag{29}$$

erhält.

Führt man in dieses Ergebnis die konstante Stoßzeit $\tau = (\sqrt{2}\, n\sigma_0\, \bar{v})^{-1}$ ein, so ergibt sich

$$\kappa = \frac{75}{16}\frac{nk^2T}{m}\tau , \tag{30}$$

und der Vergleich mit der in Aufgabe 13.8 nach der Bahnintegralmethode bzw. in der Relaxationszeit-Näherung berechneten Wärmeleitfähigkeit

$$\kappa = \frac{5}{2}\frac{nk^2T}{m}\tau$$

zeigt, daß die aus der linearisierten Boltzmann-Gleichung mit dem Variationsverfahren in der einfachsten Näherung berechnete um den Faktor 15/8, also rund zweimal größer ist.

14.4 Der allgemeine Ausdruck

$$S = -k\sum_r P_r \ln P_r$$

für die Entropie eines Systems legt die Vermutung nahe, daß die folgendermaßen durch die Verteilungsfunktion definierte Funktion (besser: Funktional)

$$H \equiv \int d^3v\, f \ln f$$

irgendwie mit der Entropie pro Volumeneinheit eines Gases zusammenhängt. Mit den Ergebnissen der Aufgabe 9.2 zeige man, daß im klassischen Grenzfall und im Gleichgewicht für ein ideales einatomiges Gas

$$H = -\tilde{s}/k - cn$$

gilt. Dabei ist $\tilde{s}$ die Entropie pro Volumeneinheit des Gases, n seine Dichte und c eine Konstante.

14.4 Nach Aufgabe 9.2 gilt im klassischen Grenzfall für die Entropie eines idealen, einatomigen Gases im Gleichgewicht

$$S = -k \sum_r \bar{n}_r [\ln \bar{n}_r - 1]. \tag{1}$$

Dabei sind die

$$\bar{n}_r = e^{-(\alpha + \beta \epsilon_r)} \tag{2}$$

die mittleren Besetzungszahlen der Einteilchenniveaus r mit der Energie ϵ_r, die der Nebenbedingung (kanonische Gesamtheit)

$$\sum_r \bar{n}_r = N \tag{3}$$

genügen müssen, wobei N die Teilchenzahl ist.

Da die inneren Freiheitsgrade der Teilchen vernachlässigt werden, kann man die Summe über die Einteilchenzustände gemäß

$$\sum_r \rightarrow \frac{1}{h^3} \int d^3p\, d^3r \tag{4}$$

durch ein Integral über den Impuls **p** und den Ort **r** eines Teilchens ersetzen, das durch das Volumen h^3 einer Phasenraumzelle dividiert ist.

Die Konstante α in (2) bestimmt man aus der Nebenbedingung (3). Mit (4), (3), (2) und der Einteilchenenergie

$$\epsilon(\mathbf{p}) = \frac{p^2}{2m} \tag{5}$$

folgt

$$e^{\alpha} = \frac{1}{Nh^3} \int d^3p\, d^3r\, e^{-\beta \frac{p^2}{2m}}.$$

Ist V das Volumen des Gases, so erhält man nach Integration über **r**, Einführung von Polarkoordinaten für **p**, Ausführung der Winkelintegrationen und der Substitution $x = p(\beta/2m)^{1/2}$

$$e^{\alpha} = \frac{V}{Nh^3}\, 4\pi \left(\frac{2m}{\beta}\right)^{3/2} \int_0^{\infty} dx\, x^2\, e^{-x^2}$$

$$= \frac{V}{N} \left(\frac{2m\pi}{h^2\beta}\right)^{3/2}.$$

Mit der Teilchendichte $n = N/V$ und der Energie (5) erhält man, wenn man dieses in (2) einsetzt, für die mittlere Besetzungszahl

$$\bar{n}_r \to \bar{n}(p, r) = n\left(\frac{h^2\beta}{2m\pi}\right)^{3/2} e^{-\beta\frac{p^2}{2m}}. \tag{6}$$

Mit $p = mv$ unterscheidet sich (6) von der Maxwell-Boltzmann Verteilung

$$f(v, r) = n\left(\frac{m\beta}{2\pi}\right)^{3/2} e^{-\beta\frac{m}{2}v^2} \tag{7}$$

lediglich durch den konstanten Faktor h^3/m^3:

$$\bar{n}(p, r) = \frac{h^3}{m^3} f(v, r). \tag{8}$$

Ersetzt man in (1) wieder die Summe gemäß (4) durch ein Integral, so erhält man nach Integration über r für die Entropie pro Volumeneinheit $\bar{s} = S/V$ unter Berücksichtigung von (8) und nach der Substitution $v = p/m$

$$\bar{s} = -k \int d^3v\, f\, [\ln f + [3 \ln \frac{h}{m} - 1]]. \tag{9}$$

Wegen $n = \int d^3v\, f$ folgt daraus

$$H = -\bar{s}/k - cn \tag{10}$$

mit $\quad c = 3 \ln \dfrac{h}{m} - 1.$

14.5 Man berechne die zeitliche Änderung dH/dt von

$$H \equiv \int d^3v\, f \ln f$$

für ein homogenes, klassisches ideales Gas, auf das keine äußeren Kräfte wirken und dessen Verteilungsfunktion f der Boltzmann-Gleichung genügt:

$$\frac{\partial f}{\partial t} = D_C f \text{ mit}$$

$$D_C f = \iiint d^3v_1\, d^3v'\, d^3v_1' \left|v - v_1\right| \sigma(v, v_1 \to v', v_1')\,(f' f_1' - f f_1).$$

a) Man nutze die Symmetrie des Stoßterms $D_C f$ aus und zeige, daß

$$\frac{dH}{dt} = -\frac{1}{4} \iint d^3v\, d^3v_1\, V \int d\Omega' \sigma(V, \theta') \left[(f' f_1' - f f_1)\Delta \ln f\right] \Bigg|_{\substack{c' = c \\ V' = V}}$$

wobei

$$\Delta \ln f = \ln f' + \ln f_1' - \ln f - \ln f_1$$

und $\sigma(V, \theta')$ der differentielle Wirkungsquerschnitt ist.

(Hinweis: Man beachte, daß die Streuwahrscheinlichkeit $\sigma(\mathbf{v}, \mathbf{v}_1 \to \mathbf{v}', \mathbf{v}_1')$ invariant gegenüber der Vertauschung der beiden Stoßpartner ist.)

b) Man zeige, daß $dH/dt \leqslant 0$ ist und daß das Gleichheitszeichen dann und nur dann auftritt, wenn $ff_1 = f'f_1' \Big|_{\substack{\mathbf{c}' = \mathbf{c} \\ V' = V}}$, da für jedes x und y $(\ln y - \ln x)(y - x) \geqslant 0$ ist und das Gleichheitszeichen nur für $x = y$ gilt.

Dies ist das sogenannte Boltzmannsche H-Theorem, welches besagt, daß die Größe H monoton abnimmt. Da im Gleichgewicht $dH/dt = 0$ sein muß, ist dann notwendigerweise auch

$$ff_1 = f'f_1' \Big|_{\substack{\mathbf{c}' = \mathbf{c} \\ V' = V}}$$

c) Man zeige, daß man das gleiche Ergebnis wie in a) – und damit auch in b) – für das durch

$$\tilde{H} \equiv \int d^3v \, [f \ln f - c f]$$

definierte Funktional erhält, wobei c eine Konstante ist, die so gewählt werden kann, daß $\tilde{H}$ im Gleichgewicht proportional zur Entropie pro Volumeneinheit ist (siehe Aufgabe 14.4).

14.5 Da die Verteilungsfunktion f für ein homogenes Gas nicht vom Ort abhängt, gilt

$$\frac{dH}{dt} = \int d^3v \, \frac{\partial}{\partial t}(f \ln f) = \int d^3v \, \frac{\partial f}{\partial t}(\ln f + 1). \tag{1}$$

Wenn f der Boltzmann-Gleichung genügt, gilt in einem homogenen Gas, auf das keine äußeren Kräfte wirken

$$\frac{\partial f}{\partial t} = D_c f \tag{2a}$$

mit

$$D_c f = \iiint d^3v_1 \, d^3v' \, d^3v_1' \, V\sigma(\mathbf{v}, \mathbf{v}_1 \to \mathbf{v}', \mathbf{v}_1')(f'f_1' - ff_1). \tag{2b}$$

Setzt man (2a), (2b) in (1) ein, so erhält man

$$\frac{dH}{dt} = \iiiint d^3v \, d^3v_1 \, d^3v' \, d^3v_1' \; V\sigma(\mathbf{v}, \mathbf{v}_1 \to \mathbf{v}', \mathbf{v}_1')(f'f_1' - ff_1)(\ln f + 1). \tag{3a}$$

a) Da sich der Betrag der Relativgeschwindigkeit $V = |\mathbf{v} - \mathbf{v}_1|$ und die Streuwahrscheinlichkeit

$$\sigma(\mathbf{v}, \mathbf{v}_1 \to \mathbf{v}', \mathbf{v}_1') = \sigma(\mathbf{v}_1, \mathbf{v} \to \mathbf{v}_1', \mathbf{v}')$$

bei einer Vertauschung der Stoßpartner nicht ändern und das Integral in (3 a) bei einer Umbenennung der Integrationsvariablen $\mathbf{v}$ in $\mathbf{v}_1$, $\mathbf{v}'$ in $\mathbf{v}_1'$ und umgekehrt seinen Wert nicht ändert, gilt ebenfalls

$$\frac{dH}{dt} = \iiiint d^3v\, d^3v_1\, d^3v'\, d^3v_1'\; V\sigma(\mathbf{v}, \mathbf{v}_1 \to \mathbf{v}', \mathbf{v}_1')\,(f'f_1' - ff_1)\,(\ln f_1 + 1) \qquad (3\,b)$$

Addiert man (3 a) und (3 b), so ergibt sich

$$\frac{dH}{dt} = \frac{1}{2} \iiiint d^3v\, d^3v_1\, d^3v'\, d^3v_1'\; V\sigma(\mathbf{v}, \mathbf{v}_1 \to \mathbf{v}', \mathbf{v}_1')\,(f'f_1' - ff_1)\,(\ln f + \ln f_1 + 2). \qquad (3\,c)$$

Da der Betrag der Relativgeschwindigkeit bei einem elastischen Stoß ungeändert bleibt – $V' = |\mathbf{v}' - \mathbf{v}_1'| = V = |\mathbf{v} - \mathbf{v}_1|$ – und die Streuwahrscheinlichkeit invariant gegenüber einer Vertauschung von Anfangs- und Endgeschwindigkeiten ist (inverser Stoß) – $\sigma(\mathbf{v}, \mathbf{v}_1 \to \mathbf{v}', \mathbf{v}_1') = \sigma(\mathbf{v}', \mathbf{v}_1' \to \mathbf{v}, \mathbf{v}_1)$ –, und da das Integral (3 c) bei einer Umbenennung der Integrationsvariablen $\mathbf{v}$ in $\mathbf{v}'$, $\mathbf{v}_1$ in $\mathbf{v}_1'$ und umgekehrt seinen Wert nicht ändert, kann man anstelle von (3 c) auch

$$\frac{dH}{dt} = -\frac{1}{2} \iiiint d^3v\, d^3v_1\, d^3v'\, d^3v_1'\; V\sigma(\mathbf{v}, \mathbf{v}_1 \to \mathbf{v}', \mathbf{v}_1')\,(f'f_1' - ff_1)\cdot (\ln f' + \ln f_1' + 2) \qquad (3\,d)$$

schreiben. Addiert man (3 d) und (3 c), so erhält man

$$\frac{dH}{dt} = -\frac{1}{4} \iiiint d^3v\, d^3v_1\, d^3v'\, d^3v_1'\; V\sigma(\mathbf{v}, \mathbf{v}_1 \to \mathbf{v}', \mathbf{v}_1')\,(f'f_1' - ff_1)\cdot (\ln f' + \ln f_1' - \ln f - \ln f_1) \qquad (3\,e)$$

Der Übergang von der für allgemeine Untersuchungen wie oben geeigneteren Streuwahrscheinlichkeit $\sigma(\mathbf{v}, \mathbf{v}_1 \to \mathbf{v}', \mathbf{v}_1')$ zu dem für Rechnungen geeigneteren differentiellen Streuquerschnitt $\sigma(V, \theta')$ besteht einfach darin, daß man in Integralen vom Typ (3 e) von $\mathbf{v}'$, $\mathbf{v}_1'$ zur Schwerpunktsgeschwindigkeit $\mathbf{c}'$ und zur Relativgeschwindigkeit $\mathbf{V}'$ übergeht und anschließend soweit wie möglich ausintegriert, d.h., man berücksichtigt die für elastische Zweierstöße geltende Erhaltung der Schwerpunktsgeschwindigkeit – $\mathbf{c}' = \mathbf{c}$ – und des Betrages der Relativgeschwindigkeit – $V' = V$ – der beiden Stoßpartner. So ergibt sich schließlich für die zeitliche Änderung von H:

$$\frac{dH}{dt} = -\frac{1}{4} \iint d^3v\, d^3v_1\; V \int d\Omega'\sigma(V, \theta')\,\big[(f'f_1' - ff_1)\Delta \ln f\big]_{\substack{\mathbf{c}' = \mathbf{c}\\ V' = V}} \qquad (4)$$

mit $\quad \Delta \ln f = \ln f' + \ln f_1' - \ln f - \ln f_1 = \ln f'f_1' - \ln ff_1.$

b) Da weder der Betrag V der Relativgeschwindigkeit, noch der differentielle Wirkungsquerschnitt $\sigma(V, \theta')$ und der Ausdruck $(f'f_1' - ff_1)(\ln f'f_1' - \ln ff_1)$ negativ sind, ist das Integral in (4) sicher nicht negativ. Infolgedessen gilt

$$\frac{dH}{dt} \leqslant 0. \qquad (5)$$

Da der differentielle Wirkungsquerschnitt im allgemeinen höchstens an einigen Punkten verschwindet, muß notwendig

$$[(f'f'_1 - ff_1)\Delta \ln f]\Big|_{\substack{c' = c = 0 \\ V' = V}}$$

bzw. $$ff_1 = f'f'_1 \Big|_{\substack{c' = c \\ V' = V}} \qquad (6)$$

gelten, wenn das Integral verschwinden bzw. $dH/dt = 0$ sein soll.

c) Für

$$\tilde{H} \equiv \int d^3v\,(f \ln f - cf)$$

gilt

$$\frac{d\tilde{H}}{dt} = \int d^3v \, \frac{\partial f}{\partial t}(\ln f + [1-c]), \qquad (7)$$

d.h., hier tritt anstelle der Konstanten 1 in (1) lediglich die Konstante $1-c$ auf. Man sieht leicht, daß sich eine Konstante beim Übergang von (3c) zu (3e) stets heraushebt. Daher kommt man, wenn man von (7) anstelle von (1) ausgeht, ebenfalls zu dem Ergebnis (4).

15. Irreversible Prozesse und Schwankungen

Vorbemerkung:
Ensemblemittelwerte einer Zufallsgröße A werden im folgenden stets entweder durch Querstriche – $\overline{A}$ – oder durch spitze Klammern gekennzeichnet.

15.3 Man betrachte ein System aus Teilchen der Ladung e, die in einem Volumen eingeschlossen seien. Diese Teilchen seien z.B. Ionen in einem Gas oder Ionen in einem Festkörper, wie NaCl. Die Teilchen seien bei der Temperatur T im thermischen Gleichgewicht. Die z-Richtung liege parallel zu einem elektrischen Feld $\mathcal{E}$.

a) Mit $n(z)$ werde die mittlere Teilchendichte bei z bezeichnet. Man benutze die Ergebnisse der Statistischen Mechanik für das Gleichgewicht, um eine Beziehung zwischen $n(z+dz)$ und $n(z)$ anzugeben.

b) Zu diesen Teilchen gehöre ein Diffusionskoeffizient D. Mit der Definition dieses Koeffizienten gebe man den Fluß J_D an (Anzahl der Teilchen, die pro Zeiteinheit durch die Flächeneinheit in z-Richtung wandern), der zum in a) berechneten Konzentrationsgradienten gehört.

c) Die Teilchen besitzen eine Beweglichkeit μ, die ihre Driftgeschwindigkeit im äußeren Feld $\mathcal{E}$ charakterisiert. Man gebe den Fluß J_μ an, der auf der vom äußeren Feld $\mathcal{E}$ erzeugten Driftgeschwindigkeit beruht.

d) Im Gleichgewicht verschwindet der gesamte Teilchenfluß $J_D + J_\mu$. Daraus berechne man eine Beziehung zwischen D und μ. Das so erhaltene Ergebnis stellt eine sehr allgemeine Herleitung der Einstein-Relation

$$\frac{\mu}{D} = \frac{e}{kT}$$

dar.
[Hinweis zu a): Siehe Aufgabe 8.11].

15.3 a) Die potentielle Energie eines geladenen Teilchens mit der Ladung e im konstanten elektrischen Feld $\mathcal{E}$ in z-Richtung ist

$$E_{pot} = -e\mathcal{E}z. \tag{1}$$

Nach der barometrischen Höhenformel (s. Aufgabe 8.11) gilt

$$\frac{n(z+dz)}{n(z)} = e^{\frac{e\mathcal{E}dz}{kT}} \approx 1 + \frac{e\mathcal{E}}{kT}\,dz, \tag{2}$$

wenn die Potentialdifferenz betragsmäßig sehr viel kleiner als die thermische Energie der Teilchen ist. Nun ist

$$\frac{n(z+dz)}{n(z)} - 1 = \frac{1}{n(z)} [n(z+dz) - n(z)] = \frac{dn}{n} = \frac{e\mathcal{E}}{kT}\,dz,$$

woraus

$$\frac{dn}{dz} = n\,\frac{e\mathcal{E}}{kT} \tag{3}$$

folgt.

b) Der aufgrund des Dichtegradienten sich ergebende Diffusionsstrom ist

$$J_{D,z} = -D\,\frac{dn}{dz} = -n\,\frac{eD}{kT}\,\mathcal{E}, \tag{4}$$

wobei D definitionsgemäß der Diffusionskoeffizient ist.

c) Die Driftgeschwindigkeit von geladenen Teilchen im elektrischen Feld $\mathcal{E}$ ist

$$\bar{v}_z = \mu\mathcal{E}, \tag{5}$$

wobei μ definitionsgemäß die Beweglichkeit der Teilchen ist. Der entsprechende Teilchenstrom in Richtung des elektrischen Feldes ist

$$J_{\mu,z} = n\bar{v}_z = n\mu\mathcal{E}. \tag{6}$$

d) Da im Gleichgewicht keine Ströme fließen dürfen, muß

$$J_{Ges,z} = J_{D,Z} + J_{\mu,z} = 0 \tag{7}$$

gelten, woraus mit (4) und (6) die Einstein-Relation

$$\frac{\mu}{D} = \frac{e}{kT} \tag{8}$$

folgt.

15.4 Man betrachte die Langevinsche Gleichung

$$\frac{dv}{dt} = -\gamma v + \frac{1}{m}\,F'(t) \tag{1}$$

mit $\langle F'(t)\rangle = 0$. Der erste Term ist die phänomenologische Beschreibung der Annäherung des Mittelwertes $\langle v(t)\rangle$ an den Gleichgewichtswert 0, und der zweite Term stellt die rasch und regellos veränderliche Wechselwirkung mit der Umgebung dar. Für den Mittelwert der Geschwindigkeit gilt

$$\langle v(t)\rangle = \langle v(o)\rangle\,e^{-\gamma t}.$$

a) Man gehe davon aus, daß die Lösung der Langevinschen Gleichung (1) die selbe Form mit u(t) anstelle von $\langle v(0)\rangle$ hat und zeige, daß sich für die Geschwindigkeit zur Zeit t

$$v = v_0 e^{-\gamma t} + \frac{1}{m} e^{-\gamma t} \int_0^t e^{\gamma t'} F'(t')\,dt' \tag{2}$$

ergibt, wobei $v_0 \equiv v(0)$ ist.

b) Gesetzt den Fall, daß auf der rechten Seite der Gleichung (1) eine Kraft $F(t)$ steht, deren Mittelwert $\langle F(t)\rangle$ nicht verschwindet und eine Funktion der Zeit sein kann. Man zeige, daß man für die Abweichung $v(t) - v^*(t)$ von der durch

$$\frac{dv^*(t)}{dt} = -\gamma v^* + \frac{1}{m}\langle F(t)\rangle$$

vorgegebenen Bahn des Teilchens wieder die Langevinsche Gleichung mit $F'(t) = F(t) - \langle F(t)\rangle$ erhält.

15.4 Setzt man den Ansatz

$$v(t) = u(t)\, e^{-\gamma t} \tag{3}$$

in die Langevinsche Gleichung (1) ein, so erhält man nach Multiplikation mit $e^{\gamma t}$ für $u(t)$ die Differentialgleichung

$$\frac{du}{dt} = \frac{e^{\gamma t}}{m} F'(t) \tag{4 a}$$

mit der aus (3) folgenden Anfangsbedingung

$$u(0) = v(0) = v_0. \tag{4 b}$$

Durch Integration vom Anfangspunkt $t_0 = 0$ bis t erhält man so

$$u(t) = v_0 + \frac{1}{m} \int_0^t e^{\gamma t'} F'(t')\,dt'. \tag{5}$$

Mit (3) folgt daraus für die Lösung $v(t)$ der Langevinschen Gleichung

$$v(t) = v_0\, e^{-\gamma t} + \frac{e^{-\gamma t}}{m} \int_0^t e^{\gamma t'} F'(t')\,dt'.$$

b) Aus

$$\frac{dv}{dt} = -\gamma v + \frac{1}{m} F(t)$$

erhält man durch Addition und Substraktion von $\frac{1}{m}\langle F(t)\rangle$

$$\frac{dv}{dt} = -\gamma v + \frac{1}{m} F'(t) + \frac{1}{m}\langle F(t)\rangle$$

mit $F'(t) = F(t) - \langle F(t)\rangle$.

Da die Gleichung linear in v ist, kann man ihre Lösung als Superposition der beiden Größen $v(t) - v^*(t)$ und $v^*(t)$ darstellen, die den Gleichungen

$$\frac{dv^*}{dt} = -\gamma v^* + \frac{1}{m} \langle F(t) \rangle$$

und
$$\frac{d(v - v^*)}{dt} = -\gamma(v - v^*) + \frac{1}{m} F'(t)$$

genügen. Da es bei der Untersuchung von Schwankungserscheinungen nach der Langevinschen Methode im wesentlichen darum geht, einen Zusammenhang zwischen der phänomenologischen Größe γ und der mikroskopischen Größe $F'(t)$ herzustellen, kann man bei diesen Untersuchungen stets von der unter a) behandelten Gleichung (1) mit $\langle F'(t) \rangle = 0$ ausgehen.

15.5 Um die Voraussetzung auszunutzen, daß die Korrelationszeit τ^* der fluktuierenden Kraft $F'(t)$ sehr kurz ist, betrachte man eine Zeit τ, $\tau^* \ll \tau \ll \gamma^{-1}$, die einerseits im Vergleich zur Korrelationszeit sehr lang ist und die andererseits auf der durch γ^{-1} charakterisierten makroskopischen Zeitskala sehr kurz ist. Dann sind die Werte von F' in aufeinanderfolgenden Intervallen der Länge τ nicht miteinander korreliert.

Teilt man nun ein makroskopisches Zeitintervall $t \gg \gamma^{-1}$ in N Intervalle der Länge τ ein, so daß $t = N\tau$, dann kann man die Lösung der Langevinschen Gleichung in der folgenden Form darstellen:

$$v - v_0 \, e^{-\gamma t} = Y \equiv \sum_{k=0}^{N-1} y_k \tag{1}$$

mit
$$y_k \equiv e^{-\gamma t} \, e^{\gamma \tau k} \, G_k = e^{-\gamma \tau (N-k)} \, G_k. \tag{2}$$

Die G_k beschreiben den Einfluß der fluktuierenden Kraft $F'(t)$ auf die Geschwindigkeit im k-ten Intervall. Wegen $\tau \gg \tau^*$ sind die G_k bzw. die y_k statistisch unabhängig voneinander. Außerdem haben die G_k in jedem Intervall (d.h., unabhängig von k) die gleichen statistischen Eigenschaften (Verteilungen), da $F'(t)$ für alle Zeiten t eine willkürlich schwankende Größe ist, so daß keines der Intervalle ausgezeichnet ist.

Man zeige, daß die obige Darstellung der Lösung der Langevinschen Gleichung richtig ist und berechne die G_k auf den folgenden beiden Wegen:

a) Man nutzt den großen Unterschied zwischen den Zeiten τ^*, τ, γ^{-1} aus und integriert die Langevinsche Gleichung grobkörnig (coarse grained). Dazu integriert man sie schrittweise über die Zeitintervalle τ, wobei man in dem Term $-\gamma v$ einerseits den schnell fluktuierenden Anteil der Geschwindigkeit vernachlässigt und andererseits den langsamen, auf der makroskopischen Zeitskala variierenden Anteil der Geschwindigkeit als konstant ansieht. Damit kann man die Geschwindigkeit v_k zur Zeit $k\tau$ zur Geschwindigkeit v_{k-1} zur Zeit $(k-1)\tau$ in Beziehung setzen und erhält durch wiederholte Anwendung der so berechneten Rekursionsformel. eine Beziehung zwischen $v_N = v(N\tau) = v(t)$ und $v(0) = v_0$. Man zeige, daß man auf diesem Wege für G_k

$$G_k^{(1)} = \frac{1}{m} \int_0^{\tau} F'(k\tau + s)\, ds \tag{3 a}$$

erhält.

b) Man formt die exakte Lösung der Langevinschen Gleichung aus Aufgabe 15.4 unter Berücksichtigung der oben beschriebenen Intervalleinteilung um. Man zeige, daß man auf diesem Wege für G_k

$$G_k^{(2)} = \frac{1}{m} \int_0^{\tau} e^{\gamma s} F'(k\tau + s)\, ds \tag{3 b}$$

erhält.

15.5 a) Integriert man die Langevinsche Gleichung

$$\frac{dv}{dt} = -\gamma v + \frac{1}{m} F'(t)$$

im Zeitintervall $(k-1)\tau \leqslant t \leqslant k\tau$, wobei in $-\gamma v$ nur der langsam veränderliche Teil berücksichtigt und dessen zeitliche Änderung vernachlässigt wird, so erhält man mit der Anfangsbedingung

$$v([k-1]\tau) = v_{k-1}$$

$$v_k - v_{k-1} = -\gamma\tau\, v_{k-1} + \frac{1}{m} \int_{(k-1)\tau}^{k\tau} F'(t')\, dt'$$

Mit der Substitution $t' = (k-1)\tau + s$ und der Definition

$$G_k = \frac{1}{m} \int_0^{\tau} F'(k\tau + s)\, ds \tag{4}$$

erhält man die Rekursionsformel

$$v_k = (1 - \gamma\tau)\, v_{k-1} + G_{k-1}\,. \tag{5}$$

Durch wiederholtes Einsetzen ergibt sich daraus die Lösung der Langevinschen Gleichung mit der Anfangsbedingung $v(0) = v_0$ in der Form

$$v_N = v_0 (1 - \gamma\tau)^N + \sum_{n=0}^{N-1} (1 - \gamma\tau)^n G_{N-1-n}.$$

Ersetzt man die Summation über n durch die über k = N − 1 − n und außerdem – wegen $\gamma\tau \ll 1$ – $(1-\gamma\tau)$ durch $e^{-\gamma\tau}$ und entsprechend $(1-\gamma\tau)^m$ durch $e^{-m\gamma\tau}$, dann erhält man mit $t = N\tau$

$$Y = v - v_0\, e^{-\gamma t} = e^{-(N-1)\gamma\tau} \sum_{k=0}^{N-1} e^{k\gamma\tau}\, G_k$$

$$\cong e^{-\gamma t} \sum_{k=0}^{N-1} e^{k\gamma\tau}\, G_k \tag{6}$$

wegen $N \gg 1$. Mit der Definition

$$y_k \equiv e^{-\gamma t}\, e^{k\gamma\tau}\, G_k \tag{7}$$

folgt daher

$$Y = v - v_0\, e^{-\gamma t} = \sum_{k=0}^{N-1} y_k \tag{8}$$

und
$$G_k^{(1)} = \frac{1}{m} \int_0^{\tau} F'(k\tau + s)\, ds. \tag{9}$$

b) Wenn man die Intervallteilung in die exakte Lösung

$$v = v_0\, e^{-\gamma t} + \frac{e^{-\gamma t}}{m} \int_0^{t} F'(t')\, e^{\gamma t'}\, dt'$$

der Langevinschen Gleichung einführt, so erhält man

$$Y = v - v_0\, e^{-\gamma t} = e^{-\gamma t} \sum_{k=0}^{N-1} \frac{1}{m} \int_{k\tau}^{(k+1)\tau} e^{\gamma t'}\, F'(t')\, dt'.$$

Substituiert man in jedem Integral der Summe $t' = k\tau + s$ und setzt

$$G_k^{(2)} = \frac{1}{m} \int_0^{\tau} e^{\gamma s}\, F'(k\tau + s)\, ds, \tag{10}$$

dann erhält man wieder die zu (6), (7), (8) analogen Formeln. Der einzige Unterschied zwischen den beiden Rechenwegen besteht in den unterschiedlichen Definitionen (9) und (10).

15.6 Man zeige, daß die in Aufgabe 15.5, (3 a), (3 b) definierten Größen G_k hinsichtlich ihrer statistischen Eigenschaften insofern gleich sind, als ihre (von k unabhängigen) Ensemblemittelwerte $\overline{G}$ und $\overline{G^2}$, d.h., die ersten beiden Momente der Verteilung im Ensemble, übereinstimmen. Man beachte dabei, daß das Ensemble der fluktuierenden Kraft $F'(t)$ stationär sein soll.

a) Bei der Berechnung von $\overline{G}$ benutze man zunächst nur, daß der Ensemblemittelwert der fluktuierenden Kraft $\langle F'(t)\rangle$ nicht von der Zeit abhängt und setze erst hinterher $\langle F'(t)\rangle = 0$.

b) Man drücke $\overline{G^2}$ durch die Korrelationsfunktion $K(t'-t) = \langle F'(t)\, F'(t')\rangle$ der fluktuierenden Kraft aus. Man beachte dabei, daß $K(t'-t)$ nur für $|t'-t| \lesssim \tau^* \ll \tau$ wesentlich von Null verschieden ist.

15.6 a) Aus den Formeln (3 a), (3 b) aus Aufgabe 15.5 erhält man

$$\overline{G^{(1)}} = \frac{1}{m} \langle \int_0^\tau F'(s)\, ds\rangle \tag{1 a}$$

und

$$\overline{G^{(2)}} = \frac{1}{m} \langle \int_0^\tau e^{\gamma s} F'(s)\, ds\rangle. \tag{1 b}$$

Die Mittelwertbildung im Ensemble und die Integration über die Zeit können vertauscht werden. Da der Mittelwert $\langle F'\rangle$ zeitunabhängig ist, kann er jeweils vor das Integral gezogen werden, dessen Ausrechnung dann trivial wird. Man erhält

$$\overline{G^{(1)}} = \frac{\tau}{m} \langle F'\rangle \tag{2 a}$$

$$\overline{G^{(2)}} = \frac{\langle F'\rangle}{m} \frac{1}{\gamma} (e^{\gamma\tau} - 1) \cong \frac{\tau}{m} \langle F'\rangle \tag{2 b}$$

also

$$\overline{G} = \frac{\tau}{m} \langle F'\rangle. \tag{3}$$

Mit $\langle F'\rangle = 0$ folgt daraus schließlich

$$\overline{G} = 0. \tag{4}$$

b) Man beginnt zweckmäßigerweise mit $G^{(2)}$ nach Formel (3 b) aus Aufgabe 15.5 und zeigt anschließend, daß das Ergebnis in der Näherung $e^{\gamma\tau} \cong 1 + \gamma\tau$ unabhängig von γ ist, also auch für $\gamma = 0$ und damit auch für $G^{(1)}$ nach (3 a) aus Aufgabe 15.5 gilt.

Es ist

$$\overline{G^2} = \langle G^{(2)} G^{(2)}\rangle = \frac{1}{m^2} \int_0^\tau\!\!\int_0^\tau ds'\, ds''\, e^{\gamma(s'+s'')} \langle F'(s')\, F'(s'')\rangle.$$

Da die Korrelationsfunktion

$$K(s) = \langle F'(s')\, F'(s'')\rangle$$

im stationären Ensemble nur von der Differenz $s = s'' - s'$ abhängen kann, folgt

$$\overline{G^2} = \frac{1}{m^2} \int_0^\tau ds'\, e^{2\gamma s'} \int_{-s'}^{\tau - s'} ds\, e^{\gamma s} K(s)$$

oder $$\overline{G^2} = \frac{1}{m^2} \int_0^{\tau} ds'\, e^{2\gamma s'} \left(\int_0^{\tau - s'} ds\, e^{\gamma s} K(s) + \int_{-s'}^{0} ds\, e^{\gamma s} K(s) \right) . \tag{5}$$

In (5) ist das gesamte Integrationsgebiet (s. Skizze) in 2 Dreiecksgebiete zerlegt, über die bei der angegebenen Integrationsreihenfolge in vertikalen Streifen integriert wird.

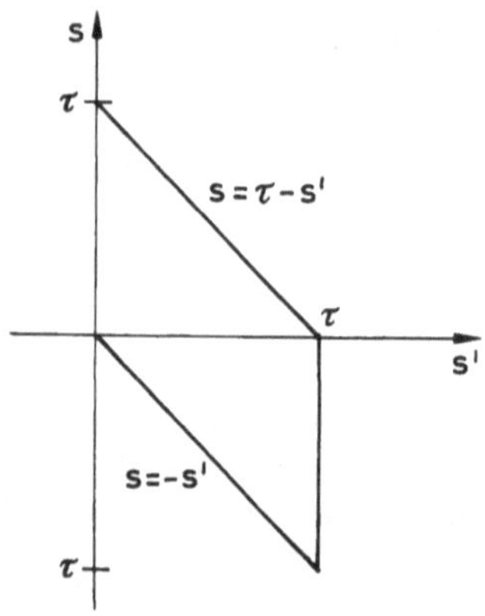

Abb. 15.6

Man kann jedoch auch in den beiden Dreiecksgebieten zuerst über s', also in horizontalen Streifen, integrieren. Indem man die jeweiligen Integrationsgrenzen der Skizze entnimmt, erhält man anstelle von (5):

$$\begin{aligned} \overline{G^2} &= \frac{1}{m^2} \left(\int_0^{\tau} ds K(s) \int_0^{\tau - s} ds'\, e^{2\gamma s'} + \int_{-\tau}^{0} ds K(s) \int_{-s}^{\tau} ds'\, e^{2\gamma s'} \right) \\ &= \frac{1}{2\gamma m^2} \left(\int_0^{\tau} ds\, (e^{2\gamma(\tau - s)} - 1) K(s) + \int_{-\tau}^{0} ds (e^{2\gamma\tau} - e^{2\gamma s}) K(s) \right) . \end{aligned} \tag{6}$$

Da die Korrelationsfunktion nur in einem Zeitintervall der Größenordnung $\tau^* \ll \tau$ wesentlich von Null verschieden ist, kann man unter den Integralen $e^{\pm 2\gamma s}$ durch 1 und die Grenzen $\pm\, \tau$ durch $\pm\, \infty$ ersetzen. Damit folgt aus (6)

$$\overline{G^2} = \frac{e^{2\gamma\tau} - 1}{2\gamma m^2} \int_{-\infty}^{+\infty} ds K(s). \tag{7}$$

Wegen $\gamma\tau \ll 1$ kann man $e^{2\gamma\tau} \approx 1 + 2\gamma\tau$ setzen und erhält schließlich

$$\overline{G^2} = \frac{\tau}{m^2} \int_{-\infty}^{+\infty} ds K(s) \tag{8}$$

Der führende Term von $\overline{G^2}$ ist daher tatsächlich unabhängig von γ und man erhält (8) ebenfalls, wenn man von der Formel (3 a) in Aufgabe 15.5 ausgeht.

15.7 Mit Hilfe der in Aufgabe 15.5 angegebenen Formeln (1), (2) drücke man die Mittelwerte $\overline{Y}$, $\overline{Y^2}$ der dort definierten Größe Y(t) durch $\overline{G}$ und $\overline{G^2}$ aus (man berücksichtige dabei das Ergebnis aus Aufgabe 15.6 a).

15.7 Es ist

$$Y(t) = (v(t) - v_0\, e^{-\gamma t}) = \sum_{k=0}^{N-1} y_k \tag{1}$$

mit $\quad y_k = e^{-\gamma t}\, e^{k\gamma\tau}\, G_k \quad (2)$

und $\quad t = N\tau. \quad (3)$

Daher ist

$$\begin{aligned}\overline{Y} &= \sum_{k=0}^{N-1} \overline{y_k} = e^{-\gamma t} \sum_{k=0}^{N-1} e^{k\gamma\tau}\, \overline{G_k} \\ &= e^{-\gamma t} \left(\sum_{k=0}^{N-1} e^{k\gamma\tau} \right) \overline{G},\end{aligned} \tag{4}$$

weil die statistischen Eigenschaften der G_k unabhängig von k sind (siehe Aufgabe 15.5). Die Summe in der Klammer ist die Partialsumme $S_{N-1}(x)$ der geometrischen Reihe mit $x = e^{\gamma\tau}$, für die gilt

$$S_{N-1}(x) = \sum_{i=0}^{N-1} x^i = \frac{1 - x^N}{1 - x}. \tag{5}$$

Mit $e^{\gamma\tau} \approx 1 + \gamma\tau$ und $t = N\tau$ folgt daher aus (5) und (4)

$$\overline{Y}(t) = \frac{1 - e^{-\gamma t}}{\gamma\tau}\, \overline{G}. \tag{6}$$

Aus (1) folgt weiter

$$\overline{Y^2} = \sum_{k=0}^{N-1} \overline{y_k^2} + \sum_{\substack{k=0 \\ k \neq k'}}^{N-1} \sum_{k'=0}^{N-1} \overline{y_k\, y_{k'}}. \tag{7}$$

Mit (3) und (2) sowie unter Berücksichtigung der Eigenschaften der G_k (s. Aufgabe 15.5), aus denen insbesondere

$$\overline{G_k\, G_{k'}} = \overline{G_k}\,\overline{G_{k'}} = \overline{G}^2 \quad \text{für } k \neq k' \tag{8}$$

folgt, kann man (7) in

$$\overline{Y^2} = e^{-2\gamma t} \left(\sum_{k=0}^{N-1} e^{k 2\gamma\tau} \right) \overline{G^2} + e^{-2\gamma t} \left(\sum_{\substack{k=0 \\ k \neq k'}}^{N-1} \sum_{k'=0}^{N-1} e^{(k+k')\gamma\tau} \right) \overline{G}^2 \tag{9}$$

umformen.

Mit $\langle F' \rangle = 0$ bzw. $\overline{G} = 0$ (vgl. Aufgabe 15.6 a) und wenn man die Summe wie oben berechnet, ergibt sich daraus

$$\overline{Y^2} = \frac{1 - e^{-2\gamma t}}{2\gamma\tau} \overline{G^2}. \tag{10}$$

15.8 Fordert man, daß sich ein Teilchen, dessen Bewegung durch die Langevinsche Gleichung beschrieben wird, schließlich mit seiner Umgebung (die die Temperatur T haben möge) im Gleichgewicht befinden soll, dann muß

$$\lim_{t \to \infty} \overline{v^2} = \frac{kT}{m}$$

(Equipartitionstheorem) gelten, wenn man zugleich

$$\lim_{t \to \infty} \overline{v} = 0$$

verlangt. Aus dieser Forderung bezüglich des Langzeitverhaltens der Lösung der Langevinschen Gleichung kann man mit Hilfe der Ergebnisse der vorigen Aufgabe $\overline{G}$ und $\overline{G^2}$ berechnen.

a) Man zeige durch Berechnung von $\overline{G}$ und unter Berücksichtigung der Ergebnisse aus Aufgabe 15.6 a, daß die Bedingung $\lim_{t \to \infty} \overline{v} = 0$ mit der Forderung $\langle F'(t) \rangle = 0$ im Einklang steht.

b) Man berechne $\overline{G^2}$ und leite daraus unter Verwendung des Ergebnisses aus Aufgabe 15.6 b das Dissipations-Schwankungstheorem

$$\alpha = \frac{1}{2kT} \int_{-\infty}^{+\infty} ds\, K(s)$$

her, das die makroskopische Reibungskonstante $\alpha = m\gamma$ mit der Korrelationsfunktion $K(s) = \langle F'(0)\, F'(s) \rangle$ der fluktuierenden Kraft F' verknüpft.

15.8 a) Gemäß Aufgabe 15.7, Formel (6), gilt

$$\overline{Y}(t) = \overline{v}(t) - \overline{v}_0\, e^{-\gamma t} = \frac{1 - e^{-\gamma t}}{\gamma\tau} \overline{G}. \tag{1}$$

Daraus folgt

$$\lim_{t \to \infty} \overline{Y}(t) = \frac{\overline{G}}{\gamma\tau} = \lim_{t \to \infty} \overline{v}(t) = 0 \tag{2}$$

bzw. $\overline{G} = 0.$ (3)

Andererseits folgt aus Aufgabe 15.6 a und (2):

$$\frac{\overline{G}}{\gamma\tau} = \frac{1}{m\gamma} \langle F' \rangle = \lim_{t\to\infty} \overline{v} = 0. \tag{4}$$

b) Es ist

$$\lim_{t\to\infty} \overline{Y^2} = \lim_{t\to\infty} \overline{v^2}.$$

Wegen $\lim\limits_{t\to\infty} \overline{v} = 0$ gilt $\lim\limits_{t\to\infty} \overline{v^2} = \frac{kT}{m}$ und daher

$$\lim_{t\to\infty} \overline{Y^2} = \lim_{t\to\infty} \overline{v^2} = \frac{kT}{m}. \tag{5}$$

Mit Formel (10) aus Aufgabe (15.7) und (5) ergibt sich daher

$$\lim_{t\to\infty} \overline{Y^2} = \frac{\overline{G^2}}{2\gamma\tau} = \frac{kT}{m}$$

und daraus schließlich

$$\overline{G^2} = \frac{2kT}{m} \gamma\tau. \tag{6}$$

Setzt man in (6) die in Aufgabe 15.6 b) hergeleitete Beziehung

$$\overline{G^2} = \frac{\tau}{m^2} \int_{-\infty}^{+\infty} ds \langle F'(0)\, F'(s) \rangle$$

ein, so ergibt sich das Dissipations-Schwankungstheorem

$$\alpha = m\gamma = \frac{1}{2kT} \int_{-\infty}^{+\infty} ds \langle F'(0)\, F'(s) \rangle. \tag{7}$$

15.12 Der zentrale Grenzwertsatz besagt, daß die Summe einer hinreichend großen Anzahl von untereinander statistisch unabhängigen Zufallsgrößen eine Gauß-Verteilung hat, wenn die Verteilungen der einzelnen Summanden hinreichend schnell verschwinden.

Wenn man annimmt, daß die in den Aufgaben 15.5, 15.6 näher untersuchten Größen G_k dieser Bedingung genügen, dann kann man den zentralen Grenzwertsatz auf die in Aufgabe 15.5 definierte Zufallsgröße

$$Y = \sum_{k=0}^{N-1} y_k \; ; \quad y_k = e^{-\gamma\tau(N-k)} G_k$$

anwenden. Außerdem lassen sich $\overline{Y}$ und $\overline{Y^2}$ aus den Ergebnissen der Aufgaben 15.7 und 15.8 berechnen. Auf diesem Wege läßt sich die Wahrscheinlichkeit $P(v,t|v_0)dv$ dafür angeben, daß die Geschwindigkeit eines Teilchens, das zur Zeit t = 0 die Geschwindigkeit v_0 hatte, zur Zeit t zwischen v und v + dv liegt. Man zeige, daß die so berechnete Dichte $P(v, t|v_0)$ eine Lösung der Fokker-Planck-Gleichung

$$\frac{\partial P}{\partial t} = \gamma P + \gamma v \frac{\partial P}{\partial v} + \gamma \frac{kT}{m} \frac{\partial^2 P}{\partial v^2} \tag{1}$$

mit der Anfangsbedingung

$$\lim_{t\to 0} P(v, t|v_0) = \delta(v - v_0)$$

ist.

15.12 Mit den Ergebnissen

$$\overline{Y} = 0 \tag{2 a}$$

$$\overline{Y^2} = \frac{kT}{m} (1 - e^{-2\gamma t}) \tag{2 b}$$

aus den Aufgaben 15.7, 15.8 und der Kenntnis, daß die Zufallsgröße Y eine Gauß-Verteilung hat, ergibt sich die Wahrscheinlichkeit dafür, daß der Wert der Zufallsgröße zur Zeit t zwischen Y und Y + dY liegt, zu

$$\widetilde{P}(Y, t)\, dY = \left[2\pi \frac{kT}{m} (1 - e^{-2\gamma t}) \right]^{-1/2} \exp\left[-mY^2/2kT(1 - e^{-2\gamma t})\right] dY. \tag{3}$$

Da die Dirac'sche Deltafunktion auch als Grenzwert einer Folge von Gaußverteilungen mit gegen Null gehender Dispersion dargestellt werden kann, gilt außerdem

$$\lim_{t\to 0} \widetilde{P}(Y, t) = \delta(Y). \tag{4}$$

D.h., genauer gesagt stellt (3) die bedingte Wahrscheinlichkeit dafür dar, daß zur Zeit t der Wert zwischen Y und Y + dY liegt, wenn er zur Zeit t = 0 genau 0 war.

Nach Formel (1) aus Aufgabe 15.5 hängen die Zufallsgrößen Y und v (Teilchengeschwindigkeit) über

$$Y(t) = v(t) - v_0\, e^{-\gamma t} \tag{5}$$

zusammen, wobei v_0 die Anfangsgeschwindigkeit aller Teilchen des Ensembles ist. Da der Term $v_0\, e^{-\gamma t}$ keine Zufallsgröße ist, gilt außerdem

$$dY = dv. \tag{6}$$

Mit (5) und (6) folgt daher aus (3)

$$P(v, t|v_0)\, dv = \left[2\pi \frac{kT}{m} (1 - e^{-2\gamma t}) \right]^{-1/2} \exp\left[\frac{-m(v - v_0 e^{-\gamma t})^2}{2kT(1 - e^{-2\gamma t})}\right] dv \tag{7}$$

mit

$$\lim_{t\to 0} P(v, t|v_0) = \delta(v - v_0). \tag{8}$$

(7) stellt mit (8) die gesuchte Wahrscheinlichkeit dar, und man überzeugt sich leicht, daß (7) der Fokker-Planck-Gleichung (1) genügt.

15.14 Man betrachte ein Teilchen, das sich mit seiner Umgebung (Temperatur T) im Gleichgewicht befindet, im Zeitintervall $-\theta \leqslant t \leqslant \theta$ mit $\theta \gg \gamma^{-1}$. Da sowohl v(t) als auch F'(t) stationäre Prozesse beschreiben, und da die Intervallänge 2θ voraussetzungsgemäß sehr viel größer als jede auftretende Korrelationszeit ist, reicht die Kenntnis von v(t) und F'(t) in irgendeinem Intervall der Länge 2θ aus, um die physikalisch relevanten Größen – nämlich die ersten beiden Momente und die Korrelationsfunktion – zu bestimmen. (Im Falle der Kraft F'(t) reichen bereits Intervalle der Länge $\tau \gg \tau^*$, wie aus den Aufgaben 15.5 bis 15.8 hervorgeht.) Man kann daher anstelle von v(t) und F'(t) die mathematisch problemloseren Funktionen

$$v_\theta(t),\ F'_\theta(t) = \begin{cases} v(t),\ F'(t) & \text{für } |t| < \theta \\ 0 & \text{für } |t| > \theta \end{cases} \tag{1}$$

verwenden, die für $|t| < \theta$ durch die Langevinsche Gleichung (1) aus Aufgabe 15.4 verknüpft sind.

a) Man stelle F'_θ und v_θ durch Fourierintegrale dar. Aufgrund der Langevinschen Gleichung erhält man eine einfache Beziehung zwischen den Fouriertransformièrten $F'(\omega)$, $v(\omega)$. Man gebe die daraus folgende Beziehung zwischen der Spektraldichte der Geschwindigkeit

$$I_v(\omega) \equiv \frac{\pi}{\theta}\,|v(\omega)|^2 \tag{2a}$$

und der Spektraldichte der Kraft

$$I_{F'}(\omega) \equiv \frac{\pi}{\theta}\,|F'(\omega)|^2 \tag{2b}$$

an.

b) Man benutze die Wiener-Chintschin-Relation

$$I_v(\omega) = \frac{1}{2\pi}\int_{-\infty}^{+\infty} K_v(s)\, e^{-i\omega s}\, ds, \tag{3a}$$

um aus der Korrelationsfunktion

$$K_v(s) = \frac{kT}{m}\, e^{-\gamma|s|}$$

der Geschwindigkeit ihre Spektraldichte zu berechnen.

c) Mit den Ergebnissen der beiden vorhergehenden Abschnitte berechne man die Spektraldichte der Kraft F'. Führt man statt der Spektraldichte die doppelte Spektraldichte für positive Frequenzen ein

$$I_+(\omega) \equiv 2I(\omega),$$

so erhält man eine Beziehung zwischen $I_+(\omega)$ und der Reibungskonstanten $\alpha = m\gamma$, das Nyquist-Theorem.

d) Man benutze die Wiener-Chintschin Relation

$$K(s) = \int_{-\infty}^{+\infty} I_{F'}(\omega)\, e^{i\omega s}\, d\omega, \tag{3 b}$$

um aus der in Abschnitt c berechneten Spektraldichte die Korrelationsfunktion der Kraft F'(t) zu berechnen. Man erläutere das Ergebnis.

15.14 Die in (1) erklärten Hilfsgrößen kann man ohne Bedenken als Fourierintegrale darstellen:

$$v_\theta(t) = \int_{-\infty}^{+\infty} v(\omega)\, e^{i\omega t}\, d\omega$$

$$F'_\theta(t) = \int_{-\infty}^{+\infty} F'(\omega)\, e^{i\omega t}\, d\omega.$$

Aus der Langevinschen Gleichung

$$\frac{dv_\theta}{dt} + \gamma v_0 - \frac{1}{m} F'_\theta(t) = 0$$

folgt wegen

$$\frac{dv_\theta}{dt} = \int_{-\infty}^{+\infty} \frac{\partial}{\partial t} (v(\omega)\, e^{i\omega t})\, d\omega = \int_{-\infty}^{+\infty} (i\omega v(\omega))\, d\omega$$

$$\int_{-\infty}^{+\infty} \left[(i\omega + \gamma)\, v(\omega) - \frac{1}{m} F'(\omega)\right] e^{i\omega t} d\omega = 0.$$

Daraus erhält man

$$(i\omega + \gamma)\, v(\omega) = \frac{1}{m} F'(\omega). \tag{6}$$

Nach (2 a, b) ergibt sich mit (6)

$$I_{F'}(\omega) = m^2 (\gamma^2 + \omega^2)\, I_v(\omega) \tag{7}$$

als Zusammenhang zwischen der Spektraldichte der fluktuierenden Kraft und der Geschwindigkeit.

b) Die Wiener-Chintschin Relationen (3 a, b) stellen den Zusammenhang zwischen der experimentell zugänglichen Spektraldichte* und der Korrelationsfunktion her. Aus der angegebenen Korrelationsfunktion der Geschwindigkeit eines mit seiner Umgebung im Gleichgewicht befindlichen Teilchens

$$K_v(s) = \frac{kT}{m} e^{-\gamma|s|}$$

erhält man nach der Wiener-Chintschin Relation (3 a) für die Spektraldichte der Geschwindigkeit

$$I_v(\omega) = \frac{kT}{2\pi m} \int_{-\infty}^{+\infty} e^{-\gamma|s|} e^{-i\omega s} ds.$$

Es ist

$$\int_{-\infty}^{+\infty} e^{-\gamma|s|} e^{-i\omega s} ds = \int_{0}^{\infty} e^{-i(\omega - i\gamma)s} ds + \int_{-\infty}^{0} e^{-i(\omega + i\gamma)s} ds$$

$$= \frac{i}{\omega + i\gamma} - \frac{i}{\omega - i\gamma} = \frac{2\gamma}{\gamma^2 + \omega^2}.$$

Damit ergibt sich

$$I_v(\omega) = \frac{kT}{m\pi} \frac{\gamma}{\gamma^2 + \omega^2} \tag{8}$$

als Spektraldichte der Geschwindigkeit.

c) Für die Spektraldichte der Kraft F' erhält man aus (8) und (7)

$$I_{F'}(\omega) = \frac{kT}{\pi} m\gamma. \tag{9}$$

Sie ist frequenzunabhängig. Setzt man in (9) die doppelte Spektraldichte für positive Frequenzen ein, so ergibt sich das Nyquist-Theorem

$$I_{+,F'} = \frac{2kT}{\pi} \alpha, \tag{10}$$

wobei $\alpha = m\gamma$ die Reibungskonstante ist.

d) Hier liegt der häufig vorkommende Fall vor, daß man die Korrelationsfunktion aus der bekannten (gemessenen) Spektraldichte zu berechnen hat. Aus (9) und der Wiener-Chintschin Relation (3 b) erhält man

---

* Messung der spektralen Verteilung der Rauschleistung. Die Zeit 2θ ist dann konkret die Zeit, über die das Meßsignal gemittelt wird. Siehe z.B. H. Ekstein und N. Rostocker; Physical Review *100* (1955), 1023.

$$K(s) = \frac{kT}{\pi}\, m\gamma \int_{-\infty}^{+\infty} e^{i\omega s}\, d\omega$$

oder $$K(s) = 2\,kT\,m\gamma\,\delta(s). \tag{11}$$

Die Korrelation der Kraft F′ in der Langevinschen Gleichung ist also vom δ-Typ. Dieses Ergebnis erklärt sich aus der Zeitskala, die bei der Untersuchung der Langevinschen Gleichung eingeführt wurde: $\tau^* \ll \tau \ll \gamma^{-1}$. Danach klingt die Korrelation von F′ innerhalb von Zeiten τ^* ab, die auf der durch γ^{-1} vorgegebenen, makroskopischen Zeitskala verschwindend klein sind. Bei der hier durchgeführten Berechnung über die Korrelationsfunktion der Geschwindigkeit wurde aber von der makroskopischen Zeitskala ausgegangen, auf der sich die Korrelationsfunktion der Kraft im Grenzfall $\gamma\tau^* \to 0$ wie die δ-Funktion verhält.